Turbulenz

Physikalische Statistik und Hydrodynamik

Von

Dr. Hans Gebelein VDI

Flugtechn. Institut der Technischen
Hochschule Stuttgart

Mit 40 Textabbildungen

Berlin
Verlag von Julius Springer
1935

ISBN-13: 978-3-540-01208-5   e-ISBN-13: 978-3-642-92507-8
DOI: 10.1007/978-3-642-92507-8

Meinem verehrten Lehrer

Herrn Professor Dr. Ludwig Prandtl

zum 60. Geburtstag

gewidmet

Vorwort.

Das vorliegende Buch ist das Ergebnis von Forschungen über das Turbulenzproblem, die der Verfasser 1932 in Göttingen bei Professor Prandtl mit Unterstützung der Notgemeinschaft der Deutschen Wissenschaft in Angriff genommen hat. Das Ziel war, durch Heranziehung statistischer Schlußweisen, die in den letzten Jahrzehnten auf vielen Gebieten der Physik mit großem Erfolg angewendet worden sind, die theoretische Hydrodynamik so zu entwickeln oder zu begründen, daß sie die Erscheinungen der Turbulenz umfaßt. Bei den vorliegenden Untersuchungen erscheint daher die Hydrodynamik als ein Zweig der physikalischen Statistik.

Wenn ich nun diese Arbeiten der wissenschaftlichen Öffentlichkeit unterbreite, so ist es mir eine angenehme Pflicht, allen zu danken, die mir die Durchführung des Werkes ermöglichten und mich dabei unterstützten. Da sei der erste Dank meinem früheren Lehrer, Herrn Professor Prandtl ausgesprochen, der mir die Unterstützung der Notgemeinschaft erwirkte und der zur Zeit, da ich bei ihm arbeitete und vor allem auch später die Arbeit immer wieder durch Anregung und Kritik förderte. Mit seiner Erlaubnis ist ihm dieses Buch gewidmet. Weiterhin danke ich der Notgemeinschaft der Deutschen Wissenschaft und endlich meinem derzeitigen Chef, Herrn Professor Dr.-Ing. Georg Madelung, der mir in entgegenkommender Weise trotz der Arbeiten des Flugtechnischen Instituts die Zeit gab, um die Untersuchungen am Turbulenzproblem wieder aufzunehmen und zu Ende zu führen.

Auch den zahlreichen Herren Fachgenossen, die während des Entstehens der Arbeit bei Gesprächen und Diskussionen durch mancherlei Anregungen die Untersuchungen förderten, möchte ich hiermit meinen Dank aussprechen. In erster Linie bin ich da den Herren Professor Dr. Grammel, Stuttgart und Professor Dr. Walther Jacobsthal, Berlin für guten Rat und tatkräftige Unterstützung zu vielem Dank verpflichtet. Endlich möchte ich noch einen besonders herzlichen Dank meinem lieben Freunde Dr. Gerhard Braun, Berlin-Adlershof aussprechen, der in der Göttinger Zeit, als man noch keinen handgreiflichen

Erfolg absehen konnte, mein treuer Helfer war und mich beim Ringen um die Problemstellungen immer wieder unterstützte und ermutigte.

Wenn nun dieses Büchlein den Weg in die Fachwelt antritt, so möchte ich noch an die Herren Fachgenossen die Bitte richten, hier nicht eine endgültige und abschließende Darstellung der Turbulenzerscheinungen erwarten zu wollen. Die Hydrodynamik und auch die physikalische Statistik sind so sehr in stürmischer Entwicklung begriffen, daß es sich nur um einen Versuch handeln kann, mit neuen Leitgedanken der Naturerkenntnis Neuland zu erschließen, ein Versuch, den der Wunsch begleitet, daß er für die weitere Forschung von Nutzen sein möge.

Stuttgart, im Dezember 1934.

Hans Gebelein.

Inhaltsverzeichnis.

Inhaltsverzeichnis.

Einleitung.

Im Laufe der letzten hundert Jahre wurde das stattliche Gebäude der Methoden der mathematischen Physik auf dem Fundament der partiellen Differentialgleichungen errichtet und auf diese Weise wurden Hilfsmittel gewonnen, die es mehr und mehr ermöglichten, den Inhalt der seit Jahrzehnten feststehenden Differentialgleichungen der klassischen Mechanik zu erschließen. Soweit es sich um die Kontinuumsmechanik handelt, bewährten sich diese Methoden ganz hervorragend bei den Problemen der Elastizitätstheorie, so daß gerade an diesem Beispiel die Forderungen erwachsen sind, die man heute an die theoretische Mechanik stellt. Dagegen konnte die theoretische Hydrodynamik bisher nicht zu einem ähnlich befriedigenden Ausbau gelangen, trotz der großartigen Leistungen, die auf diesem Gebiete in den letzten Jahrzehnten geschahen. Wir geben zur Darlegung des Sachverhalts einen Abschnitt aus dem Aufsatz: „Über die Aufgaben und Ziele der angewandten Mathematik" wieder, mit dem vor 13 Jahren v. Mises die damals neugegründete Zeitschrift für angewandte Mathematik und Mechanik eröffnete, und der in den wesentlichen Stücken auch heute noch den Tatsachen entspricht. Dort lesen wir[1]:

„Ganz anders als in der Elastizitätstheorie steht es in dem anderen klassischen Gebiet der Mechanik stetig verteilter Massen, der Hydrodynamik. Hier verfügt man noch nicht über einen Ansatz, der auch nur in den wichtigsten und scheinbar einfachsten Fällen, wie z. B. dem der gleichförmigen Strömung des Wassers in einem geraden Rohr, zu Folgerungen führte, die mit der Beobachtung in erträglichem Maß übereinstimmen. Man besitzt bekanntlich zwei Theorien, die der idealen und die der zähen Flüssigkeiten, und für jede von ihnen gibt es Gebiete, in denen sie unbestritten zur Geltung kommt; die Idealtheorie beispielsweise bei der Berechnung der freien Strahlen, die Zähigkeitstheorie bei der geordneten, laminaren Bewegung in engen Kanälen, in den schmalen, vom Schmiermittel erfüllten Spalten zwischen Welle und Lager usw. Auf beiden Gebieten liegen noch wenig bearbeitete Aufgaben der Approximationsmathematik, ähnlich denen der Elastizitätstheorie vor. Von den meisten übrigen Strömungen weiß man nur, daß sie „turbulent" sind, d. h. aus einer verhältnismäßig ruhigen Grundströmung und darüber gelagerten, sehr unregelmäßigen Vibrationen bestehen, und man kann nur mit Verwunderung feststellen, daß die

---

[1] Z. angew. Math. Mech. Bd. 1 (1921) S. 1.

Grundströmung im großen ganzen den Bewegungsgesetzen der idealen Flüssigkeit folgt. Ein neues Beispiel für die oft sehr weit gehende Übereinstimmung hat die in letzter Zeit weit ausgebildete Theorie der Luftströmung in der Umgebung eines bewegten Tragflügels geliefert. Aber weder kann man aus den mechanischen Gleichungen den Grund dafür ableiten, daß bei Außerachtlassen der Pulsationen das Verhalten der wirklichen Flüssigkeit annähernd das einer reibungsfreien wird, noch lassen sich die Fragen beantworten, die mit dem Auftreten der Turbulenz unmittelbar zusammenhängen, vor allem die, welchen Umständen das Entstehen der Turbulenz zuzuschreiben ist. Nach dem gegenwärtigen Stand der Theorie muß man es als noch unentschieden ansehen, ob der Ansatz der zähen Flüssigkeiten bei genügender mathematischer Durchdringung eine Erklärung der Turbulenz zu geben vermag, etwa auf dem Wege einer entsprechenden Berücksichtigung der Wandrauhigkeit als Grenzbedingung, oder ob die Lösung nur durch die Sprengung des Rahmens der klassischen Mechanik und Übergang zu statistischen Betrachtungsweisen erhofft werden kann. Bei den großartigen und vielfach verblüffenden Erfolgen, die der physikalischen Statistik in den letzten Jahren zuteil worden sind, wird man vielleicht zu der letzten Ansicht neigen, die, wenn sie sich bewahrheiten sollte, von gar nicht abzuschätzender, grundsätzlicher Bedeutung für die gesamte Auffassung der Mechanik werden könnte."

Soweit Herr v. Mises. Wohl hat in den seither vergangenen 13 Jahren die Turbulenzforschung durch eine Reihe experimenteller und theoretischer Arbeiten große Fortschritte gemacht, von denen im einzelnen noch die Rede sein wird. Die angeschnittenen Hauptfragen jedoch, die Prandtl als „das große Problem der ausgebildeten Turbulenz"[1] bezeichnet, harren noch immer der Lösung.

Im Sinne der am Ende des obigen v. Misesschen Zitats ausgesprochenen Vermutung, daß die Lösung des Turbulenzproblems nur durch Übergang zu statistischen Betrachtungsweisen erhofft werden könne, hatte sich der Verfasser die Aufgabe gestellt, die theoretische Hydrodynamik unter Heranziehung von Schlußweisen der statistischen Mechanik so zu erweitern, daß sie die Erscheinungen der Turbulenz umfaßt. Die Behandlung, die die Physik der Strömungsvorgänge in dieser Abhandlung erfährt, gehört demnach der physikalischen Statistik an. Die Aufgabe ist nicht die Aufsuchung neuartiger Integrale der klassischen hydrodynamischen Gleichungen, die turbulente Strömungen darstellen sollen, sondern die Untersuchung der Grundlagen der Hydrodynamik.

Die Forderungen, die an eine solche neue Theorie gestellt werden müssen, sind klar und hart. Eine statistische Theorie der Hydrodynamik

---

[1] L. Prandtl: Über die ausgebildete Turbulenz. Verhandl. 2. internat. Kongr. f. techn. Mechanik. Zürich 1926. S. 62.

muß Raum lassen für alle Ergebnisse der klassischen Hydrodynamik. Sie darf nicht zu ihnen in irgendwelchen Widerspruch treten, denn sie muß einen naturgemäßen Überbau der klassischen Hydrodynamik darstellen. Die Navier-Stokesschen Gleichungen, deren Gültigkeit „im kleinen" nicht zu bezweifeln ist, dürfen daher nicht preisgegeben oder verletzt werden, und aus diesem Grunde kann es sich hier nicht um eine Sprengung des Rahmens der klassischen Mechanik in dem aus der Atomphysik bekannten, tiefgreifenden Sinne handeln, wenn der Übergang zur statistischen Mechanik geschieht. Vielmehr weitet sich bei der Behandlung der Strömungsvorgänge die Aufgabe, indem sie als Vorbereitung die Untersuchung des Verhältnisses der klassischen und der statistischen Mechanik zueinander und damit der Grundlagen der physikalischen Statistik erfordert.

Wie bei jeder physikalischen Theorie ist aber auch hier die letzte Instanz die Erfahrung, das Experiment. Daher darf hinter diesen theoretischen Untersuchungen die Behandlung der wirklichen Strömungsvorgänge nicht zurückstehen, vor allem auch deshalb nicht, weil die Hydrodynamik ein Zweig der technischen Mechanik ist, bei der es in erster Linie auf die Gewinnung sicherer, praktisch verwertbarer Ergebnisse ankommt. Solche Ergebnisse zu gewinnen, gelang in den letzten Jahren der experimentellen Turbulenzforschung in weitem Maße, wie überhaupt Messungen turbulenter Strömungen in ungeheurer Menge vorliegen und unter ihnen sich wahre Meisterstücke der Experimentierkunst befinden. Dieses experimentelle Material liefert den Prüfstein der Theorie, deren Aufgabe es ist, das durch die Beobachtungen gewonnene Bild zu vertiefen, die Ergebnisse des Experiments aus möglichst einfachen und anschaulichen Annahmen neu zu gewinnen und aus ihnen möglichst umfassende Folgerungen zu ziehen, die auch der experimentellen Forschung unter Umständen neue Fragestellungen eröffnen.

Daher wechseln in dieser Abhandlung Abschnitte mehr statistischen Inhalts und solche mehr hydrodynamischen Inhalts miteinander ab. Das mathematische Rüstzeug sind in erster Linie die Methoden der Wahrscheinlichkeitsrechnung. Dabei wird die Wahrscheinlichkeitsrechnung in der Gestalt angewendet, die ihr erst in neuester Zeit v. Mises gegeben hat. Da die Wahrscheinlichkeitsrechnung bis heute in den Ingenieurwissenschaften noch kaum Anwendung gefunden hat, können ihre Grundtatsachen nicht als bekannt vorausgesetzt werden. Daher beginnen wir im Kap. I mit einer kurzen Einführung in die Wahrscheinlichkeitsrechnung im Anschluß an das v. Misessche Lehrbuch. Kap. II ist dann der Statistik des Zeitablaufs und damit der Grundaufgabe der physikalischen Statistik gewidmet. Im Mittelpunkt dieser Untersuchungen steht das Problem des Übergangs zwischen statistischer und klassischer Mechanik und des Verhältnisses beider zueinander.

Damit sind die Grundlagen für die Behandlung der Strömungsvorgänge in statistischer Auffassung gewonnen, deren Theorie in den folgenden drei Kapiteln entwickelt wird. Zunächst werden in Kap. III die allgemeinen statistischen Grundgleichungen der Hydrodynamik entwickelt, die sich beim Verschwinden der in ihnen vorkommenden statistischen Streuungsgrößen auf die bekannten Gleichungen der Gasdynamik idealer Flüssigkeiten reduzieren. Die Frage nach diesen statistischen Streuungen, die einen Tensor darstellen, ist nun das Kernproblem einer Hydrodynamik, die über die Theorie der idealen Flüssigkeit hinausgeht. Dieses Problem wird durch Heranziehung weiterer physikalischer Vorstellungen zweimal gelöst, und zwar in Kap. IV mit Hilfe des Maxwell-Boltzmannschen Gasmodells, wobei als Ergebnis die Navier-Stokesschen Gleichungen der zähen Flüssigkeiten erhalten werden, und dann in Kap. V, wo einfache hydrodynamische Vorstellungen zur Theorie des Turbulenztensors und den Grundgleichungen der „statistischen Hydrodynamik" führen. Damit ist eine Theorie entwickelt und in den Grundzügen abgeschlossen, die in der Tat einen Überbau über die klassische Hydrodynamik darstellt und von der man mit gutem Grund vermuten kann, daß ihre Grundgleichungen die turbulenten Strömungsvorgänge mit umfassen.

Dies nachzuweisen ist eine der Aufgaben der nächsten beiden Kapitel, in denen nun die Verbindung mit der experimentellen Turbulenzforschung hergestellt wird. Dabei wird in erster Linie auf die umfangreichen Versuche im Kreisrohr Bezug genommen, von denen Kap. VI handelt. Besonders geben die Experimente auch Aufschluß über diejenigen Konstanten, die in die Theorie eingehen, so daß die Untersuchungen bis zu einem gewissen Abschluß geführt werden können. Endlich werden im letzten Kapitel nochmals die Zusammenhänge dieser Ergebnisse über turbulente Strömungen mit der allgemeinen physikalischen Statistik aufgezeigt und einige Folgerungen allgemeiner Art gezogen, die die Auffassung der Mechanik betreffen.

I. Die Elemente der Wahrscheinlichkeitsrechnung.

1. Das Kollektiv und die Wahrscheinlichkeit.

„Die Wahrscheinlichkeitsrechnung ist eine mathematische Naturwissenschaft von der Art etwa wie die Geometrie oder die Mechanik. Ihr Ziel ist es, für eine bestimmte Gruppe beobachtbarer Erscheinungen, die Massenerscheinungen oder Wiederholungsvorgänge, eine übersichtliche Beschreibung zu geben, wie sie die Geometrie für die räumlichen, die Mechanik für die Bewegungserscheinungen liefert. An der Spitze einer derartigen Theorie stehen Aussagen, durch die die Grundbegriffe definiert werden und die man oft Axiome nennt; in ihnen kommen allgemeine Erfahrungsinhalte zur Verwendung, ohne daß sie unmittelbar als Erfahrungssätze angesprochen werden dürften. Aus den Axiomen werden dann auf deduktivem Wege, oder wie man jetzt besser sagt, durch ‚tautologische Umformungen‘ mannigfache Sätze gewonnen, die vermöge des Zusammenhangs, der zwischen den Grundbegriffen und der Erfahrungswelt besteht, bestimmten, durch Beobachtung nachprüfbaren Tatbeständen entsprechen. So weist die Theorie am Anfang und am Ende jeder Gedankenreihe Berührung mit der Welt der Beobachtungen auf; ihren eigentlichen Inhalt aber bilden die rein mathematischen Überlegungen, die zwischen dem Anfang und dem Ende stehen.“

Diese Sätze, mit denen v. Mises sein Lehrbuch der Wahrscheinlichkeitsrechnung einleitet, müssen wir uns vor Augen halten, um die Rolle der Wahrscheinlichkeitsrechnung bei den physikalischen Fragen dieser Abhandlung richtig zu erkennen. Sie ist kein Zaubermittel, das physikalische Einsichten überflüssig macht und uns in die Lage setzt, aus Nichtwissen Erkenntnisse zu gewinnen, sondern sie leistet ebensoviel und ebensowenig wie jede andere mathematische Disziplin, indem sie durch ihre logischen Schlüsse die Brücke schlägt zwischen den physikalischen Vorstellungen am Anfang und am Ende der theoretischen Untersuchung. Der Tatbestand aber, der uns zwingt, mit dieser in der technischen Physik bisher noch kaum zur Anwendung gelangten Wissenschaft zu arbeiten, ist ein durchaus physikalischer, daß nämlich die Strömungserscheinungen bei tieferem Eindringen aus Wiederholungsvorgängen bestehen, die den Gegenstand wahrscheinlichkeitstheoretischer Überlegungen bilden.

Ebenso wie der Begriff der „Arbeit“ in der Mechanik sich nicht mit dem viel weniger bestimmten Wort „Arbeit“ des gewöhnlichen Sprachgebrauchs deckt, ebenso kann natürlich nicht alles, wofür im landläufigen Sinn das Wort „Wahrscheinlichkeit“ gebraucht wird,

Gegenstand der Wahrscheinlichkeitsrechnung sein. Nach v. Mises handelt es sich in der rationellen Wahrscheinlichkeitsrechnung stets um Massenerscheinungen oder Wiederholungsvorgänge und um deren jedesmalige Ergebnisse oder Merkmale. An ihnen wird durch geeignete Abstraktion der Begriff des Kollektivs abgeleitet. Kollektivs aber sind die Gegebenheiten, mit denen in der Wahrscheinlichkeitsrechnung logische Operationen vorgenommen werden.

Bevor wir daran gehen, Kollektivs zu definieren, sollen nun sogleich drei Beispiele dafür genauer angegeben werden: a) Wir betrachten das Spiel mit einem gewöhnlichen Spielwürfel. Element der Massenerscheinung oder des Kollektivs ist der einzelne Wurf mit diesem Würfel; Merkmal dieses Elements ist die bei diesem Wurf erscheinende Augenzahl eins bis sechs. b) Es handle sich um einen Züchtungsversuch mit rot- und weißblühenden Erbsen. Element des Kollektivs ist jede einzelne aus dem Versuch hervorgehende Pflanze; Merkmal ist die beobachtete Farbe weiß oder rot. c) Man beobachtet die Aussendung von α-Teilchen eines Radiumpräparats. Element des Kollektivs ist die Emission des einzelnen Heliumions; Merkmal ist in einem Fall seine Reichweite, in einem anderen Fall seine Geschwindigkeit.

Diese Beispiele sind entnommen a) der Theorie der Glücksspiele, b) der Vererbungswissenschaft, c) der allgemeinen Physik. Allen Beispielen ist gemeinsam, daß eine sehr große Anzahl von Beobachtungen einer Massenerscheinung vorliegt, deren jede durch ein Merkmal, nämlich eine Eigenschaft, eine Zahl oder auch eine Gruppe von Zahlen gekennzeichnet wird. In allen Fällen sehen wir den nach einer gleichbleibenden Vorschrift sich vollziehenden Beobachtungsvorgang, die Messung, als das Element der betrachteten Massenerscheinung an. Wir können daher statt Element des Kollektivs auch den konkreteren Ausdruck „Beobachtung", statt Merkmal den Ausdruck „Beobachtungsergebnis" gebrauchen. Haben wir bei n beliebigen Beobachtungen n_0-mal ein bestimmtes Ergebnis erhalten, so ist der Quotient n_0/n die sog. relative Häufigkeit dieses Merkmals in unserer Beobachtungsserie. Mit dieser Größe hängt der Begriff der Wahrscheinlichkeit zusammen.

Das Rohmaterial, das uns jede derartige Massenerscheinung für unsere wissenschaftlichen Untersuchungen liefert, ist also eine abzählbare Folge von Elementen und, auf die Gesamtheit dieser Elemente verteilt, eine irgendwie beschaffene Menge von Merkmalen. Nicht alle Folgen dieser Art können wir jedoch als Kollektivs bezeichnen, vielmehr müssen sie dazu noch besondere Eigenschaften besitzen, deren Kenntnis aus der Erfahrungswelt stammt, und die als Axiome vorauszusetzen sind. Um diese Axiome kennen zu lernen und mit ihnen eine Definition des Kollektivs und der Wahrscheinlichkeit zu gewinnen, wollen wir zunächst den einfachsten Fall ins Auge fassen, den der „Alternative", wo nur zwei Merkmale Null und Eins für die Elemente unserer abzählbar unendlichen Reihe von Beobachtungen in Frage kommen.

Wir wollen nun die Operation der „Auswahl" oder auch Stellenauswahl an einer solchen Folge erklären: Gegeben ist die unbegrenzte Folge von Nullen und Einsen unserer Alternative. Weiter ist eine zweite solche Folge von Nullen und Einsen, das Auswahlsystem gegeben, von der wir annehmen, daß sie unendlich viele Einsen enthält. Der Auswahlvorgang besteht nun darin, daß nur die Elemente der Alternative betrachtet werden, denen im Auswahlsystem eine Eins entspricht, während alle übrigen fortgelassen werden.

Das Auswahlsystem kann dabei ganz beliebig sein. So können z. B. in der Systemfolge alle gerad- oder ungeradzahligen Elemente Einsen und die übrigen Nullen sein, oder alle Primzahlen usw.; oder es können die Einsen die Sechserwürfe mit einem Würfel bedeuten oder irgendwelche Funktionen von diesen. Insbesondere können auch alle Elemente des Auswahlsystems bis zu einem bestimmten Null und alle folgenden Eins sein und die hieraus folgende Auswahl ist der Fall, daß von unserer Alternative nur die Elemente von einer bestimmten Nummer ab berücksichtigt werden, also der Fall, der bei jedem statistischen Versuch vorliegt.

Durch diese Operation der Auswahl gehen aus unserer Folge mit den Merkmalen Null und Eins unbegrenzt viele neue unendliche Folgen mit diesen Merkmalen hervor. Aus allen lassen sich wiederum auf mannigfaltige Weise endliche Teilmengen mit n Elementen herausheben und in diesen die „relativen Häufigkeiten" der Nullen und Einsen durch die Quotienten n_0/n und n_1/n angeben.

Hier setzt nun die Erfahrung ein, die am reinsten an den Reihen der Spielausgänge bei den Glücksspielen gemacht werden kann. Zwei Tatsachen haben sich immer wieder bestätigt, nämlich erstens, daß mit wachsender Zahl n der Elemente einer irgendwie herausgegriffenen Teilmenge von Beobachtungen bei einem bestimmten Wiederholungsvorgang die relativen Häufigkeiten immer weniger um feste Werte schwanken, so daß man mit gutem Grunde annehmen kann, daß mit unbegrenzt zunehmendem n die Grenzwerte der relativen Häufigkeiten existieren. Wir werden die Wahrscheinlichkeiten als diese Grenzwerte der relativen Häufigkeiten definieren. Die zweite Erfahrung aber ist die, daß es nie gelungen ist, durch irgendwelche noch so kniffliche Auswahlverfahren, bei denen natürlich das Ergebnis des auszuwählenden Wurfes nicht bekannt ist, wohl aber die Ergebnisse aller vorhergehenden Würfe vom Systemspieler „in Rechnung gesetzt" werden dürfen, die Chancen des Spielausgangs zu verändern. Dieses Prinzip der „Unmöglichkeit eines Spielsystems" ist es, das die Massenerscheinungen, für die der Begriff des Kollektivs bereitzustellen ist, in besonderer Weise als solche auszeichnet, die keinem Gesetz, sondern dem Zufall unterworfen sind. Wir erhalten also den Erfahrungssatz, daß es Massenerscheinungen gibt, bei denen die Wahrscheinlichkeiten gegenüber einer weiten Klasse von Auswahlverfahren, nämlich allen solchen, die einem Systemspieler möglich sind, unabhängig sind.

Von Wiederholungsvorgängen mit diesen Eigenschaften handelt die Wahrscheinlichkeitsrechnung. Wir verlangen daher von einer Massenerscheinung, auf die diese mathematische Disziplin anwendbar sein soll und für die wir den Fachausdruck „Kollektiv" einführen, die Erfüllung zweier Forderungen: Erstens muß die relative Häufigkeit, mit der ein bestimmtes Merkmal in der Folge auftritt, einen Grenzwert besitzen, und zweitens: Dieser Grenzwert muß unverändert bleiben, wenn man aus der Gesamtfolge eine unbeschränkte Teilfolge willkürlich heraushebt und nur diese betrachtet. Für Erscheinungen und Vorgänge, die — gehörig idealisiert — diesen beiden Forderungen nach Existenz der Grenzwerte für die relativen Häufigkeiten der Merkmale und nach Regellosigkeit der Zuordnung genügen, führen wir mit v. Mises den Ausdruck „Kollektiv" ein. Wir bringen zunächst die Definition des Kollektivs im einfachsten Fall der „Alternative", die nach v. Mises folgendermaßen lautet:

Definition: „Als einfachstes Kollektiv oder Alternative bezeichnen wir eine unendliche Folge gleichartiger Beobachtungen, deren jedesmaliges Ergebnis durch zwei Zeichen, etwa Null und Eins, dargestellt werden kann, sofern folgende zwei Forderungen erfüllt sind:

1. Forderung: Ist n_0 bzw. n_1 die Anzahl derjenigen unter den n ersten Beobachtungen, deren Ergebnis Null bzw. Eins ist, so existieren die Grenzwerte

$$\lim_{n \to \infty} \frac{n_0}{n} = w_0, \qquad \lim_{n \to \infty} \frac{n_1}{n} = w_1.$$

2. Forderung: Wird aus der Gesamtfolge durch „Stellenauswahl" eine unendliche Teilfolge gebildet, so existieren auch innerhalb dieser Teilfolge die gleichen Grenzwerte

$$\lim_{n \to \infty} \frac{n_0'}{n'} = w_0, \qquad \lim_{n \to \infty} \frac{n_1'}{n'} = w_1.$$

Diese Grenzwerte der relativen Häufigkeiten

$$w_0 = \lim_{n \to \infty} \frac{n_0}{n}, \qquad w_1 = \lim_{n \to \infty} \frac{n_1}{n}$$

nennen wir die Wahrscheinlichkeiten für das Auftreten des Merkmals Null bzw. Eins innerhalb des betrachteten Kollektivs."

Es ist nun die Definition des Kollektivs und der Wahrscheinlichkeit in ihm noch so zu verallgemeinern, daß sie allen in der Wahrscheinlichkeitsrechnung auftretenden Problemen gerecht wird. Diese Verallgemeinerung besteht darin, daß auch andere Merkmale als die beiden in einer Alternative vorkommenden zugelassen werden, denn es gibt Kollektivs mit unstetigen und stetigen Merkmalen sowohl, wie mit ein- und mehrdimensionalen. Wir können alle diese Fälle durch folgende Formulierung zusammenfassen: Merkmal ist eine Gruppe von m Zahlen bzw. ein „Punkt" eines m-dimensionalen Raums (m heißt auch die Dimensionszahl des Kollektivs), wobei offen bleibt, ob der Punkt einer von vornherein gegebenen Gruppe von Einzelpunkten oder einem gegebenen Kontinuum angehört.

Wir führen nun mit v. Mises den Begriff des allgemeinen Kollektivs auf den Spezialfall der Alternative auf folgende Weise zurück. Man kann aus der Menge der Merkmale eines Kollektivs auf vielfältige Weise zwei Teilmengen A und B herausgreifen, die einander fremd sind, die also keine Elemente gemeinsam haben. A und B können zusammen auch die ganze Merkmalmenge umfassen, doch setzen wir dies nicht voraus. Wir denken uns nun aus der ganzen Folge von Beobachtungen alle jene fortgelassen, deren Ergebnis weder zu A noch zu B gehört, und die übrig bleibenden durchnumeriert. Dieses Verfahren hebt also die zu A und B gehörigen Beobachtungen aus dem Gesamtkollektiv heraus. Das Ergebnis ist eine abgeleitete Beobachtungsfolge mit nur zwei Merkmalen, also ein Kollektiv der oben definierten Art, wenn die beiden Forderungen der Grenzwerte und der Regellosigkeit erfüllt sind. Wir stellen daher für das allgemeine Kollektiv die folgende Definition auf:

Definition: „Als allgemeinstes Kollektiv bezeichnen wir eine unendliche Folge gleichartiger Beobachtungen, deren Ergebnis jedesmal durch eine Gruppe von m-Zahlen oder einen Punkt im m-dimensionalen „Merkmalraum" festgelegt wird, sofern durch Herausheben der zu zwei beliebigen Teilmengen A und B der Merkmalmenge gehörigen Beobachtungen eine Alternative im oben definierten Sinn entsteht."

Wir wählen nun speziell A und B so, daß sie zusammen die ganze Merkmalmenge bilden. Die herausgehobenen Beobachtungen sind dann identisch mit der Gesamtzahl aller Beobachtungen. Bezeichnen wir nun die Zahl derjenigen unter den n ersten Beobachtungen, deren Merkmal dem Teil A der Merkmalmenge angehört, mit n_A, so existiert nach der ersten Forderung, die eine Alternative erfüllen muß, der Grenzwert $n_A : n$ und er ist nach der zweiten gegen eine systematische Auswahl unempfindlich. Wir erhalten daher für den Begriff der Wahrscheinlichkeit die

Definition: „Den Grenzwert der relativen Häufigkeiten

$$\lim_{n \to \infty} \frac{n_A}{n} = w_A,$$

der in der Gesamtfolge oder einer durch Stellenauswahl aus ihr gebildeten Teilfolge der Teilmenge A zukommt, nennen wir die Wahrscheinlichkeit für das Auftreten der zu A gehörigen Merkmale innerhalb des betrachteten Kollektivs."

Besonders zu beachten ist der Beisatz „innerhalb des betrachteten Kollektivs" in dieser Definition. Nur wenn ein Kollektiv in bestimmter Weise abgegrenzt ist, kann von einer Wahrscheinlichkeit die Rede sein. Es gibt z. B. keine „Sterbenswahrscheinlichkeit" schlechthin für eine bestimmte Person, sondern erst, wenn man die Person als Element einer bestimmten Gesamtheit ansieht. Die Sterbenswahrscheinlichkeit des gleichen Mannes ist eine andere innerhalb der verschiedenen Kollektivs, denen er angehören kann, und die z. B. aus „allen dreißigjährigen Männern Deutschlands" oder aus „allen Angehörigen einer bestimmten Berufsgruppe" usw. bestehen. Wir müssen uns, wenn wir die Wahrscheinlichkeitsrechnung auf unsere physikalischen Tatbestände anwenden werden, immer darüber klar sein, daß es keine absoluten, sondern — in dem hier gekennzeichneten Sinn — nur relative Wahrscheinlichkeiten gibt, nämlich Wahrscheinlichkeiten innerhalb wohlabgegrenzter Massenerscheinungen mit den Eigenschaften der Kollektivs.

Die Begriffe des Kollektivs und der Wahrscheinlichkeit in ihm sind das Fundament der Wahrscheinlichkeitsrechnung, die v. Mises systematisch entwickelt hat. Die Definitionen dieses Abschnitts enthalten die vollständige Grundlage für diesen Zweig der Mathematik, dessen Aufgabe es ist, aus gegebenen Kollektivs mit bekannten Wahrscheinlichkeiten der Merkmale durch logische Operationen neue Kollektivs zu gewinnen und die in ihnen vorliegenden Wahrscheinlichkeiten zu ermitteln. Wir werden uns nun mit den Grundtatsachen der Wahrscheinlichkeitsrechnung soweit vertraut machen, als es für die späteren Anwendungen notwendig ist. Einen Lehrgang der Wahrscheinlichkeitsrechnung zu geben, kann hier nicht die Aufgabe sein. Ebenso brauchen wir uns nicht um die logischen Schwierigkeiten zu bekümmern, die die beiden Voraussetzungen, und zwar vor allem die der Regellosigkeit in einer abzählbaren Menge, bereiten. Für uns ist es wesentlich, daß es in der Natur Massenerscheinungen gibt, die, gehörig abstrahiert, die in den obigen Definitionen ausgesprochenen Eigenschaften der Kollektivs besitzen, und, daß die Wahrscheinlichkeitsrechnung mathematische Hilfsmittel bereitstellt, um im Bereich dieser Massenerscheinungen sichere Schlüsse zu ziehen.

2. Wahrscheinlichkeitsverteilungen.

Die Gesamtheit der Wahrscheinlichkeitswerte innerhalb eines Kollektivs heißt seine Wahrscheinlichkeitsverteilung. Der Ausdruck „Verteilung" wird durch die folgende Überlegung gerechtfertigt. Betrachten wir die ersten n-Elemente des Kollektivs, so sind unter ihnen

die einzelnen Merkmale im Verhältnis der relativen Häufigkeiten verteilt. Da die Wahrscheinlichkeiten die Grenzwerte dieser Häufigkeiten
für unbegrenzt lange Folgen von Beobachtungen sind, so kann man
auch sagen: Im ganzen unendlichen Kollektiv sind die Merkmale im
Verhältnis der Zahlwerte der Wahrscheinlichkeiten verteilt.

Von besonderer Wichtigkeit ist die Analogie der Wahrscheinlichkeitsverteilungen zu Massenverteilungen. Da die Wahrscheinlichkeiten
nämlich nach ihrer Definition alle positiv sind und die Summe Eins
haben, kann man sich vorstellen, daß etwa eine „Masse" von der Größe
Eins irgendwie auf die verschiedenen Teile des Merkmalraums verteilt
ist. Bei Massen sind uns zwei verschiedene Arten der Verteilung besonders geläufig, nämlich Massenpunkte und kontinuierliche
Massen. Diesen entsprechen in der Wahrscheinlichkeitsrechnung
Wahrscheinlichkeitsverteilungen in einzelnen diskreten Punkten des
Merkmalraums und solche im kontinuierlichen Merkmalraum. Im ersten
Fall, der z. B. bei der Alternative vorliegt, spricht man von einer diskontinuierlichen oder arithmetischen Verteilung, im zweiten Fall,
der für uns wichtiger ist, von kontinuierlicher oder auch geometrischer Verteilung.

Ebenso, wie bei einer kontinuierlichen Massenverteilung die Beschreibung mit Hilfe des Begriffs der Massendichte geschieht, die
genau von der Masse selbst unterschieden werden muß, ebenso geschieht
bei einer kontinuierlichen Wahrscheinlichkeitsverteilung die Darstellung
durch Angabe der Wahrscheinlichkeitsdichte an der betreffenden
Stelle des Merkmalraums, die nicht mit der Wahrscheinlichkeit selbst
verwechselt werden darf. Wir betrachten als Beispiel den Vorgang der
Messung einer Strecke, wobei die einzelnen Elemente des Kollektivs
die wiederholten Messungen sind und der Merkmalraum das eindimensionale, reelle Kontinuum ist. Hier besteht für das Meßergebnis x eine
Wahrscheinlichkeitsdichte $w(x)$, durch die die Verteilung beschrieben
wird. Die Wahrscheinlichkeit eines Meßergebnisses zwischen x und y ist

$$\int\limits_{x}^{y} w\,(x)\,dx,$$

die Wahrscheinlichkeit für ein Ergebnis innerhalb des kleinen Intervalls
$(x, x + dx)$ ist $w(x)\,dx$. Da die Wahrscheinlichkeit, irgendein Ergebnis
zwischen $-\infty$ und $+\infty$ zu erhalten, gleich Eins ist, gilt insbesondere
die Gleichung

$$\int\limits_{-\infty}^{+\infty} w\,(x)\,dx = 1. \tag{1}$$

Eine Wahrscheinlichkeit gibt es also bei geometrischer Verteilung nur
für ein Gebiet des Merkmalraums. Für einen Einzelpunkt gibt es

keine Wahrscheinlichkeit bzw. nur die Wahrscheinlichkeit Null, aber in jedem Punkt gibt es im allgemeinen eine Wahrscheinlichkeitsdichte.

Die Analogie zwischen Punktmassen und stetiger Massenbelegung mit bestimmter Massendichte einerseits, Wahrscheinlichkeiten in diskreten Punkten des Merkmalraums und kontinuierlicher Wahrscheinlichkeitsverteilung mit bestimmter Dichte an jeder Stelle anderseits, ist demnach vollkommen. Es lassen sich diese beiden Fälle der kontinuierlichen und der diskontinuierlichen Verteilung, wie aus der Mechanik bekannt ist, auch durch eine einheitliche Schreibweise erfassen, nämlich durch Verwendung Stieltjescher Integrale. Da wir hiervon jedoch später keinen Gebrauch machen müssen, soll hier nicht näher darauf eingegangen werden.

Wir kennen nunmehr arithmetische und geometrische Verteilungen. Eine arithmetische Verteilung wird vollständig bestimmt durch Angabe der Einzelwahrscheinlichkeiten für ihre diskreten Merkmalpunkte, eine geometrische durch Angabe der Wahrscheinlichkeitsdichte für alle Punkte des Merkmalraums. Sind im ersten Falle $x_1 \ldots x_n$ die einzelnen Merkmalpunkte, so gibt es zugehörige Wahrscheinlichkeiten $v(x_1) \ldots v(x_n)$, die zusammen die Summe Eins ergeben. Im zweiten Fall aber gibt es eine Funktion $w(x)$, die die Wahrscheinlichkeitsdichte darstellt und deren Integral über den ganzen Merkmalraum nach Gleichung (1) den Wert Eins besitzt.

Es gibt noch eine zweite Darstellungsart für Wahrscheinlichkeitsverteilungen, nämlich mit Hilfe der sog. Summenfunktion $W(x)$. Diese Darstellung hängt mit der oben durchgeführten Zurückführung eines allgemeinen Kollektivs auf eine Alternative eng zusammen. Die Summenfunktion $W(x)$ ist für eine eindimensionale geometrische Verteilung definiert durch

$$W(x) = \int_{-\infty}^{x} w(x)\, dx = \int_{-\infty}^{x} d\,w(x) \tag{2}$$

und für eine arithmetische Verteilung durch die diesem Ausdruck entsprechende Summe der Wahrscheinlichkeiten über alle Merkmale $y \leq x$. Daher ist die Summenfunktion bei kontinuierlicher Verteilung eine stetige, bei diskontinuierlicher Verteilung eine unstetige, aber in beiden Fällen eine stets zunehmende Funktion, die vom Werte Null bis zum Wert Eins anwächst.

Wir wollen diese Ergebnisse an zwei Beispielen klar machen. a) Beim Würfeln mit einem „richtigen" Würfel sind die Merkmale der vorliegenden arithmetischen Verteilung $x = 1 \ldots 6$ und die zugehörigen Wahrscheinlichkeiten $v(1) = \ldots = v(6) = \frac{1}{6}$. Die beiden Darstellungen dieser Verteilung durch die Wahrscheinlichkeiten und durch die Summenfunktion $W(x)$ sind in Abb. 1 und 2 wiedergegeben.

b) In der Fehlertheorie und auch bei anderen Fragen der Wahrscheinlichkeitsrechnung ist von besonderer Wichtigkeit eine geometrische Verteilung mit der Dichtefunktion

$$w(x) = \frac{h}{\sqrt{\pi}}\, e^{-h^2(x-a)^2}, \tag{3}$$

die sog. Gaußsche Verteilung. Dabei sind a und h zwei Konstante, nämlich a der Mittelwert und h das sog. „Präzisionsmaß", ein Parameter, der um so größer ist, je geringer die Streuungen um den Wert a

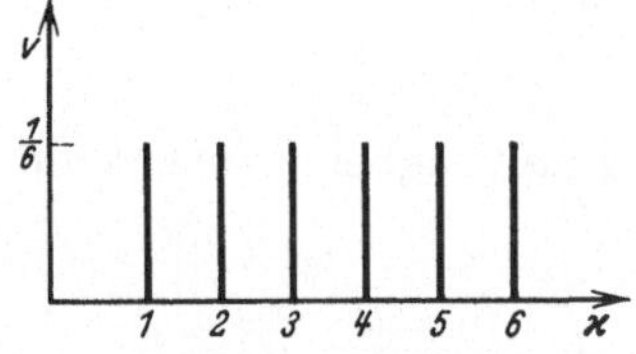

Abb. 1. Wahrscheinlichkeitsverteilung eines „richtigen" Würfels.

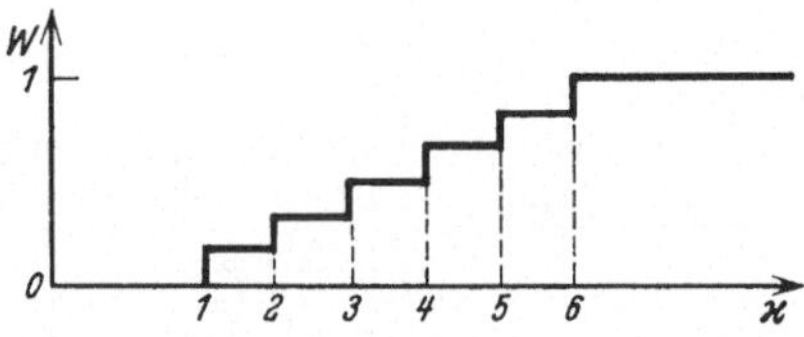

Abb. 2. Summenfunktion eines „richtigen" Würfels.

sind. Handelt es sich in der Fehlertheorie um die wiederholte Messung einer und derselben Größe, so ist h ein Maß für die Genauigkeit des Meßverfahrens. In Abb. 3 und 4 ist ein Beispiel einer Gaußschen Verteilung, und zwar für $a = 0$ und $h = 2$ nach den beiden besprochenen

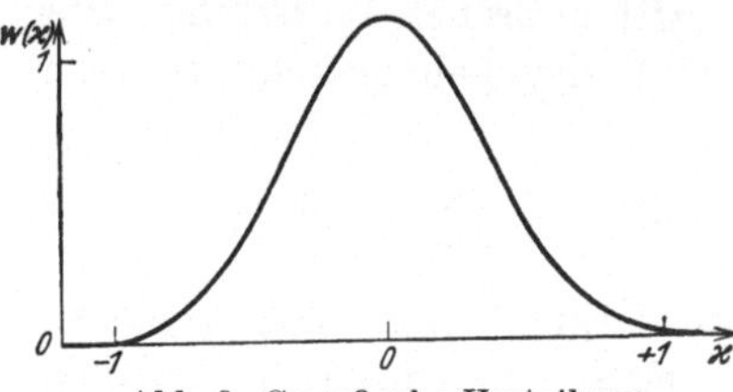

Abb. 3. Gaußsche Verteilung.

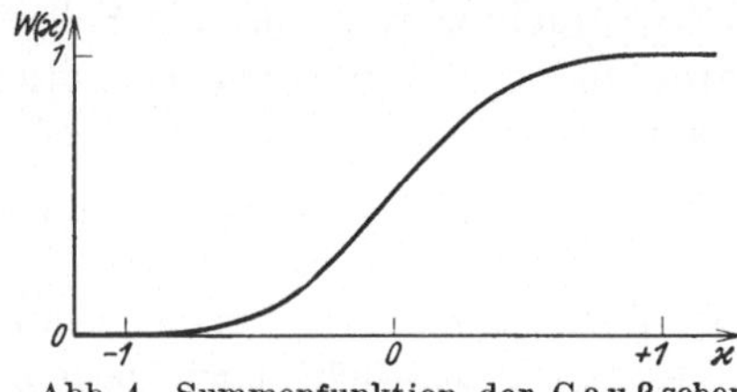

Abb. 4. Summenfunktion der Gaußschen Verteilung von Abb. 3.

Verfahren dargestellt, nämlich durch die Wahrscheinlichkeitsdichte $w(x)$ und durch die Summenfunktion $W(x)$

$$w(x) = \frac{2}{\sqrt{\pi}}\, e^{-4x^2}, \quad W(x) = \frac{2}{\sqrt{\pi}} \int_{-\infty}^{x} e^{-4x^2}\, dx.$$

Bekanntlich ist es für viele Probleme der Mechanik nicht notwendig, die Gestalt und Massenverteilung der beim mechanischen Prozeß beteiligten Körper in allen Einzelheiten genau zu kennen. Vielmehr genügt häufig die Kenntnis des Schwerpunkts und des Trägheitsmoments der einzelnen Massen zur Lösung der gestellten Aufgabe. Ein ähnlicher Sachverhalt liegt auch bei den Anwendungen der Wahrscheinlichkeitsrechnung vor, von denen im folgenden die Rede sein wird. Auch hier sind für viele Fragen nicht die Verteilungen der vorkommenden Kollektivs selbst von Belang, sondern nur charakteristische Werte dieser Verteilungen, die dem Schweremoment bzw. dem Schwerpunkt und dem Trägheitsmoment beim Analogon der Massenbelegung entsprechen. Es sind dies der Erwartungswert und die Streuung der Wahrscheinlichkeitsverteilung.

Wir betrachten zunächst eine eindimensionale Verteilung mit der Wahrscheinlichkeitsdichte $w(x)$. Denken wir sie wieder durch eine Massenbelegung mit der Gesamtmasse Eins ersetzt, so erhalten wir als Schwerpunktskoordinate

$$a = \frac{\int\limits_{-\infty}^{+\infty} x\,w(x)\,dx}{\int\limits_{-\infty}^{+\infty} w(x)\,dx} = \int\limits_{-\infty}^{+\infty} x\,w(x)\,dx \tag{4}$$

und für das Quadrat des Trägheitsradius zum Trägheitsmoment um den Schwerpunkt

$$s^2 = \frac{\int\limits_{-\infty}^{+\infty} (x-a)^2\,w(x)\,dx}{\int\limits_{-\infty}^{+\infty} w(x)\,dx} = \int\limits_{-\infty}^{+\infty} (x-a)^2\,w(x)\,dx \tag{5}$$

und entsprechende Ausdrücke erhalten wir für a und s^2 bei einer arithmetischen Verteilung.

Die Frage ist nun die nach der anschaulichen Bedeutung der zunächst formal hergeleiteten Größen a und s^2 in der Wahrscheinlichkeitstheorie. Wir betrachten zunächst den Fall einer arithmetischen Verteilung. Hier wird, indem wir von der Definition der Wahrscheinlichkeit Gebrauch machen,

$$a = \int x\,dw(x) = \sum_i x_i\,v(x_i) = \lim_{n\to\infty}\left(\frac{1}{n}\sum_i n_i\,x_i\right),$$

wo n_i die Anzahl der Versuche mit dem Merkmal x_i in einer Versuchsserie mit n Beobachtungen bedeutet. Die Rechenvorschrift, die diese Gleichung liefert, besagt, daß von den n Ergebnissen x_i dieser Versuchsreihe der Mittelwert zu errechnen ist, und zwar für unbegrenzt zunehmendes n. Der Wert a ist also der Mittelwert des Merkmals x auf Grund der betrachteten Verteilung. Dieser Wert wird auch als „Erwartungswert des Merkmals x" innerhalb des betreffenden Kollektivs, oder auch als „Erwartungswert" der betrachteten Verteilung schlechthin bezeichnet.

Die gleiche Überlegung läßt auch die Bedeutung der Größe s^2 erkennen. Auch s^2 ist ein Mittelwert, und zwar der Mittelwert von $(x_i-a)^2$, dem Quadrat der Abweichung der einzelnen Beobachtung vom Erwartungswert a der Verteilung. Da die Größe s^2 verschwindet, wenn alle Beobachtungen übereinstimmend den Wert $x_i = a$ liefern, und da s^2 um so größer ist, je mehr die einzelnen Beobachtungsergebnisse x_i um den Erwartungswert a „streuen", wird s^2 als „Streuung des Merkmals x" innerhalb des betreffenden Kollektivs, oder auch als „Streuung" der betrachteten Verteilung schlechthin bezeichnet.

Neben der durch (5) definierten Streuung s^2 um den Erwartungswert a kommen manchmal auch Streuungen vor, die nicht auf den Mittelwert a, sondern auf eine beliebige Abszisse x_0 bezogen sind. Man nennt die Größe

$$s_0^2 = \int\limits_{-\infty}^{+\infty} (x - x_0)^2\, w\,(x)\, dx \qquad (6)$$

die „Streuung in Bezug auf den Punkt x_0". Zwischen der Streuung zur beliebigen Abszisse x_0 und der Streuung um den Erwartungswert a besteht in Analogie zum Steinerschen Satz für die Trägheitsmomente die Beziehung

$$s_0^2 = s^2 + (a - x_0)^2\,. \qquad (7)$$

Wir erhalten damit den

Satz: Die Streuung einer Wahrscheinlichkeitsverteilung, bezogen auf ein beliebiges Merkmal x_0, ist gleich der Streuung um den Erwartungswert a, vermehrt um das Quadrat des Abstands zwischen x_0 und a.

Es sind nun noch die Ergebnisse dieses Abschnitts auf mehrdimensionale Verteilungen zu verallgemeinern, da wir es bei den Anwendungen auf die physikalischen Fragestellungen fast ausschließlich mit mehrdimensionalen Kollektivs zu tun haben werden. Der Betrachtung mehrdimensionaler Verteilungen legen wir einen m-dimensionalen Merkmalraum zugrunde, dessen Punkte — Gruppen von reellen Zahlen $x_1 \ldots x_m$ — im Sinne des Sprachgebrauchs der Geometrie und der Physik als Vektoren $\mathfrak{x}$ aufgefaßt werden. Jede Beobachtung an einem Element des m-dimensionalen Kollektivs liefert als Ergebnis einen Vektor, dessen Komponenten $x_1 \ldots x_m$ auch die Komponenten des Ergebnisses oder des Merkmals heißen mögen. Einzelnen Vektoren $\mathfrak{x}_i$ ist die Wahrscheinlichkeit $v\,(\mathfrak{x}_i)$ zugeordnet, wenn es sich um eine arithmetische Verteilung handelt, jedem Vektor $\mathfrak{x}$ eines bestimmten Gebietes eine Wahrscheinlichkeitsdichte $w\,(\mathfrak{x})$, wenn eine geometrische Verteilung vorliegt.

Im Falle der arithmetischen Verteilung, wo die Merkmalmenge aus k Vektoren $\mathfrak{x}_i$ ($i = 1, 2, \ldots k$), besteht, gilt

$$\sum_i v\,(\mathfrak{x}_i) = 1\,. \qquad (8\,\mathrm{a})$$

Im Falle einer geometrischen Verteilung denken wir uns den m-dimensionalen Raum oder einen Teil desselben stetig mit Masse belegt, deren Gesamtgröße gleich Eins ist. Es wird, wenn diese Belegung durch die Wahrscheinlichkeitsdichte $w\,(\mathfrak{x})$ vorgeschrieben ist, das m-fache Integral

$$\int w\,(\mathfrak{x})\, d\,x_1\, d\,x_2 \ldots d\,x_m = 1\,. \qquad (8\,\mathrm{b})$$

Die Integrationsgrenzen sind dabei für alle Variablen $-\infty, +\infty$. Wenn $w\,(\mathfrak{x})$ außerhalb eines endlichen Raumteils verschwindet, genügt es natürlich, das Integral über diesen allein zu erstrecken.

Nun führen wir auch hier die Begriffe Erwartungswert und Streuung des Merkmalvektors ein. Schon oben wurde erklärt, daß diese beiden Größen die ersten beiden Momente der Wahrscheinlichkeitsverteilung sind und den Momenten ersten bzw. zweiten Grades einer Massenverteilung entsprechen. In Analogie zur Mechanik definieren wir jetzt als „Vektor Erwartungswert" den m-dimensionalen Vektor $\mathfrak{a}$, dessen Komponenten a_i durch die m Gleichungen

$$a_i = \int x_i \, w\,(\mathfrak{x})\, d\,x_1 \ldots d\,x_m \qquad i = 1, 2, \ldots m\,, \tag{9}$$

bestimmt werden, die auch zur Vektorgleichung

$$\mathfrak{a} = \int \mathfrak{x}\, w\,(\mathfrak{x})\, d\,V \tag{9a}$$

zusammengefaßt werden können, wobei wieder die Integrationen über den ganzen Merkmalraum zu erstrecken sind.

Um zu den Ausdrücken für die Streuungen zu gelangen, gehen wir in der gleichen Weise vor wie in der Mechanik bei der Bildung der Momente zweiten Grades. Wir bilden die m^2 skalaren Größen s_{ik}^2 mit $i, k = 1, 2, \ldots m$ in der folgenden Weise:

$$s_{ik}^2 = \int (x_i - a_i)\,(x_k - a_k)\, dx_1 \ldots d\,x_m\,. \tag{10}$$

Diese Größen lassen sich naturgemäß nach Zeilen und Kolonnen ordnen, indem man in die erste Zeile diejenigen setzt, für die $i = 1$ ist, in die zweite Zeile diejenigen, für die $i = 2$ ist, usw. Das so entstehende quadratische Schema besitzt die Eigenschaft der Symmetrie, d. h. es ist $s_{ik}^2 = s_{ki}^2$. Die Größen s_{ik}^2 sind die Komponenten eines m-dimensionalen Tensors, den wir als den „Streuungstensor" des m-dimensionalen Kollektivs bezeichnen. Die Gleichungen (10), nach denen die einzelnen Komponenten des Streuungstensors zu ermitteln sind, können auch in eine einzige Gleichung, die Tensorgleichung

$$s_{ik}^2 = \int (\mathfrak{x} - \mathfrak{a},\ \mathfrak{x} - \mathfrak{a})\, w\,(\mathfrak{x})\, d\,V \tag{10a}$$

zusammengefaßt werden, wo das Symbol $(\mathfrak{x} - \mathfrak{a},\ \mathfrak{x} - \mathfrak{a})$ ein sog. dyadisches Vektorprodukt bedeutet.

Daß die Invarianzeigenschaften eines Vektors bzw. Tensors für Erwartungswerte und Streuungen auch wirklich erfüllt sind, so daß man berechtigt ist, von einem „Vektor Erwartungswert" und einem „Streuungstensor" einer mehrdimensionalen Wahrscheinlichkeitsverteilung zu reden, folgt ohne Rechnung durch die Analogie mit den entsprechenden Größen einer Massenverteilung, dem Vektor des Schweremoments und der Trägheitsdyade.

Der Vektor Erwartungswert nach Gleichung (9) und der Streuungstensor nach Gleichung (10) sind die beiden Größen, die bei den bevorstehenden physikalischen Untersuchungen immer wieder zur Charakterisierung der vorkommenden (meist dreidimensionalen) Kollektivs herangezogen werden müssen. Natürlich ist durch Erwartungswert und Streuung die betreffende Verteilung nicht vollständig bestimmt, ebenso wenig wie ein Körper durch Angabe seines Schwerpunkts und seines Trägheitsmoments. Jedoch lehren die weiteren Untersuchungen, daß in der physikalischen Statistik wie in der Mechanik bei vielen Problemen die für das physikalische Geschehen entscheidenden Größen die ersten beiden Momente, dort der Massenanordnungen, hier der Wahrscheinlichkeitsverteilungen, allein sind.

3. Die Grundoperationen der Wahrscheinlichkeitsrechnung.

Nachdem wir mit den Kollektivs und den in ihnen vorliegenden Verteilungen den Gegenstand der Wahrscheinlichkeitsrechnung kennen gelernt haben, müssen wir uns nun noch mit den Rechenoperationen dieser mathematischen Wissenschaft vertraut machen. Zunächst einige Bemerkungen zur Frage nach den Aufgaben der Wahrscheinlichkeitsrechnung. Die Antwort z. B. auf die Frage: Wie groß ist die Wahrscheinlichkeit, mit einem bestimmten Würfel die Zahl 6 zu werfen? ist ebenso wenig Sache der Wahrscheinlichkeitsrechnung wie die Frage nach der Wahrscheinlichkeit des Ablebens infolge der Ansteckung mit einer bestimmten Infektionskrankheit. Solche Fragen sind Aufgabe der Beobachtung und des messenden Experiments. Auch die Geometrie beantwortet nicht die Frage nach der Größe der Hypothenuse in einem vorgelegten rechtwinkligen Dreieck, die allein durch Messung entschieden werden kann. Dagegen lehrt die Geometrie die Berechnung dieser Hypothenuse, sobald die Katheten gegeben sind. So kann man auch in der Wahrscheinlichkeitsrechnung nur aus entsprechend vorgegebenen Größen Ergebnisse ableiten. Wenn wir wissen oder annehmen, daß die Wahrscheinlichkeit, mit einem bestimmten Würfel 6 zu werfen $\frac{1}{6}$ ist, so können wir daraus die Wahrscheinlichkeit ableiten, in zwei Würfen die Summe 12 zu erhalten. Allgemeiner gefaßt: Aus gegebenen Kollektivs lassen sich in verschiedener Weise andere Kollektivs ableiten; Aufgabe der Wahrscheinlichkeitsrechnung ist es, die Verteilungen innerhalb eines abgeleiteten Kollektivs aus den gegebenen Verteilungen der Ausgangskollektivs zu berechnen.

Alle Ableitungen neuer Kollektivs aus gegebenen lassen sich nach v. Mises auf vier sehr einfache Grundoperationen zurückführen, die er Auswahl, Mischung, Teilung und Verbindung nennt. Wir wollen in diesem Abschnitt mit einer kurzen Besprechung dieser vier Grundoperationen und mit der Erörterung der Frage nach der Abhängigkeit verschiedener Kollektivs voneinander das vorbereitende Kapitel über die Elemente der Wahrscheinlichkeitsrechnung beschließen.

1. Die Auswahl. Bereits oben in Abschn. 1 wurde ein Auswahlverfahren besprochen, durch das aus einem Kollektiv auf mannigfaltige

Weise neue Kollektivs abgeleitet werden können. Wir machten von diesem Verfahren Gebrauch, um aus den Erfahrungstatsachen über Massenerscheinungen die beiden Axiome für Kollektivs zu gewinnen. Wir ließen zunächst bei der Erklärung des Auswahlvorgangs jede beliebige Folge von Nullen und Einsen als Auswahlsystem zu, um erst später zu erklären, daß gegenüber einer weiten Klasse von Auswahlverfahren, nämlich allen solchen, die einem Systemspieler möglich sind, bei denen also das Merkmal des in Frage stehenden Elements nicht bekannt ist, die Wahrscheinlichkeitsverteilungen invariant sind. v. Mises faßt, wenn er von der Grundoperation der „Auswahl" oder auch „Stellenauswahl" spricht, nur solche systematische Auswahlverfahren ins Auge, die ohne Kenntnis des zum betreffenden Element gehörigen Merkmals durchgeführt werden können, und erhält den mit dem zweiten Axiom gleichbedeutenden Satz, daß die Wahrscheinlichkeitsverteilungen in den auf diese Weise abgeleiteten Kollektivs die gleichen wie im Ausgangskollektiv sind.

2. Die Mischung. Ein ganz andersartiges Verfahren, aus einem gegebenen Kollektiv neue zu gewinnen, ist die Operation der Mischung. Sie geschieht nicht an den Elementen des Kollektivs, sondern allein an deren Merkmalen und besteht in einer Transformation derselben, wobei stets mehrere Merkmale des Ausgangskollektivs zu einem einzigen des abgeleiteten Kollektivs zusammengefaßt werden. Ein Beispiel für die Mischung ist die oben in Abschn. 1 durchgeführte Zurückführung eines allgemeinen Kollektivs auf eine Alternative. Die Wahrscheinlichkeiten der neuen Merkmale im abgeleiteten Kollektiv werden erhalten, indem man die Wahrscheinlichkeiten aller Merkmale im Ausgangskollektiv addiert, durch deren Zusammenfassung das neue Merkmal erklärt ist. In dieser Rechenregel kommt das sog. Additionsgesetz der Wahrscheinlichkeiten zum Ausdruck, nämlich der

Satz: Sind A und B zwei einander fremde Teilmengen aus der Gesamtheit der Merkmale eines Kollektivs, so ist die Wahrscheinlichkeit für das Auftreten eines zu A oder zu B gehörigen Merkmals gleich der Summe der Wahrscheinlichkeiten W_A und W_B für das Auftreten der einen bzw. der anderen Merkmalgruppe. In Formeln

$$W_{A+B} = W_A + W_B . \tag{11}$$

Diese zweite Grundoperation der Mischung tritt bei den bevorstehenden Anwendungen recht oft auf, nämlich immer dann, wenn ein- und dasselbe Ergebnis durch verschiedene zufallartige Elementarprozesse hervorgerufen wird, und nun über die Wahrscheinlichkeit dieses Endergebnisses Aussagen zu machen sind. Dieser Sachverhalt besteht natürlich bei der Beschreibung physikalischer Vorgänge sehr häufig.

3. Die Teilung. Die letzte der drei Grundoperationen, die an einem einzigen vorgegebenen Kollektiv ausgeführt werden können, ist die Operation der Teilung. Sie besteht wiederum aus einem Auswahlvorgang, der die Elemente des Kollektivs betrifft, während deren Merkmale ungeändert bleiben, jedoch nicht auf einem solchen, bei dem nach einem dem Kollektiv fremden, willkürlichen System verfahren wird, sondern einem solchen, bei dem das Auswahlsystem aus dem gegebenen Kollektiv selbst abgeleitet wird und die Merkmale der Elemente über deren Auswahl entscheiden. Bei der Teilung wird nämlich die Merkmalmenge des gegebenen Kollektivs in zwei Teilmengen A und B zerlegt und der ersteren werden die Einsen, der zweiten werden die Nullen des Auswahlsystems zugeordnet. Die Elemente des abgeleiteten Kollektivs sind also eine Teilmenge der Elemente des Ausgangskollektivs, nämlich alle jene mit Merkmalen aus A. Die neuen Wahrscheinlichkeiten $w'(x)$ sind bei dieser Operation proportional den alten Wahrscheinlichkeiten $w(x)$ und als Proportionalitätsfaktor folgt durch die Forderung, daß die Summe über alle $w'(x)$ gleich Eins sein soll, der Wert W_A. Wir erhalten damit das Ergebnis

$$ w'(x) = \frac{w(x)}{w_A} , \qquad (12) $$

das nochmals durch die Rechenvorschrift der Division den Ausdruck „Teilung" für diese Grundoperation rechtfertigt.

Während bei den drei Grundoperationen der Auswahl, Mischung und Teilung aus einem gegebenen Kollektiv durch Änderung teils der Elemente, teils der Merkmale neue Kollektivs erhalten werden, müssen wir bei den weiteren Untersuchungen zwei gegebene Kollektivs zugrunde legen. Gegeben seien also zwei Kollektivs mit den Wahrscheinlichkeiten $v_1(x)$ und $v_2(x)$. Wir wollen nun zunächst das zweite Kollektiv nur zur Gewinnung von Auswahlsystemen verwenden, um mit deren Hilfe dann aus dem ersten Kollektiv neue herzuleiten. Das geschieht in einfacher Weise dadurch, daß wir die Elementenfolgen beider Kollektivs einander zuordnen und nun aus derjenigen des ersten Kollektivs nur jene Elemente herausgreifen, denen beim zweiten Kollektiv solche mit dem Merkmal y entsprechen. Man bezeichnet diesen Vorgang als „Auswürfeln" einer Folge aus dem ersten Kollektiv mit Hilfe des Merkmals y im zweiten Kollektiv. Die Wahrscheinlichkeiten in dem auf diese Weise aus dem ersten abgeleiteten Kollektiv nennen wir $v_1(x; y)$.

Es können nun die beiden Fälle eintreten, daß entweder die Wahrscheinlichkeiten $v_1(x; y)$ für alle Merkmale x und y in beiden Kollektivs mit den Wahrscheinlichkeiten $v_1(x)$ im ursprünglichen ersten Kollektiv übereinstimmen oder nicht. Hat das zweite Kollektiv mit dem ersten gar keinen inneren Zusammenhang, so dürfen nach dem Axiom der Regellosigkeit für Kollektivs die Verteilungen durch die beschriebenen Auswahlprozesse sich nicht ändern, d. h. es liegt der erste der beiden

Fälle vor. Im stärksten Gegensatz hierzu steht der Spezialfall, daß beide Kollektivs identisch sind. Dann entsteht nämlich durch Auswürfeln mit Hilfe des Merkmals y eine Folge von lauter Elementen mit diesem Merkmal, also ein Kollektiv mit der trivialen Verteilung $v_1(x;y) = 1$ für $x = y$ und $v_1(x;y) = 0$ für $x \neq y$. Wir erhalten also eine ganze Skala von Möglichkeiten, die den inneren Zusammenhang zwischen den beiden betrachteten Kollektivs, d. h. deren Abhängigkeit voneinander charakterisiert.

Unsere nächste Aufgabe ist es nun, ein Maß für den Zusammenhang der beiden Kollektivs zu gewinnen. Um diese Abhängigkeit vollkommen zu beschreiben, wäre die explizite Angabe der Wahrscheinlichkeit $v_1(x;y)$ als Funktion der beiden Veränderlichen notwendig. Einigen Aufschluß hierüber muß jedoch auch bereits die Angabe der Erwartungswerte der Verteilungen $v_1(x;y)$ für die verschiedenen Parameterwerte y geben. Sind die beiden Kollektivs unabhängig, so ist dieser Erwartungswert gleich a_1, im anderen Fall aber tritt noch eine Korrektur $\Delta a_1(y)$, die eine Funktion von y ist, hinzu. Im Fall der Identität beider Kollektivs ist insbesondere $\Delta a_1(y) = y - a_1$.

Um nun die gesuchte Abhängigkeit nicht durch eine Funktion, sondern durch einen einzigen Zahlwert zu charakterisieren, ist noch eine geeignete Mittelbildung über $\Delta a_1(y)$ vorzunehmen. Zu dieser Mittelbildung ist naturgemäß die Verteilung des zweiten Kollektivs $v_2(y)$ heranzuziehen. Hier bestehen noch verschiedene Möglichkeiten, jedoch ist der Ausdruck

$$\sum_k \Delta a_1(y_k)\,(y_k - a_2)\,v_2(y_k)$$

besonders zweckmäßig, da dieser Mittelwert wegen

$$\Delta a_1(y) = \sum_i (x_i - a_1)\,v_1(x_i;y)$$

gleich

$$\sum_{ik} (x_i - a_1)\,(y_k - a_2)\,v_1(x_i;y_k)\,v_2(y_k)$$

und daher in bezug auf die beiden Kollektivs symmetrisch ist. Wenn man nämlich bei dieser Überlegung die beiden Kollektivs vertauscht, erhält man

$$\sum_{ik} (x_i - a_1)\,(y_k - a_2)\,v_1(x_i)\,v_2(y_k;x_i)\,.$$

Diese beiden Ausdrücke sind aber miteinander identisch, da $v_1(x;y)\,v_2(y)$ und $v_1(x)\,v_2(y;x)$ nach Definition lediglich verschiedene explizite Ausdrücke für die gleiche Wahrscheinlichkeit $v(x,y)$ sind, die dafür besteht, zugleich im ersten Kollektiv das Merkmal x und im zweiten Kollektiv das Merkmal y anzutreffen. Wenn wir daher die zweidimensionale Wahrscheinlichkeit $v(x;y)$, die durch die Beziehung

$$v(x;y) = v_1(x;y)\,v_2(y) = v_1(x)\,v_2(y;x) \tag{13}$$

erklärt ist, einführen, so erhalten wir für unser Maß der Abhängigkeit
beider Kollektivs mit

$$\sum_{ik} (x_i - a_1)(y_k - a_2)\, v\,(x_i; y_k)$$

einen Ausdruck, der bei einer Massenverteilung einem Zentrifugal-
moment entspricht und eine gemischte, auf die Erwartungswerte bezogene
Streuungsgröße darstellt.

Endlich ist es noch zweckmäßig, die Größe mit Hilfe der beiden
anderen Streuungen der Verteilung $v\,(x;y)$ zu normieren, so daß wir
beim Übergang zur Schreibweise für geometrische Verteilungen mit

$$k = \frac{\int\limits_{-\infty}^{+\infty}\int\limits_{-\infty}^{+\infty} (x - a_1\,(y - a_2)\, v\,(x, y)\, dx\, dy}{\sqrt{\int\limits_{-\infty}^{+\infty}\int\limits_{-\infty}^{+\infty} (x - a_1)^2\, v\,(x, y)\, dx\, dy \cdot \int\limits_{-\infty}^{+\infty}\int\limits_{+\infty}^{+\infty} (y - a_2)^2\, v\,(x, y)\, dx\, dy}} \tag{14}$$

unser gesuchtes Maß für die innere Abhängigkeit der beiden Kollektivs
erhalten. Die Größe k wird als Korrelationskoeffizient bezeichnet.
Es ist leicht einzusehen, daß k verschwindet, wenn durch Auswürfelung
mit den Merkmalen des zweiten Kollektivs die Wahrscheinlichkeiten
im ersten sich nicht ändern, wenn also beide unabhängig voneinander
sind, und daß $k = 1$ wird, wenn beide Kollektivs identisch sind. Jedoch
ist es auch klar, daß diese eine Zahl, zu deren Herleitung nur die Erwartungswerte der Kollektivs verwendet wurden, nicht vollkommenen
Aufschluß über die Abhängigkeit der beiden Kollektivs geben kann und
in manchen Fällen auch versagen muß, so daß es nicht wundernimmt,
daß der so definierte Korrelationskoeffizient nicht allen Anforderungen
der beschreibenden Statistik genügt.

4. Die Verbindung. Nach diesen Überlegungen bereitet es nun
keine Schwierigkeiten mehr, die letzte der vier Grundoperationen, die
Verbindung, die als einzige von zwei gegebenen Kollektivs ausgeht,
kennen zu lernen. Diese Operation ist für die Anwendungen die wichtigste
und kommt fast bei allen Aufgaben der Wahrscheinlichkeitsrechnung
vor. Sie besteht in der Bildung eines zweidimensionalen Kollektivs aus
den beiden vorgegebenen eindimensionalen. Die Wahrscheinlichkeit
in diesem zweidimensionalen Kollektiv ist die Wahrscheinlichkeit $v\,(x, y)$
dafür, zugleich im ersten Kollektiv das Merkmal x und im zweiten
das Merkmal y anzutreffen. Setzen wir voraus, daß die beiden Ausgangskollektivs überhaupt verbindbar sind, daß also die aus beiden Beobachtungsreihen durch Verbindung entstehende Folge auch die Eigenschaften eines Kollektivs besitzt, so wird die Lösung dieser Aufgabe
durch Gleichung (13) dargestellt. Besonders bemerkenswert ist hier
der Fall, daß die beiden Kollektivs $v_1\,(x)$ und $v_2\,(x)$ unabhängig voneinander sind. In diesem Falle, der in der Literatur an erster Stelle
steht, gilt die Gleichung

$$v\,(x, y) = v_1\,(x) \cdot v_2\,(y). \tag{15}$$

Wir wollen nun zum Abschluß noch die vier Grundoperationen an einem einfachen Beispiel erläutern. Bei einem „richtigen" Würfel besitzt jede Augenzahl die Wahrscheinlichkeit $\frac{1}{6}$. Eine Folge von Würfen mit ihm sei unser gegebenes Kollektiv. Fassen wir nun nur jeden zweiten Wurf ins Auge, so entsteht ein neues Kollektiv durch Auswahl. In ihm sind die Wahrscheinlichkeiten unverändert. Fragen wir nach der Wahrscheinlichkeit eines geradzahligen Wurfes, so gibt die Operation der Mischung als Antwort den Wert $\frac{1}{2}$. Lassen wir nur alle Würfe mit geradzahligem Ergebnis gelten und fragen nach der Wahrscheinlichkeit einer Sechs, so gibt uns die Antwort die Operation der Teilung. Die gesuchte Wahrscheinlichkeit ist $\frac{1}{3}$. Spielen wir endlich mit zwei solchen Würfeln und fragen nach der Wahrscheinlichkeit einer Doppelsechs, so folgt die Antwort durch die Rechenregel bei Verbindung. Die gesuchte Wahrscheinlichkeit ist nämlich $\frac{1}{36}$.

Aus den beschriebenen Grundoperationen der Auswahl, Mischung, Teilung und Verbindung entsteht nun, wie v. Mises gezeigt hat, durch systematischen Aufbau das ganze Gebäude der Wahrscheinlichkeitsrechnung. Einen Lehrgang dieser Wissenschaft zu entwickeln, kann, wie wir schon oben betonten, hier nicht unsere Aufgabe sein. Wir verweisen vielmehr zu diesem Zwecke auf das v. Misessche Lehrbuch der Wahrscheinlichkeitsrechnung, an das sich auch diese einleitenden Ausführungen in ihren referierenden Teilen anlehnen.

II. Klassische Mechanik und physikalische Statistik.

1. Die Formsysteme der klassischen Mechanik und der physikalischen Statistik.

In den ersten Jahrhunderten der physikalischen Forschung standen im Mittelpunkt des theoretischen Interesses die physikalischen Systeme der klassischen Mechanik. Alle in der Zeit sich abspielenden Naturvorgänge dieser Art fallen unter die seit Newton immer wiederkehrende Grundaufgabe der klassischen Mechanik, die lautet: „Gegeben der Anfangszustand (Lage und Geschwindigkeit) aller Punkte; man soll den Ablauf der Bewegung aus den wirkenden Kräften (Schwerkraft, Reibungskräfte) und den Nebenbedingungen (Gleiten oder Haften an festen Wänden usw.) bestimmen." Die Vorgänge der klassischen Mechanik sind, wie schon aus dieser Fragestellung hervorgeht, abhängig von den Anfangsbedingungen und zeigen im allgemeinen auch keine Tendenz, von diesen im Laufe der Zeit unabhängig zu werden.

Allen Systemen, deren Untersuchung mit den Methoden der klassischen Mechanik erfolgt, ist die Eigenschaft gemein, daß aus Anfangslage und Anfangsgeschwindigkeit aller Teile in einem gegebenen Zeitpunkt der Ablauf der Bewegung für beliebig lange Zeit durch Integration der Bewegungsgleichungen erhalten werden kann. Diese Feststellung ist gleichbedeutend mit der Aussage, daß die Zustände des Systems, d. h. seine Lage und Geschwindigkeit in aufeinanderfolgenden Zeitpunkten im allgemeinen eindeutig auseinander hervorgehen. Mechanische Systeme dieser Art bezeichnet man heute als „deterministische Systeme".

Uns ist es hier nicht um die physikalischen Besonderheiten einzelner deterministischer Prozesse zu tun, sondern allein um die formallogische Struktur dieser Vorgänge, d. h. um das ihnen zugrunde liegende mathematisch-physikalische Formsystem. Indem man alle möglichen Lagen und Geschwindigkeiten aller Teile des mechanischen Systems ins Auge faßt, kommt man abstrahierend zur Idee eines Raumes mit vielen Dimensionen, dessen einzelne Punkte den möglichen Zuständen oder Phasen des Systems zugeordnet sind. Dieser n-dimensionale Raum heißt der Phasenraum des Systems. In ihm bestimmen die mechanischen Bewegungsgleichungen ein Vektorfeld, indem sie zu jedem seiner Punkte (von singulären Stellen abgesehen) einen Vektor angeben, der die Fortschreitgeschwindigkeit des Systems an der betreffenden Stelle des Phasenraums darstellt. Der in der Zeit vor sich gehende Bewegungsablauf wird dann in diesem Phasenraum durch eine Kurve wiedergegeben, die alle aufeinanderfolgenden Zustandspunkte des Systems verbindet.

Die Grundaufgabe der klassischen Mechanik lautet in dieser abstrakten Ausdrucksweise: „Es sei der Zustand $\mathfrak{x}\,(t_0)$ des Systems oder sein Ort im Phasenraum zur Zeit t_0 gegeben. (Der Phasenraum kann beliebig viele Dimensionen haben.) Ferner liege für jeden Punkt des Phasenraums ein Vektor $\mathfrak{a}\,(\mathfrak{x})$ vor, der die Geschwindigkeit nach Größe und Richtung darstellt, mit der das System diesen Phasenpunkt durcheilt, wenn es ihn erreicht. Gesucht ist dann der Aufenthalt $\mathfrak{x}\,(t)$ des Systems zur späteren Zeit t."

Die mathematische Aufgabe besteht also in der Integration eines Systems gewöhnlicher Differentialgleichungen

$$\frac{d\,x_i}{d\,t} = a_i\,(x_1 \ldots x_n) \qquad i = 1, 2, \ldots n \qquad (1)$$

oder in Vektorschreibweise

$$\frac{d\,\mathfrak{x}}{d\,t} = \mathfrak{a}\,(\mathfrak{x}), \qquad (1\,\mathrm{a})$$

dessen Integral durch die symbolische Gleichung

$$\mathfrak{x}\,(t) = \mathfrak{x}\,(t_0) + \int\limits_{t_0}^{t} \mathfrak{a}\,(\mathfrak{x})\,d\,t \qquad (2)$$

dargestellt wird.

Die physikalische Aufgabe aber besteht in der Angabe des Vektorfelds der Geschwindigkeiten im Phasenraum, oder der Funktionen

$a_i (x_1 .. x_n)$ im einzelnen Fall; die Lösung dieser Aufgabe geschieht mit den Prinzipien der klassischen Mechanik.

Man glaubte einst zur Zeit der Hochblüte der klassischen Mechanik, das ganze Weltall sei ein deterministisches System der beschriebenen Art, so daß der mathematische Geist, der alle Bewegungsgleichungen und in einem einzigen Augenblick alle Zustände in allen Teilen der Welt kennen würde, zugleich vollkommenes Wissen über alle Vergangenheit und alle Zukunft besäße. Im Laufe der Zeit traten jedoch dem Physiker bei tieferem Eindringen in die Naturerscheinungen immer mehr physikalische Systeme entgegen, die auch bei scharfsinnigster Betrachtung sich nicht in das Formsystem der klassischen Mechanik einordnen ließen, so daß man schon seit geraumer Zeit von einer „Krise der Mechanik" sprechen muß. Man sieht sich gezwungen, für diese Systeme die Annahme zu machen, daß der Zustand in einem bestimmten Augenblick nicht eindeutig aus dem Zustand im zurückliegenden Augenblick folgt, sondern daß nur Wahrscheinlichkeitsaussagen für die Veränderungen in dem betrachteten Zeitintervall gemacht werden können.

Systeme dieser Art nennt man stochastische Systeme. Sie bilden den Gegenstand der physikalischen Statistik. Die gegenüber der deterministischen Mechanik wesentlich neue Eigenschaft stochastischer Systeme ist die, daß der im betrachteten Zeitintervall zu erwartende Übergang vom Zustand A in den Zustand B nicht mit Sicherheit vor sich geht, sondern einer Wahrscheinlichkeitsverteilung unterliegt $w(B)$, die im allgemeinen noch von der Länge des Zeitintervalls, vom Anfangszustand A und von der Zeit abhängen wird. Man kann sich auch den Fall denken, daß diese Übergangswahrscheinlichkeiten außer von A auch noch von weiter zurückliegenden Zuständen, ja von der ganzen Vorgeschichte des Systems abhängen. Wir wollen jedoch bei unseren Untersuchungen eine solche Komplikation ausschließen und uns meist auf den Fall beschränken, der als Markoffsche Kette bezeichnet wird, und bei dem die Übergangswahrscheinlichkeiten nur vom Ausgangszustand, dem Zeitpunkt und der Dauer des Übergangs abhängen.

Es ist das Verdienst von v. Mises, die grundlegende Bedeutung der Systeme mit Übergangswahrscheinlichkeiten für die physikalische Statistik erkannt und sie zum Aufbau einer Theorie des Zeitablaufs verwertet zu haben. Diese Theorie erhält ihre letzte Abrundung unter der Voraussetzung symmetrischer Übergangswahrscheinlichkeiten, bei deren Vorliegen ein Übergang des Systems von A nach B gleich wahrscheinlich ist, wie ein Übergang des Systems von B nach A. Dieser für viele Anwendungen bedeutsame Spezialfall bewirkt unter gewissen Voraussetzungen, daß nach hinreichend langer Zeit die Wahrscheinlichkeit jedes möglichen Zustandes für das System die gleiche wird.

Ebenso wie bei den deterministischen Prozessen ist es uns auch hier bei den stochastischen Prozessen nicht um spezielle Fälle, sondern um das ihnen allgemein zugrunde liegende formallogische Prinzip zu tun, das das Formsystem der physikalischen Statistik bestimmt. Dieses kommt in der folgenden Grundaufgabe der statistischen Mechanik zum Ausdruck: „Es sei eine Wahrscheinlichkeitsverteilung $w(\mathfrak{y}, t_0)$ gegeben, die aussagt, mit welcher Wahrscheinlichkeit das System zur Zeit t_0 im Zustand $\mathfrak{y}$, d. h. an der Stelle $\mathfrak{y}$ des Phasenraums anzutreffen ist. (Der Phasenraum kann beliebig viele Dimensionen $y_1 \ldots y_n$ besitzen.) Weiter sei die Dichte der Übergangswahrscheinlichkeiten $v(\mathfrak{x}, \mathfrak{y}, \varDelta t)$ bekannt, die angibt, mit welcher Wahrscheinlichkeit das System in der Zeit $\varDelta t$ von der Stelle $\mathfrak{x}$ zur Stelle $\mathfrak{y}$ des Phasenraums gelangt. Gesucht ist die Verteilung $w(\mathfrak{y}, t)$ der Wahrscheinlichkeit dafür, daß zur späteren Zeit t das System sich an der Stelle $\mathfrak{y}$ des Phasenraums befindet."

Diese Hauptaufgabe wurde durch v. Mises gelöst, indem er im Hinblick auf die Verhältnisse in der Atommechanik für das System nur eine nichtkontinuierliche und endliche Menge von Zuständen zuließ und an Stelle der kontinuierlichen Zeit für die Rechnung untereinander gleiche, endliche Zeitintervalle verwendete. Auf diese Weise erhielt v. Mises als mathematisches Hilfsmittel zur Lösung des Problems ein System linearer algebraischer Gleichungen. Sein Hauptergebnis ist dieses, daß unter bestimmten Voraussetzungen für die Übergangswahrscheinlichkeiten die Verteilung nach sehr vielen Zeitintervallen von der Anfangsverteilung unabhängig wird, und daß diese universelle Endverteilung, gegen die das System unter allen Umständen strebt, im Falle symmetrischer Übergangswahrscheinlichkeiten $(v(x, y; \varDelta t) = v(y, x; \varDelta t))$ Gleichwahrscheinlichkeit ist.

Die Einschränkung, die darin besteht, daß v. Mises mit nichtkontinuierlichem Phasenraum und nichtkontinuierlicher Zeit rechnet, ist nicht sehr wesentlich für viele erkenntnistheoretische Folgerungen, aber recht hinderlich für die Anwendung auf physikalische Probleme. Hier gelang der entscheidende Fortschritt dem Russen Kolmogoroff. Indem er mit nichtkontinuierlichem Phasenraum, aber mit kontinuierlicher Zeit rechnete, trat an die Stelle des Systems linearer algebraischer Gleichungen bei v. Mises ein System gewöhnlicher linearer Differentialgleichungen; indem er noch einen Schritt weiter ging und auch einen kontinuierlichen Phasenraum der Rechnung zugrunde legte, erhielt er zwei partielle Differentialgleichungen, die die Übergangswahrscheinlichkeiten für große Zeitintervalle mit jenen für infinitesimale Zeitspannen verknüpfen. Diese Kolmogoroffschen Differentialgleichungen sind für unsere Untersuchungen das entscheidende mathematische Rüstzeug und werden daher im nächsten Abschnitt abgeleitet.

Neben der oben mitgeteilten Grundaufgabe der statistischen Mechanik, die die Untersuchung des Zeitablaufs betrifft und in Parallele zur Grundaufgabe der klassischen Mechanik steht, tritt bei den stochastischen

Systemen noch ein weiteres Problem auf, das in der deterministischen Mechanik nicht vorkommt und für die physikalische Statistik kennzeichnend ist. Es ist das die Frage nach einer ausgezeichneten Verteilung, gegen die das System unabhängig von der speziellen Anfangsverteilung w ($\mathfrak{y}$, t_0) nach hinreichend langer Zeit strebt. Die Fragestellung lautet: „Wie müssen die Übergangswahrscheinlichkeiten beschaffen sein, damit die Wahrscheinlichkeitsverteilungen für späte Zeiten von der Wahrscheinlichkeitsverteilung zu Anfang mehr und mehr mit wachsender Zeit unabhängig werden und gegen eine einzige Grenzverteilung konvergieren, und wie hängt diese sog. „ergodische Verteilung“ mit den Übergangswahrscheinlichkeiten zusammen?“

Daß diese Frage sinnvoll ist, lehrt die v. Misessche Theorie, in der gezeigt wird, daß bei symmetrischen Übergangswahrscheinlichkeiten die hier in Frage stehende Endverteilung Gleichwahrscheinlichkeit ist, und wo ein System von notwendigen und hinreichenden Bedingungen für ihre Existenz angegeben wird.

So zeigen die Systeme der physikalischen Statistik bereits in der Art der Fragestellung tiefgreifende Unterschiede gegenüber den Systemen der klassischen Mechanik. Alle Aussagen nämlich, die sich auf die ergodische Verteilung des betreffenden Problems beziehen, haben im Gegensatz zu den Ergebnissen der klassischen Mechanik nichts mit den speziellen Anfangsbedingungen des Systems zu tun und besitzen daher in gewissem Sinne universellen Charakter. Es handelt sich also in der physikalischen Statistik nicht nur wie in der deterministischen Mechanik um die Frage des Zeitablaufs, sondern darüber hinaus erhebt sich hier die tiefere Frage nach der Entstehung universeller Naturgesetze.

2. Die Grundgleichungen der physikalischen Statistik.

Es sollen nunmehr die Kolmogoroffschen Gleichungen des Zeitablaufs für stochastische Systeme abgeleitet werden, die die Lösung der Grundaufgabe der statistischen Mechanik darstellen.

Wir betrachten zunächst ein mechanisches System mit einem einzigen Freiheitsgrad, jedoch nicht von deterministischer, sondern von stochastischer Natur. Zur Veranschaulichung denke man etwa an einen auf einer Kurve beweglichen Massenpunkt. Alle seine möglichen Lagen werden durch einen Parameter wiedergegeben. Seine im betrachteten Zeitintervall erfolgende Bewegung von x nach y ist nicht eindeutig, sondern wird durch Übergangswahrscheinlichkeiten beschrieben, deren Dichtefunktionen

$$v\,(x,\,y;\,s,\,t) \tag{3}$$

ausdrücken, daß das System mit der Wahrscheinlichkeit

$$v\,(x,\,y;\,s,\,t)\cdot dy$$

zur Zeit t in einer Umgebung des Punktes y von der Intervallänge dy anzutreffen ist, wenn es sich zur Zeit s im Punkte x befunden hat. Es ist klar, daß für beliebige Werte von x, s und t das über alle in Frage kommenden y erstreckte Integral der Funktion $v(x, y; s, t)$ den Wert Eins besitzt.

$$\int_{-\infty}^{+\infty} v(x, y; s, t)\, dy = 1. \tag{4}$$

Weiter ist festzustellen, daß bei unbegrenzt abnehmendem Zeitintervall $t - s$ mit immer geringerer Wahrscheinlichkeit ein von x wesentlich verschiedenes y zu erwarten ist. Es ist daher für infinitesimal benachbartes s und t

$$v(x, y; s, t) \cdot dy \begin{cases} = 1, & \text{wenn } y = x \text{ und} \\ = 0, & \text{wenn } y \neq x. \end{cases}$$

Von entscheidender Bedeutung sind in der Theorie von Kolmogoroff die Momente der Übergangswahrscheinlichkeiten für kleine Zeitintervalle und zwar besonders die ersten beiden von ihnen, Erwartungswert und Streuung. Sie sind definiert durch

$$A(x; t, \varDelta) = \int_{-\infty}^{+\infty} (y - x)\, v(x, y; t, t + \varDelta)\, dy \tag{5}$$

und

$$B(x; t, \varDelta) = \int_{-\infty}^{+\infty} (y - x)^2\, v(x, y; t, t + \varDelta)\, dy. \tag{6}$$

A und B sind Funktionen des Anfangspunktes x zu Beginn des Zeitintervalls, des Zeitpunkts t und der Länge des Zeitintervalls $\varDelta$. Es ist leicht einzusehen, daß mit abnehmendem $\varDelta$ A und B ebenfalls gegen Null streben, und ebenso alle höheren Momente C, D usw. Die Art, wie diese Konvergenz gegen Null erfolgt, ist für das stochastische Problem entscheidend. Bei Kolmogoroff wird zunächst vorausgesetzt, daß das dritte Moment C schärfer gegen Null strebt als die Streuung B und unter dieser Bedingung werden bei ihm die beiden grundlegenden Differentialgleichungen gewonnen, deren Ableitung wir in groben Zügen hier wiedergeben.

Nach den Regeln der Wahrscheinlichkeitsrechnung ist es möglich, aus den Übergangswahrscheinlichkeiten für zwei aneinanderschließende Zeitintervalle (s, τ) und (τ, t) die Übergangswahrscheinlichkeit für die Summe dieser Zeitspannen zu berechnen. Es ist (vgl Kap IV, Abschn 1)

$$v(x, y; s, t) = \int_{-\infty}^{+\infty} v(x, z; s, \tau) \cdot v(z, y; \tau, t)\, dz. \tag{7}$$

Von dieser Gleichung machen wir Gebrauch, indem wir die beiden speziellen Zeitintervalle $(s, s + \varDelta)$ und $(s + \varDelta, t)$ wählen, die in der Tat sich aneinander schließen, und indem wir den einen Faktor unter dem Integral in eine Taylorreihe entwickeln. Mit Hilfe von (5) und (6) läßt sich dann die Integration gliedweise bewerkstelligen. Die Rechnung lautet:

$$v(x, y; s, t) = \int\limits_{-\infty}^{+\infty} v(x, z; s, s + \Delta) \cdot v(z, y; s + \Delta, t)\, dz =$$

$$= \int\limits_{-\infty}^{+\infty} v(x, z; s, s + \Delta) \cdot \Big\{ v(x, y; s + \Delta, t) +$$

$$+ (z - x) \cdot \frac{\partial}{\partial x} v(x, y; s + \Delta, t) +$$

$$+ \frac{1}{2}(z - x)^2 \cdot \frac{\partial^2}{\partial x^2} v(x, y; s + \Delta, t) + \text{Restglied} \Big\}\, dz =$$

$$= v(x, y; s + \Delta, t) + A(x; s, \Delta) \frac{\partial}{\partial x} v(x, y; s + \Delta, t) +$$

$$+ \frac{1}{2} B(x; s, \Delta) \frac{\partial^2}{\partial x^2} v(x, y; s + \Delta, t) + \ldots$$

Aus dieser letzten Gleichung wird nun durch Grenzübergang $\Delta \to 0$ die partielle Ableitung von v nach der Anfangszeit s berechnet. Es ist

$$- \frac{\partial}{\partial s} v(x, y; s, t) = \lim_{\Delta \to 0} \Big\{ \frac{A}{\Delta} \frac{\partial}{\partial x} v(x, y; s + \Delta, t) +$$

$$+ \frac{B}{2\Delta} \frac{\partial^2}{\partial x^2} v(x, y; s + \Delta, t) + \text{Restglied} \Big\}.$$

Liegt nun der Fall vor, daß A und B mit unbegrenzt abnehmendem Zeitintervall gegen Null gehen wie Δ selbst, während das dritte Moment C der Übergangswahrscheinlichkeiten stärker gegen Null geht wie Δ, so daß das nicht angeschriebene Restglied der Taylorreihe bei dem Grenzübergang verschwindet, so wird mit

$$a(x, s) = \lim_{\Delta \to 0} \frac{A(x, s, \Delta)}{\Delta}; \qquad b(x, s) = \lim_{\Delta \to 0} \frac{B(x, s, \Delta)}{2\Delta}. \tag{8}$$

$$- \frac{\partial}{\partial s} v(x, y; s, t) = a(x, s) \frac{\partial}{\partial x} v(x, y; s, t) + b(x, s) \frac{\partial^2}{\partial x^2} v(x, y; s, t). \tag{9}$$

Dies ist die erste fundamentale Differentialgleichung von Kolmogoroff, die die Übergangswahrscheinlichkeiten für große Zeitintervalle mit den infinitesimalen Erwartungswerten und Streuungen der Übergangswahrscheinlichkeiten für differentielle Zeitintervalle verknüpft. Entscheidend ist bei dieser Gleichung, daß die Differentiationen nach Anfangsort und Anfangszeit erfolgen.

Kolmogoroff hat noch eine zweite Differentialgleichung hergeleitet, bei der die Differentiationen nach den Werten am Ende des Zeitintervalls geschehen. Er definiert eine Hilfsfunktion $R(y)$, die im Bereiche (r_1, r_2) positiv und dreimal stetig ableitbar sein soll, an den Grenzen dieses Intervalls mit ihrer ersten Ableitung verschwinden und außerhalb dieses Bereiches identisch Null sein soll. Mit ihrer Hilfe ist bei Verwendung der Gleichung (7)

$$\int\limits_{r_1}^{r_2} \frac{\partial}{\partial t}\, v\,(x,y;s,t)\cdot R\,(y)\,dy = \frac{\partial}{\partial t}\int\limits_{-\infty}^{+\infty} v\,(x,y;s,t)\cdot R\,(y)\,dy =$$

$$= \lim_{\varDelta\to 0} \frac{1}{\varDelta}\int\limits_{-\infty}^{+\infty} (v\,(x,y;s,t+\varDelta) - v\,(x,y;s,t))\cdot R\,(y)\,dy =$$

$$= \lim_{\varDelta\to 0} \frac{1}{\varDelta}\left\{\int\limits_{-\infty}^{+\infty} R\,(y)\int\limits_{-\infty}^{+\infty} v\,(x,z;s,t)\cdot v\,(z,y;t,t+\varDelta)\,dz\,dy -\right.$$

$$\left. -\int\limits_{-\infty}^{+\infty} R\,(y)\,v\,(x,y;s,t)\,dy\right\} =$$

$$= \lim_{\varDelta\to 0} \frac{1}{\varDelta}\left\{\int\limits_{-\infty}^{+\infty} v\,(x,z;s,t)\int\limits_{-\infty}^{+\infty} v\,(z,y;t,t+\varDelta)\cdot\text{(Taylorreihe von } R\,(y)\right.$$

$$\text{an der Stelle } z)\ dy\,dz - \left.\int\limits_{-\infty}^{+\infty} R\,(z)\,v\,(x,z;s,t)\,dz\right\} =$$

$$= \lim_{\varDelta\to 0} \frac{1}{\varDelta}\int\limits_{-\infty}^{+\infty} v\,(x,z;s,t)\left\{\frac{dR}{dy}\,A\,(z,t,\varDelta) + \frac{1}{2}\frac{d^2R}{dy^2}\,B\,(z,t,\varDelta) +\right.$$

$$\left. + \text{Restglied}\right\}dz.$$

Es wird nun wieder vorausgesetzt, daß das Restglied, das im wesentlichen aus dem dritten Moment der Übergangswahrscheinlichkeit für kleine Zeitspannen besteht, bei abnehmendem $\varDelta$ stärker gegen Null geht als die beiden ersten Momente. Indem wir wieder die beiden Funktionen a und b nach (8) einführen, erhalten wir:

$$\int\limits_{-\infty}^{+\infty} \frac{\partial}{\partial t}\, v\,(x,y;s,t)\cdot R\,(y)\,dy =$$

$$= \int\limits_{-\infty}^{+\infty} v\,(x,y;s,t)\left\{\frac{dR}{dy}\,a\,(y,t) + \frac{d^2R}{dy^2}\,b\,(y,t)\right\}dy =$$

$$= \int\limits_{-\infty}^{+\infty}\left\{-\frac{\partial}{\partial y}\,(a\cdot v) + \frac{\partial^2}{\partial y^2}\,(b\cdot v)\right\} R\,(y)\,dy.$$

Die letzte Umformung erfolgte durch zweimalige partielle Integration unter Berücksichtigung der vorausgesetzten Eigenschaften der Funktion $R\,(y)$. Da die zuletzt erhaltene Gleichung eine Identität in bezug auf die weitgehend beliebige Funktion $R\,(y)$ darstellt, müssen auch die Integranden übereinstimmen. So folgt die gesuchte partielle Differentialgleichung

$$\frac{\partial}{\partial t}\, v\,(x,y;s,t) = -\frac{\partial}{\partial y}\,(a\,(y,t)\cdot v\,(x,y;s,t)) + \frac{\partial^2}{\partial y^2}\,(b\,(y,t)\cdot v). \quad (10)$$

Diese Differentialgleichung, die ebenfalls die Übergangswahrscheinlichkeiten für große Zeitintervalle mit den infinitesimalen Erwartungswerten und Streuungen der Übergangswahrscheinlichkeiten für differentielle Zeitintervalle verknüpft, ist die zweite fundamentale Differentialgleichung von Kolmogoroff.

Wir nehmen nun an, es sei die Wahrscheinlichkeit $w(x, s)$ bekannt, die dafür besteht, daß das System zur Zeit s im Punkte x anzutreffen ist. Nun wird das System bis zum Zeitpunkt t sich selbst, d. h. der Wirkung der Übergangswahrscheinlichkeiten überlassen. Wir fragen nach der Wahrscheinlichkeit dafür, daß zur Zeit t das System sich in y befindet. Die Antwort auf diese Frage ist leicht, wenn die Übergangswahrscheinlichkeit für die Zeitspanne (s, t) bekannt ist, denn dann ist

$$w(y, t) = \int\limits_{-\infty}^{+\infty} v(x, y; s, t) \cdot w(x, s)\, dx \,. \tag{11}$$

Die Berechnung von $v(x, y; s, t)$ hat mit Hilfe der Gleichung (10) zu geschehen. Man kann aber auch Gleichung (10) beiderseits mit $w(x, s)$ multiplizieren und die Integration über dx wie in (11) ausführen und erhält so:

$$\frac{\partial}{\partial t}\, w(y, t) = -\,\frac{\partial}{\partial y}\,(a(y, t) \cdot w(y, t)) + \frac{\partial^2}{\partial y^2}\,(b(y, t) \cdot w(y, t))\,. \tag{12}$$

Damit ist die Gleichung gewonnen, die das Problem des Zeitablaufs für das vorliegende stochastische System mit einem Freiheitsgrad beherrscht. Die oben ausgesprochene „Grundaufgabe der statistischen Mechanik" ist das Anfangswertproblem

$$w(y, t) = w_0(y) \text{ für } t = 0 \tag{13}$$

dieser parabolischen partiellen Differentialgleichung.

Die Herleitung der Differentialgleichungen des Zeitablaufs statistischer Prozesse, die hier für ein stochastisches System mit einem Freiheitsgrad durchgeführt wurde, läßt sich ohne Schwierigkeit auf Systeme mit n Freiheitsgraden übertragen. In diesem allgemeinen Fall müssen wir die Lage des Systems durch n Koordinaten $y_1 \ldots y_n$ oder durch den n-dimensionalen Vektor $\mathfrak{y}$ wiedergeben, durch den ein Punkt eines n-dimensionalen Raums, des Phasenraums unseres Systems, festgelegt wird. Die Übergangswahrscheinlichkeiten sind hier Funktionen der Gestalt

$$v(\mathfrak{x}, \mathfrak{y}; s, t) = v(x_1 \ldots x_n; y_1 \ldots y_n; s, t) \tag{14}$$

und an die Stelle der beiden Funktionen A und B von Gleichung (5) und (6) treten hier die Ausdrücke

$$\left. \begin{aligned} A_i(\mathfrak{x}; t, \varDelta) &= A_i(x_1 \ldots x_n; t, \varDelta) = \\ &= \int\limits_{-\infty}^{+\infty} \ldots \int\limits_{-\infty}^{+\infty} (y_i - x_i)\, v(\mathfrak{x}, \mathfrak{y}; t, t + \varDelta)\, d y_1 \ldots dy_n \end{aligned} \right\} \tag{15}$$

und

$$B_{ik}(\mathfrak{x};t,\Delta) = B_{ik}(x_1 \ldots x_n;t,\Delta) =$$

$$= \int_{-\infty}^{+\infty} \ldots \int_{-\infty}^{+\infty} (y_i - x_i)(y_k - x_k)\, v(\mathfrak{x},\mathfrak{y};t,t+\Delta)\, dy_1 \ldots dy_n \qquad (16)$$

Die Erwartungswerte A_i bilden also die Komponenten eines n-dimensionalen Vektors, die Streuungen B_{ik} aber die Glieder einer n-zeiligen quadratischen Matrix.

Bei der Ableitung der gesuchten Differentialgleichung sind entsprechend Gleichung (8) die Größen

$$a_i(\mathfrak{x},t) = a_i(x_1 \ldots x_n;t) = \lim_{\Delta \to 0} \frac{A_i(\mathfrak{x},t,\Delta)}{\Delta} \qquad (17a)$$

und

$$b_{ik}(\mathfrak{x},t) = b_{ik}(x_i \ldots x_n;t) = \lim_{\Delta \to 0} \frac{B_{ik}(\mathfrak{x},t,\Delta)}{2\Delta} \qquad (17b)$$

einzuführen. Mit ihrer Hilfe erhält man

$$-\frac{\partial v}{\partial s} = \sum_i a_i \frac{\partial v}{\partial x_i} + \sum_{ik} b_{ik} \frac{\partial^2 v}{\partial x_i \partial x_k} \qquad (18)$$

und

$$+\frac{\partial v}{\partial t} = -\sum_i \frac{\partial}{\partial y_i}(a_i v) + \sum_{ik} \frac{\partial^2}{\partial y_i \partial y_k}(b_{ik} v). \qquad (19)$$

Endlich ergibt sich wie oben als Differentialgleichung für die Verteilung $w(\mathfrak{y},t)$, der Verallgemeinerung von $w(y,t)$ gemäß (11)

$$\frac{\partial w}{\partial t} = -\sum_i \frac{\partial}{\partial y_i}(a_i w) + \sum_{ik} \frac{\partial^2}{\partial y_i \partial y_k}(b_{ik} w) = L(w). \qquad (20)$$

Diese parabolische Differentialgleichung ist die Lösung der Grundaufgabe der statistischen Mechanik in dem Sinne, wie ein System von n gewöhnlichen Differentialgleichungen (1) die Grundaufgabe der klassischen Mechanik beherrscht. Das mathematische Problem besteht in der Behandlung dieser fundamentalen Gleichung, das physikalische Problem aber in der Angabe eines Vektorfelds und eines Tensorfelds im Phasenraum, die durch die Funktionen a_i und b_{ik} festgelegt sind.

Bei der Herleitung dieser Differentialgleichung wurde angenommen, daß für die Übergangswahrscheinlichkeiten neben der Zeit t und der Größe Δ der betrachteten Zeitspanne nur der Ort im Phasenraum zu Beginn des Zeitintervalls maßgebend sei. Ein stochastisches System mit dieser Eigenschaft wird als Markoffsche Kette bezeichnet. Wir werden später bei der Anwendung der physikalischen Statistik auf Strömungsvorgänge dem Fall begegnen, daß die Übergangswahrscheinlichkeiten nicht nur unmittelbar Funktionen der Zeit und des Ortes sind, sondern daß sie auch von der Wahrscheinlichkeitsverteilung $w(\mathfrak{x},t)$ und daher noch durch Vermittlung dieser Funktion von Ort und Zeit abhängen. Die bei der Ableitung der Differentialgleichung (20) vorkommenden Differentiationen nach den Ortskoordinaten und der Zeit erfassen aber auch eine solche **mittelbare** Abhängigkeit der Übergangswahrscheinlichkeiten von diesen Größen. Daher gilt diese Gleichung unverändert auch im betrachteten Fall, der über die Spezialisierung der Markoffschen Kette hinausgeht. Die Verallgemeinerung, die darin besteht, daß die Übergangswahrscheinlichkeiten von der augenblicklichen Verteilung abhängen, hat lediglich zur Folge, daß die Größen a_i und b_{ik} selbst Funktionen von $w(\mathfrak{x}, t)$ werden und damit die Grundgleichung des statistischen Problems aufhört, linear zu sein.

Wir werden physikalische Probleme kennen lernen, bei denen grundsätzlich zwei Möglichkeiten der theoretischen Behandlung bestehen, nämlich entweder Untersuchung in einem hochdimensionalen Phasenraum, wo die Übergangswahrscheinlichkeiten **nur** vom Ort abhängen oder Untersuchung im dreidimensionalen Raum, wobei die Übergangswahrscheinlichkeiten auch Funktionen der augenblicklichen Verteilung sind. Die erste Behandlungsweise führt auf eine **lineare** partielle Differentialgleichung mit sehr vielen Variablen, die zweite auf eine **nichtlineare** Differentialgleichung mit nur drei Veränderlichen neben der Zeitkoordinate. Stehen diese beiden Wege zur Wahl, so ist der erste vorzuziehen, falls es sich um die Ableitung allgemeiner **mathematischer** Sätze handelt, da solche sich in großer Allgemeinheit für lineare Gleichungen beliebiger Dimensionenzahl aussprechen lassen. Dagegen ist für die gegenständliche Behandlung der **physikalischen** Fragen, bei der die Funktionen a_i und b_{ik} unmittelbar angegeben werden müssen, der zweiten Methode der Vorzug zu geben.

Wir werden daher in diesem Kapitel, wo die abstrakten Formsysteme der klassischen und der statistischen Mechanik in Hinblick auf ihre Struktur untersucht werden, im hochdimensionalen Phasenraum mit der Abstraktion der **Markoffschen Kette** arbeiten, in den späteren Kapiteln aber bei der Behandlung der Strömungsvorgänge die Untersuchungen im dreidimensionalen Raum führen.

3. Eigenschaften stochastischer Systeme mit n Freiheitsgraden.

In diesem Abschnitt sollen einige mathematische Sätze für stochastische Systeme abgeleitet werden, die das Wesen der statistischen Prozesse im Gegensatz zu den Vorgängen der klassischen Mechanik deutlich zu erkennen geben. Diesen Untersuchungen legen wir Systeme mit n Freiheitsgraden von der Art der **Markoffschen Ketten** zugrunde, für die wir außerdem die naheliegende Annahme machen, daß Homogenität in bezug auf die Zeitkoordinate bestehe, so daß die Übergangswahrscheinlichkeiten $v(\mathfrak{x}, \mathfrak{y}; s, t)$ nicht von s und t einzeln, sondern nur von der Differenz $t-s$ abhängen. Dies hat zur unmittelbaren Folge, daß die Größen a_i und b_{ik} [Gleichung (17)] die Zeit nicht enthalten, sondern nur Funktionen des Ortes sind. Weiter gilt für Systeme mit dieser Homogenitätseigenschaft die Beziehung

$$\frac{\partial}{\partial s}\, v\,(\mathfrak{x}, \mathfrak{y}\,;\, s, t) = -\,\frac{\partial}{\partial t}\, v\,(\mathfrak{x}, \mathfrak{y}\,;\, s, t)\,, \tag{21}$$

von der wir sogleich Gebrauch machen werden.

In der v. Misesschen Theorie kommt eine besondere Bedeutung solchen stochastischen Systemen zu, bei denen die Übergangswahrscheinlichkeiten die Symmetrieeigenschaft

$$v\,(\mathfrak{x}, \mathfrak{y}\,;\, s, t) = v\,(\mathfrak{y}, \mathfrak{x}\,;\, s, t) \tag{22}$$

besitzen. **Kolmogoroff** äußert sich nicht darüber, welche Folgen diese Symmetrie für seine Differentialgleichungen hat. Wir beginnen unsere Untersuchung mit der Klärung dieser Frage.

Zugleich mit Gleichung (22) gilt auch

$$\frac{\partial^n}{\partial x_i^\nu \ldots \partial x_k^\mu}\, v\,(\mathfrak{x}, \mathfrak{y}\,;\, s, t) = \frac{\partial^n}{\partial x_i^\nu \ldots \partial x_k^\mu}\, v\,(\mathfrak{y}, \mathfrak{x}\,;\, s, t)\,. \tag{23}$$

Schreiben wir nun Gleichung (18) in der Gestalt

$$-\frac{\partial}{\partial s}\, v\,(\mathfrak{y}, \mathfrak{x}\,;\, s, t) = \sum_i a_i\,(\mathfrak{y})\, \frac{\partial}{\partial y_i}\, v\,(\mathfrak{y}, \mathfrak{x}\,;\, s, t) +$$
$$+ \sum_{ik} b_{ik}\,(\mathfrak{y})\, \frac{\partial^2}{\partial y_i \partial y_k}\, v\,(\mathfrak{y}, \mathfrak{x}\,;\, s, t),$$

indem wir $\mathfrak{x}$ und $\mathfrak{y}$ vertauschen, so wird auf Grund der Beziehungen (21) und (23)

$$\frac{\partial}{\partial t}\, v\,(\mathfrak{x}, \mathfrak{y}\,;\, s, t) = \sum_i a_i\,(\mathfrak{y})\, \frac{\partial}{\partial y_i}\, v\,(\mathfrak{x}, \mathfrak{y}\,;\, s, t) +$$
$$+ \sum_{ik} b_{ik}\,(\mathfrak{y})\, \frac{\partial^2}{\partial y_i \partial y_k}\, v\,(\mathfrak{x}, \mathfrak{y}\,;\, s, t)\,.$$

Der Vergleich mit Gleichung (19) ergibt nun

$$\left.\begin{aligned} \frac{\partial}{\partial t}\, v\,(\mathfrak{x}, \mathfrak{y}\,;\, s, t) &= \sum_i a_i\, \frac{\partial v}{\partial y_i} + \sum_{ik} b_{ik}\, \frac{\partial^2 v}{\partial y_i \partial y_k} = \\ &= -\sum_i \frac{\partial}{\partial y_i}\,(a_i v) + \sum_{ik} \frac{\partial^2}{\partial y_i \partial y_k}\,(b_{ik} v) = L\,(v) \end{aligned}\right\} \tag{24}$$

Aus diesen Gleichungen ist zu ersehen, daß im Falle symmetrischer Übergangswahrscheinlichkeiten der Differentialausdruck zweiter Ordnung $L\,(v)$ für die partielle Ableitung $\dfrac{\partial v}{\partial t}$ selbstadjungiert wird. Dies hat für die Funktionen a_i und b_{ik} die Beziehungen

$$a_i = \sum_k \frac{\partial}{\partial y_k}\, b_{ik} \quad \text{für alle} \quad i = 1,2 \ldots n \tag{25}$$

zur Folge, wodurch sich die Differentialgleichung (20) auf

$$\frac{\partial w}{\partial t} = \sum_i \frac{\partial}{\partial y_i} \sum_k b_{ik} \frac{\partial w}{\partial y_k} \tag{26}$$

reduziert.

Man kann die Schlußweise auch rückwärts durchlaufen und erfährt dabei, daß die Tatsache eines selbstadjungierten Differentialausdrucks für $\frac{\partial v}{\partial t}$ bzw. $\frac{\partial w}{\partial t}$ notwendig von symmetrischen Übergangswahrscheinlichkeiten herrührt. Wir fassen das bisherige Ergebnis zusammen in dem

Satz: Die Wahrscheinlichkeitsverteilung $w(\mathfrak{y}, t)$ zu einer beliebigen Zeit t errechnet sich aus der Anfangsverteilung $w_0(\mathfrak{y})$ zur Zeit $t = 0$ mit Hilfe einer parabolischen Differentialgleichung

$$\frac{\partial w}{\partial t} = L(w).$$

In dieser Gleichung ist der Differentialausdruck $L(w)$, der die Ableitungen bis zur zweiten Ordnung nach den Ortskoordinaten enthält, dann und nur dann selbstadjungiert, wenn die Übergangswahrscheinlichkeiten des betreffenden stochastischen Problems symmetrisch sind.

Oben wurde die für stochastische Systeme charakteristische Frage aufgeworfen: „Wie müssen die Übergangswahrscheinlichkeiten beschaffen sein, damit die Wahrscheinlichkeitsverteilungen für späte Zeiten von der Wahrscheinlichkeitsverteilung zu Anfang mehr und mehr mit wachsender Zeit unabhängig werden und gegen eine einzige Grenzverteilung konvergieren und wie hängt diese sog. „ergodische Verteilung" mit den Übergangswahrscheinlichkeiten zusammen?"

Bei dieser Fragestellung wird nichts darüber ausgesagt, ob die in dieser Weise ausgezeichnete Lösung selbst noch von der Zeit abhängt oder stationär ist. Von besonderer Wichtigkeit ist jedoch der letztere Fall. Fragen wir nun danach, unter welchen Bedingungen eine stationäre Lösung gleichzeitig ergodisch sein kann, so ist sofort einzusehen, daß es dann keine weitere, von der ergodischen wesentlich verschiedene, stationäre Lösung geben kann. Gäbe es nämlich außerdem noch eine stationäre Lösung, so würde diese für alle Zeiten beibehalten, wenn sie als Anfangsbedingung gewählt würde. Damit wäre ein Fall gefunden, in dem das System nicht, unabhängig von der Anfangsbedingung, die als ergodisch vermutete Lösung nach genügend langer Zeit annimmt. Also besäße die betreffende Lösung gar nicht die ergodische Eigenschaft.

Die notwendige Bedingung dafür, daß eine stationäre Lösung ergodisch ist, besteht also darin, daß es keine weitere, von ihr wesentlich verschiedene stationäre Lösung gibt. Wir gehen nun wieder von Gleichung (20) aus und fragen, unter welchen Bedingungen das durch sie dargestellte Problem die Verteilung

$$w(\mathfrak{y}, t) = \varrho = \text{const} \tag{27}$$

als einzige stationäre Lösung besitzt, so daß $w = \varrho$ die ergodische Lösung sein kann. Wir formen zunächst Gleichung (20) um, indem wir die neuen Größen

$$F_i = a_i - \sum_k \frac{\partial b_{ik}}{\partial y_k} \tag{28}$$

einführen, was durch Gleichung (25) nahegelegt wird. Auf diese Weise erhält $L(w)$ die Gestalt

$$L(w) = -\sum_i \frac{\partial}{\partial y_i}\left(F_i w - \sum_k \frac{\partial w}{\partial y_k} b_{ik}\right) = -\sum_i \frac{\partial C_i}{\partial y_i}. \tag{29}$$

Jede stationäre Lösung erfüllt die Gleichung $L(w) = 0$ und daher muß für sie gelten

$$\sum_i \frac{\partial C_i}{\partial y_i} = 0. \tag{30}$$

Die stationären Lösungen w sind nach (29) also Lösungen des überbestimmten, linearen, inhomogenen Gleichungensystems

$$F_i w - \sum_k b_{ik} \frac{\partial w}{\partial y_k} = C_i, \quad i = 1, 2 \ldots n, \tag{31}$$

dessen Glieder C_i außerdem der Nebenbedingung (30) genügen müssen.

Ohne hier auf die Frage einzugehen, ob dieses überbestimmte System überhaupt Lösungen hat, worauf wir nachher noch eingehend zurück, kommen, kann man sofort feststellen, daß jede Lösung von (31) erhalten werden kann, indem man zu einer partikulären Lösung des inhomogenen Systems die allgemeinste Lösung des zugehörigen homogenen Systems addiert. Eine partikuläre Lösung von (31) ist uns aber bekannt, denn nach Voraussetzung sollte $w = \varrho = $ const eine stationäre Lösung sein. Die Bedingung, unter der $w = \varrho = $ const eine stationäre Lösung ist, lautet übrigens nach (29)

$$\sum_i \frac{\partial F_i}{\partial y_i} = 0. \tag{32}$$

Unser Ziel ist, sie zu verschärfen in

$$F_i \equiv 0 \text{ für } i = 1, 2, \ldots n, \tag{33}$$

was sich beweisen läßt, wenn $w = \varrho$ nicht eine stationäre Lösung unter anderen, sondern die einzige stationäre Lösung ist, wie wir es oben vorausgesetzt haben.

Wir müssen also für den weiteren Beweis von der Tatsache Gebrauch machen, daß es keine zweite, von $w = \varrho$ wesentlich verschiedene Lösung der Gleichung (31) gibt. Das heißt aber, daß das homogene Gleichungensystem

$$F_i w - \sum_k b_{ik} \frac{\partial w}{\partial y_k} = 0, \quad i = 1, 2 \ldots n \tag{34}$$

keine nichtkonstante Lösung haben darf. Dasselbe gilt dann auch von der Gleichung, die man erhält, wenn man die Größe g durch

$$w(\mathfrak{y}) = e^{g(\mathfrak{y})} \tag{35}$$

als neue Variable einführt, und welche lautet:

$$F_i - \sum_k b_{ik} \frac{\partial g}{\partial y_k} = 0, \quad i = 1, 2 \ldots n. \tag{36}$$

Entscheidend ist nun, ob die Determinante

$$|b_{ik}| = D \tag{37}$$

des Gleichungensystems, die als Determinante eines Streuungstensors nur größer oder gleich Null sein kann, verschwindet oder nicht. Verschwindet D, dann gibt es zu irgendeinem System von endlichen Werten F_i überhaupt kein System von Ableitungen $\frac{\partial g}{\partial y_k}$. Also hat das Problem nur Sinn unter der Voraussetzung, daß $D(\mathfrak{y})$ nirgends verschwindet. Ist diese Bedingung erfüllt, dann läßt sich aber das Gleichungensystem (36) auflösen zu

$$\frac{\partial g}{\partial y_k} = \frac{1}{D} \sum_i b^{ik} F_i, \quad k = 1,2 \ldots n, \tag{38}$$

und dabei sind die Ausdrücke b^{ik} die Minoren der Elemente b_{ik} in der Determinante (37).

Nun soll (38) keine andere Lösung besitzen als $g = \text{const}$ und daher $\frac{\partial g}{\partial y_k} \equiv 0$ für alle k. Die Determinante von (38) $|b^{ik}|$ hat den Wert D^{n-1} und kann wegen $D \neq 0$ ebenfalls nicht verschwinden. Daher ist $g = \text{const}$ nur möglich, wenn alle F_i identisch verschwinden, wie auch umgekehrt das Verschwinden der F_i das Verschwinden der Ableitungen $\frac{\partial g}{\partial y_k}$ nach sich zieht. Damit ist unsere Behauptung bewiesen.

Die Eigenschaft der Lösung $w = \varrho = \text{const}$, die einzige stationäre Lösung des Problems zu sein, ist nach diesen Überlegungen notwendig für deren ergodische Eigenschaft. Daß sie hierfür auch hinreichend ist, folgt durch besondere mathematische Untersuchungen, wegen der auf die frühere Arbeit des Verfassers über diesen Gegenstand verwiesen sei. Wir erhalten auf Grund dieser Ergebnisse den

Satz: Notwendig und hinreichend dafür, daß ein stochastisches System mit n Freiheitsgraden gegen Gleichverteilung als stationäre und ergodische Lösung strebt, sind die beiden Bedingungen

$$|b_{ik}| = D \neq 0 \text{ und } F_i \equiv 0 \text{ für alle } i.$$

Die zweite dieser Bedingungen sagt aus, daß in diesem Falle der zugehörige Differentialausdruck $L(w)$ selbstadjungiert ist und daß die Übergangswahrscheinlichkeiten des Problems symmetrisch sind.

Ist eine andere als Gleichverteilung die stationäre und ergodische Lösung des Problems, dann kann $L\,(w)$ nicht selbstadjungiert und die Übergangswahrscheinlichkeiten können nicht symmetrisch sein. Es sei $\varrho\,(\mathfrak{y})$ die betreffende Lösung der Gleichung $L\,(w) = 0$ und wie immer $\varrho\,(\mathfrak{y}) > 0$ im ganzen Bereich. Wir erhalten dann durch Einführung der neuen Variabeln

$$p = \frac{w}{\varrho} \tag{39}$$

eine Differentialgleichung für p, die $p = \text{const}$ als einzige stationäre Lösung besitzt, und für die daher der Differentialausdruck $L\,(p)$ selbstadjungiert ist.

$$\left.\begin{aligned}
L\,(p) &= -\sum_i \frac{\partial}{\partial y_i}\,(a_i\,\varrho\,p) + \sum_{ik}\frac{\partial^2}{\partial y_i\,\partial y_k}\,(b_{ik}\,\varrho\,p) = \\
&= -\sum_i \frac{\partial}{\partial y_i}\Big(G_i\,p - \varrho\sum_k b_{ik}\frac{\partial p}{\partial y_k}\Big)
\end{aligned}\right\} \tag{40}$$

Nach dem eben bewiesenen Satz ist daher

$$|\,b_{ik}\,| = D \neq 0 \quad\text{im ganzen Bereich}$$

und

$$G_i = \varrho\,a_i - \sum_k \frac{\partial}{\partial y_k}\,(\varrho\,b_{ik}) \equiv 0 \quad\text{für alle } i = 1, 2 \ldots n.$$

Die zweite dieser Aussagen liefert ein System von Bestimmungsgleichungen für die Funktion $\varrho\,(\mathfrak{y})$. Wir formen zunächst G_i durch Einführung der Größen F_i von (28) um

$$\begin{aligned}
G_i &= \varrho\,a_i - \sum_k \frac{\partial}{\partial y_k}\,(\varrho\,b_{ik}) = \varrho\,\Big(a_i - \sum_k \frac{\partial b_{ik}}{\partial y_k}\Big) - \sum_k b_{ik}\frac{\partial \varrho}{\partial y_k} = \\
&= \varrho\,F_i - \sum_k b_{ik}\frac{\partial \varrho}{\partial y_k} = 0,
\end{aligned}$$

führen als neue Variable die Funktion g durch die Gleichung

$$\varrho\,(\mathfrak{y}) = e^{g\,(\mathfrak{y})} \tag{41}$$

ein und erhalten für g das System von linearen partiellen Differentialgleichungen

$$\sum_k b_{ik}\frac{\partial g}{\partial y_k} = F_i. \tag{42}$$

Da die Determinante $|\,b_{ik}\,|$ nicht verschwindet, läßt sich dieses System nach den Größen $\dfrac{\partial g}{\partial y_k}$ auflösen und es wird

$$\frac{\partial g}{\partial y_k} = \frac{1}{D}\sum_i b^{ik}\,F_i = \Phi_k\,(\mathfrak{y}), \quad k = 1, 2 \ldots n, \tag{43}$$

d. h. wir kommen auf das Gleichungssystem (38) zurück.

Das System (42) bzw. (43) ist ein solches von n linearen partiellen Differentialgleichungen erster Ordnung für die e i n e Funktion $g\,(\mathfrak{y})$.

Die Funktion g ist dadurch überbestimmt und im allgemeinen gibt es überhaupt keine Funktion, die allen diesen Gleichungen genügt, wenn nicht zwischen ihnen eine Reihe Verträglichkeitsbedingungen bestehen. Diese Verträglichkeitsbedingungen sind sofort an (43) abzulesen und lassen sich in der Form ausdrücken:

$$\frac{\partial^2 g}{\partial y_i \partial y_k} = \frac{\partial^2 g}{\partial y_k \partial y_i} \quad \text{für alle } i, k = 1, 2 \ldots n. \tag{44}$$

Das sind $\frac{n}{2}(n-1)$ Gleichungen zwischen den n-Funktionen a_i und den $\frac{n}{2}(n+1)$ Funktionen b_{ik}, die einen symmetrischen Tensor darstellen. Von diesen $\frac{n}{2}(n+3)$ Funktionen sind daher nur $2n$ voneinander unabhängig.

Wir schreiben nun die Integrabilitätsbedingungen für unsere Differentialgleichungen (42), die zugleich die Bedingungen für das Vorhandensein einer ergodischen, stationären Lösung sind, explizit hin. Sie lauten auf Grund der Gleichung (43)

$$\left.\begin{array}{c}\dfrac{\partial}{\partial y_i}\left(\dfrac{1}{D}\sum_m F_m\, b^{mk}\right) = \dfrac{\partial}{\partial y_k}\left(\dfrac{1}{D}\sum_m F_m\, b^{mi}\right) \\[2mm] \text{oder} \\[2mm] \dfrac{\partial}{\partial y_i}\,\Phi_k = \dfrac{\partial}{\partial y_k}\,\Phi_i \end{array}\right\} \quad \text{für alle Paare } i, k. \tag{45}$$

Falls diese Integrabilitätsbedingungen (45) erfüllt sind, gelingt es leicht, jene Lösung des Gleichungensystems (43) explizit hinzuschreiben, die für $y_\nu = y_\nu^0$ $(\nu = 1, 2 \ldots n)$ den Wert $g_0 = g\,(\mathfrak{y}^0)$ annimmt [1]. Diese Lösung lautet:

$$\left.\begin{aligned} g\,(y_1 \ldots y_n) &= g_0 + \int_{y_1^0}^{y_1} \Phi_1\,(y_1\, y_2^0 \ldots y_n^0)\, d y_1 + \\ &\quad + \int_{y_2^0}^{y_2} \Phi_2\,(y_1\, y_2\, y_3^0 \ldots y_n^0)\, d y_2 + \ldots \\ &\quad + \int_{y_n^0}^{y_n} \Phi_n\,(y_1 \ldots y_n)\, d y_n = \\ &= g_0 + \sum_{\nu=1}^{n} \int_{y_\nu^0}^{y_\nu} \Phi_\nu\,(y_1 \ldots y_\nu\, y_{\nu+1}^0 \ldots y_n^0)\, d y_\nu \end{aligned}\right\} \tag{46}$$

Bei dieser Summenbildung kann die Numerierung der n-Variabeln $y_1 \cdots y_n$ noch beliebig geschehen, wodurch formal andere und andere Ausdrücke für $g\,(\mathfrak{y})$ entstehen. Daß diese verschiedenen Ausdrücke

<hr>

[1] Vgl. z. B. Bieberbach: Theorie der Differentialgleichungen, S. 240 f. Berlin: Julius Springer 1926.

eine und dieselbe Funktion $g\,(\mathfrak{y})$ darstellen, ist die Folge der Integrabilitätsbedingungen, deren Erfülltsein wir voraussetzen müssen.

Im Falle symmetrischer Übergangswahrscheinlichkeiten aber, in dem der Differentialausdruck $L\,(w)$ selbstadjungiert wird und die Größen F_i verschwinden, sind die Integrabilitätsbedingungen von selbst erfüllt. Jene stellen in diesem Falle nicht nur $\frac{n}{2}\,(n-1)$ Zusatzgleichungen zum Gleichungensystem (43) dar, sondern noch eine Beziehung mehr, nämlich die Gleichungen

$$\Phi_i = \Phi_k \text{ für alle } i,\,k;\ \text{und dazu } \Phi_i \equiv 0. \tag{47}$$

Im Falle eines allgemeinen Problems mit unsymmetrischen Übergangswahrscheinlichkeiten, aber ergodisch stationärer Endverteilung ist also genau eine Funktion mehr verfügbar als im speziellen Fall, bei dem infolge symmetrischer Übergangswahrscheinlichkeiten sich als Endzustand Gleichwahrscheinlichkeit einstellt.

Wir fassen die letzten Ergebnisse zusammen zu dem

Satz: Notwendig und hinreichend dafür, daß ein stochastisches System mit n Freiheitsgraden gegen eine eindeutige Verteilung $\varrho\,(\mathfrak{y})$ als stationäre und ergodische Lösung strebt, ist erstens die Bedingung $|b_{ik}| = D \neq 0$ und außerdem das Erfülltsein der $\frac{n}{2}\,(n-1)$ Integrabilitätsbedingungen (45). Die fragliche Verteilung ϱ ist dann nach Gleichung (46) explizit zu ermitteln.

Für die Probleme der statistischen Mechanik charakteristisch ist die Frage nach einer Verteilung, die sich unabhängig von den speziellen Anfangsbedingungen des Prozesses nach hinreichend langer Zeit einstellt. Über diese sog. ergodische Verteilung lassen sich für stochastische Systeme von der Art der Markoffschen Ketten, zu denen eine lineare Kolmogoroffsche Gleichung gehört, unter der Voraussetzung einer naheliegenden Homogenitätseigenschaft in bezug auf die Zeit folgende allgemeine mathematische Aussagen machen:

1. Symmetrie der Übergangswahrscheinlichkeiten, Selbstadjungiertheit des Differentialausdrucks $L\,(w)$ der Kolmogoroffschen Gleichung und Gleichverteilung als ergodische Lösung sind drei Vorkommnisse, die sich notwendig gegenseitig bedingen.

2. Damit bei unsymmetrischen Übergangswahrscheinlichkeiten eine ergodische Endverteilung existiert, sind im n-dimensionalen Fall $\frac{n}{2}\,(n-1)$ Integrabilitätsbedingungen zu erfüllen. Erwartungswerte und Streuungen der Übergangswahrscheinlichkeiten können daher nicht ganz beliebig gewählt werden.

3. Die explizite Berechnung dieser ergodischen Verteilung aus den Größen a_i und b_{ik} ist möglich, und zwar ohne Integration der Kolmogoroffschen Differentialgleichung.

4. Der Zusammenhang zwischen physikalischer Statistik und klassischer Mechanik.

Stochastische Systeme unterscheiden sich von den deterministischen Systemen der klassischen Mechanik dadurch, daß die im Laufe der Zeit an ihnen vor sich gehenden Veränderungen nicht eindeutig sind, sondern statistischen Gesetzmäßigkeiten unterliegen. Es ist leicht einzusehen, daß von den formallogischen Grundlagen beider Arten mechanischer Systeme diejenigen der statistischen Systeme die umfassenderen sind, und daß das aus ihnen folgende mathematisch-physikalische Formsystem der physikalischen Statistik das Formsystem der klassischen Mechanik als Spezialfall enthält. Wenn nämlich bei einem statistischen Prozeß die Übergangswahrscheinlichkeiten in der Weise ausarten, daß bei endlichem Zeitintervall ihre Streuungen verschwinden, so kommt einer einzigen Änderung zwar nicht Sicherheit, jedoch die Wahrscheinlichkeit Eins zu und das betreffende statistische System wird formal (nicht für die Erkenntnistheorie!) identisch mit einem System der klassischen Mechanik.

Die physikalische Aufgabe besteht bei einem Problem der statistischen Mechanik in der Bestimmung der beiden Gruppen von Funktionen $a_i(\mathfrak{y})$ und $b_{ik}(\mathfrak{y})$. Es ist ein außerordentlich bemerkenswerter Befund, daß für den Zeitablauf des Geschehens an stochastischen Systemen und für die ergodische Verteilung nicht alle Einzelheiten der Übergangswahrscheinlichkeiten von Belang sind, sondern nur deren beide erste Momente, mit denen die Größen a_i und b_{ik} unmittelbar zusammenhängen. Dieser Sachverhalt hat ein Analogon in der Dynamik starrer Körper, wo auch für die wichtigsten Fragen die Gestalt der an der Bewegung beteiligten Massen im einzelnen gleichgültig ist und es nur auf die Lage der Schwerpunkte und auf die Trägheitsmomente der verschiedenen Teile des betreffenden Aggregats ankommt.

In der Theorie der stochastischen Prozesse, die in den letzten Abschnitten entwickelt wurde, ist es eine ganz wesentliche Voraussetzung, daß sowohl die Erwartungswerte wie die Streuungen der Übergangswahrscheinlichkeiten für kleines Zeitintervall Δ von der Größenordnung dieser Zeitspanne sind, so daß die Grenzwerte, die nach Gleichung (8) die Größen a_i und b_{ik} definieren, vorhanden sind. Die Größen a_i sind der auf infinitesimales Zeitelement bezogene Erwartungswert der auf Grund der Übergangswahrscheinlichkeiten zurückgelegten Wegelemente. Der Vektor $\mathfrak{a}(\mathfrak{y})$ stellt daher den Erwartungswert der Geschwindigkeiten im Phasenraum dar, mit denen das System den betreffenden Phasenpunkt durcheilt, wenn es ihn erreicht. Wenn durch verschwindende Streuungen das statistische System zu einem solchen der deterministischen Mechanik wird, dann gehen diese Erwartungswerte der Geschwindigkeiten in die wohlbestimmten Geschwindigkeiten der klassischen

Mechanik über. In bezug auf die Erwartungswerte bietet also die Bedingung für die Übergangswahrscheinlichkeiten keine begriffliche Schwierigkeit.

Dagegen ist das Zustandekommen von Streuungen der in der Theorie verlangten Größenordnung bei den Übergangswahrscheinlichkeiten nicht ohne weiteres einzusehen. Die erschöpfende Antwort auf diese Frage, die wir als das Kernproblem der physikalischen Statistik erkennen werden, geben erst die Untersuchungen über die „Verweilzeit" in Kap. IV und V. Es soll hier zunächst nur gezeigt werden, daß es nicht möglich ist, solche Streuungen allein durch die Annahme einer „Unschärfe" der Geschwindigkeiten $\mathfrak{a}\,(\mathfrak{v})$ zu erklären.

Zu diesem Zwecke betrachten wir ein mechanisches System mit einem einzigen Freiheitsgrad, wie wir es bei der Ableitung der Grundgleichungen in Abschn. 2 verwendet haben, und machen für dieses die Annahme, daß die Geschwindigkeit, die zu einem bestimmten Punkt gehört, nicht eindeutig anzugeben sei, sondern daß vielmehr eine Wahrscheinlichkeitsverteilung für diese Geschwindigkeit vorliege. Damit sind auch die im Zeitintervall vor sich gehenden Veränderungen nicht eindeutig und wir haben definitionsgemäß ein stochastisches System vor uns.

Wir berechnen nun die Erwartungswerte und Streuungen für die Übergangswahrscheinlichkeiten zur kleinen Zeitspanne von der Länge Δ. Es sei $w\,(u;x)$ die Dichtefunktion der Wahrscheinlichkeit für die Geschwindigkeit u im Punkte x. Die Wahrscheinlichkeit dafür, daß die Geschwindigkeit in einem Intervall von der Länge du liegt, das den Wert u enthält, ist demnach gleich $w\,(u;x)\cdot du$. Nach Definition ist ferner

$$u\,(x) = \lim_{\Delta\to 0} \frac{y-x}{\Delta} \quad \text{und} \quad du = \frac{dy}{\Delta}.$$

Nun bedingen einander die beiden Vorkommnisse, daß erstens u im oben beschriebenen Intervall von der Länge du liegt, und zweitens, daß das System nach der Zeit Δ sich im Intervall von der Länge dy, dem der Punkt y angehört, befindet, wobei u und du einerseits, y und dy andererseits durch die angeschriebenen Gleichungen zusammenhängen. Daher ist unter Verwendung der Übergangswahrscheinlichkeiten, da beide Ereignisse gleich wahrscheinlich sind,

$$v\,(x,\,y,\,\Delta)\,dy = w\,(u,\,x)\,du.$$

Die Wahrscheinlichkeitsverteilung $w\,(u;x)$ habe die ersten beiden Momente:

$$\text{Erwartungswert}\quad E\,(x) = \int\limits_{-\infty}^{+\infty} u\cdot w\,(u;x)\,du$$

$$\text{und Streuung}\quad S^2\,(x) = \int\limits_{-\infty}^{+\infty} u^2\,w\,(u;x)\,du.$$

Durch sie lassen sich nun die Werte A und B der Übergangswahrscheinlichkeiten $v\,(x,\,y;\,\varDelta)$ leicht ausdrücken, denn es ist nach (5) und (6)

$$A\,(x,\,\varDelta) = \int\limits_{-\infty}^{+\infty} (y-x)\,v\,(x,\,y;\,\varDelta)\,dy = \varDelta \int\limits_{-\infty}^{+\infty} u \cdot w\,(u;\,x)\,du = \varDelta\,E\,(x)$$

und

$$B\,(x,\,\varDelta) = \int\limits_{-\infty}^{+\infty} (y-x)^2\,v\,(x,\,y;\,\varDelta)\,dy = \varDelta^2 \int\limits_{-\infty}^{+\infty} u^2 w\,(u;\,x)\,du = \varDelta^2\,S^2\,(x).$$

Hier liegt also der Fall vor, daß zwar die Erwartungswerte der Übergangswahrscheinlichkeiten für kleine Zeitspannen wie $\varDelta$ abnehmen, wie es die Theorie verlangt, daß aber die Streuungen zu rasch bei abnehmendem Zeitintervall verschwinden. Daher wird nach (8) von den Funktionen a und b, die in den Differentialgleichungen vorkommen, nur die Funktion a endlich, während b beim Grenzübergang verschwindet. Damit hört aber das Problem auf, ein wesentlich statistisches zu sein, denn indem nur die Geschwindigkeiten, nicht aber die zu geringen Streuungen für den Zeitablauf maßgebend sind, kommt man auch in diesem Fall formal zur klassischen, deterministischen Mechanik zurück.

An diesem Beispiel ist zu ersehen, daß die Tatsache eines Übergangsmechanismus, der einer Wahrscheinlichkeitsverteilung gehorcht, nicht ohne weiteres genügt, um das Problem zu einem der physikalischen Statistik im vollen Sinne zu machen, sondern daß dazu Streuungen von der richtigen Größenordnung notwendig sind. Gehen die Streuungen der Übergangswahrscheinlichkeiten mit abnehmendem Zeitintervall stärker gegen Null als dieses Zeitintervall selbst, so reduziert sich das stochastische Problem stets auf ein solches der deterministischen Mechanik. Insbesondere ist es nicht möglich, die Funktionen b_{ik} durch gewisse Unschärfeannahmen für die Geschwindigkeiten a_i zu erklären. Besteht das physikalische Problem bei Aufgaben der deterministischen Mechanik allein in der Angabe der Funktionen $a_i\,(\mathfrak{y})$, so tritt bei den Aufgaben der physikalischen Statistik noch die Bestimmung der Größen $b_{ik}\,(\mathfrak{y})$ hinzu, die in jedem Falle ein weiteres physikalisches Prinzip erfordert. Daher ist die Behandlung stochastischer Systeme schwieriger als die rein deterministischer Systeme, wo man mit wesentlich weniger physikalischen Hypothesen auskommt.

Der tiefgreifende Unterschied zwischen den Formsystemen der klassischen und der statistischen Mechanik tritt nicht so sehr bei der Betrachtung des Zeitablaufs innerhalb kurzer Zeiträume zutage als vielmehr bei den Fragen, die mit der ergodischen Verteilung zusammenhängen. Alle physikalischen Aussagen, die auf einer solchen ergodischen Lösung beruhen, sind nämlich im Gegensatz zu den Ergebnissen der klassischen Mechanik unabhängig von den speziellen Anfangsbedingungen und haben daher in gewissem Sinn universellen Charakter. Daher steht im Mittelpunkt der zur physikalischen Statistik gehörigen Untersuchungen meist die Frage nach einer ergodischen Verteilung.

Bei den früheren Arbeiten ging man meist so vor, daß man in einem irgendwie definierten Phasenraum Gleichverteilung annahm und diese Hypothese dann an den Folgerungen nachprüfte, oder indem man nach einem Phasenraum suchte, in welchem man auf Grund physikalischer Überlegungen Symmetrie der Übergangswahrscheinlichkeiten vermuten konnte, was ebenfalls zur Folge hat, daß die ergodische Lösung Gleichverteilung ist. Wir können nach den Ergebnissen unserer Untersuchungen für die Herleitung der ergodischen Verteilung keinen anderen Weg angeben als den, das Vektorfeld der Geschwindigkeiten a_i und das Tensorfeld der Streuungen b_{ik} im Phasenraum zu ermitteln, und dies wird auch bei den weiteren Untersuchungen eine unserer Hauptaufgaben sein.

Es ist noch die Frage zu untersuchen, welche Folgen die durch verschwindende b_{ik} angezeigte Ausartung statistischer Prozesse, die eine Zurückführung auf das Formsystem der klassischen Mechanik bedeutet, für das Problem der ergodischen Verteilung hat. Die Grundgleichung des Zeitablaufs (20) reduziert sich in diesem Falle auf

$$\frac{\partial w}{\partial t} = -\sum_i \frac{\partial}{\partial y_i}(a_i\,w) \tag{48}$$

und an dieser Gleichung ist zu ersehen, daß $w = \varrho = \mathrm{const}$ dann und nur dann stationäre Lösung ist, wenn die a_i der Bedingung

$$\sum_i \frac{\partial a_i}{\partial y_i} = 0 \tag{49}$$

genügen. Mit dieser Feststellung sind wir, da die a_i hier mit den Geschwindigkeiten identisch sind, die aus der klassischen Mechanik folgen, auf den Liouvilleschen Satz der klassischen Theorie zurückgekommen. Es fragt sich, ob diese stationäre Lösung die ergodische Lösung unserer Untersuchungen ist. In den früheren Darstellungen der statistischen Mechanik setzte hier die vielumstrittene Ergodenhypothese ein, nach der die Bahn des Systems im Laufe der Zeit jedem mit der Nebenbedingung konstanter Energie verträglichen Punkte des Phasenraumes beliebig nahe kommen sollte. Aus dieser Hypothese wurde dann gefolgert, daß, wenn man über genügend lange Zeiten mittelt, die Wahrscheinlichkeit, das System dort anzutreffen, für jede Stelle des Phasenraums die gleiche ist. v. Mises begründete dann die statistische Mechanik auf den Übergangswahrscheinlichkeiten und bewies, daß bei symmetrischen Übergangswahrscheinlichkeiten die Gleichverteilung in unserem strengen Sinne ergodische Lösung ist.

Wesentlich ist dabei, wie aus unseren Untersuchungen von Abschn. 3 hervorgeht, daß die Streuungsmatrix keine verschwindende Determinante besitzt, oder was viel weniger aussagt, daß die Streuungen nicht alle verschwinden. Es wäre nun denkbar, daß die nach den früheren Sätzen errechnete ergodische Lösung, wenn man nachträglich die Streuungen gegen Null gehen läßt, gegen die stationäre Lösung von (48) konvergiert, von der wir die ergodische Eigenschaft direkt nicht beweisen können. Dies hätte eine große praktische Bedeutung, denn dann wäre ein Weg gefunden, um die ergodische Lösung aus den Erwartungswerten der Übergangswahrscheinlichkeiten allein zu berechnen und die Streuungen wären nur dazu da, das Problem zu einem statistischen zu machen und die ergodische Lösung sicherzustellen, brauchten aber nicht explizit bekannt zu sein. Das würde aber heißen, daß die weittragenden Ergebnisse der statistischen Mechanik wenigstens in Grenzfällen schon aus den klassischen Bewegungsgleichungen folgen würden ohne Benützung weiterer physikalischer Prinzipien.

Diese schönen Perspektiven entsprechen jedoch nicht der Wirklichkeit, wie man sich an dem einfachen Fall symmetrischer Übergangswahrscheinlichkeiten klarmachen kann. Symmetrische Übergangswahrscheinlichkeiten sind einerseits gleichbedeutend mit der Tatsache, daß die ergodische Lösung Gleichverteilung ist, andererseits mit dem Vorliegen eines selbstadjungierten Differentialausdrucks $L(w)$ und der Gültigkeit der Gleichungen

$$a_i = \sum_k \frac{\partial}{\partial y_k} b_{ik} \quad i = 1, 2 \ldots n. \tag{25}$$

Sollen nun die Größen b_{ik} gegen Null gehen, indem man sie etwa mit einem konstanten Faktor λ versieht und diesen gegen Null streben läßt, so müssen, wenn $w = $ const ergodische Lösung bleiben soll, die Gleichungen (25) immer erfüllt bleiben. Dann konvergieren aber die a_i einzeln ebenfalls gegen Null, d. h. das System „gefriert ein". Es dauert dann mit abnehmendem λ immer längere Zeit bis die ergodische Grenzlösung nahezu erreicht wird. Auf keinen Fall aber kommen wir auf diese Weise auf Gleichung (49) zur Bestimmung der Verteilung zurück und damit ist die Vermutung widerlegt.

Hieraus folgt, daß es nicht angängig ist, die ergodische Verteilung aus Gleichung (48) berechnen zu wollen. Sie ist nicht identisch mit der aus jener Gleichung folgenden stationären Lösung und die Ergodenhypothese, die die Gleichsetzung beider rechtfertigen soll, ist demnach nicht nur unzureichend, sondern im allgemeinen sogar nicht zutreffend. Es gibt keine Probleme der physikalischen Statistik, für die die Streuungen der Übergangswahrscheinlichkeiten ohne Belang sind und es bleibt das bereits ausgesprochene Ergebnis bestehen, daß die Behandlung eines stochastischen Systems mehr physikalische Kenntnisse erfordert als die Behandlung eines entsprechenden deterministischen Systems, daß aber dafür auch die Ergebnisse durch ihre Unabhängigkeit von den Anfangsbedingungen von größerer Schönheit und universeller Gültigkeit sind.

Das Formsystem der physikalischen Statistik ist demnach eine echte Erweiterung des Formsystems der klassischen Mechanik, die sich beide ebenso zueinander verhalten wie in der klassischen Physik die Körpermechanik zur Punktmechanik. Beidemal sind in der spezielleren Disziplin nur die ersten Momente, hier Erwartungswerte, dort Schwermomente der für das betreffende Problem entscheidenden Verteilungen der Wahrscheinlichkeit bzw. der Masse von Belang, während in der allgemeineren Disziplin auch die entsprechenden zweiten Momente, hier Streuungen, dort Trägheitsmomente, maßgebend sind. Beidemal aber rollt der umfassendere Wissenszweig Fragen auf, die vom spezielleren grundsätzlich nicht gelöst werden können, ja für ihn noch kaum einen Sinn haben. Diese neue Fragestellung ist für die statistische Mechanik die Frage nach den ergodischen Verteilungen und den aus ihnen fließenden universellen Naturgesetzen.

Wo immer in der Physik universelle, von den Anfangsbedingungen unabhängige Verteilungsgesetze beobachtet werden, kann man nach diesen Ergebnissen der physikalischen Statistik mit gutem Grund vermuten, daß das der Erscheinung zugrunde liegende physikalische System stochastischer Natur ist. An turbulenten Strömungen z. B. beobachtet man universelle Geschwindigkeitsverteilungen und diese weisen zwingend auf den statistischen Charakter der Turbulenzerscheinungen hin, der ja auch schon bei oberflächlicher Betrachtung durch den unregelmäßigen Ablauf der turbulenten Strömung der Vermutung nahegelegt wird. Im Widerspruch hierzu scheint die Tatsache zu stehen, daß die turbulente Strömung im kleinen den Gleichungen der klassischen Hydrodynamik gehorcht und daher mit gleicher Eindringlichkeit die Struktureigenschaften der Formsysteme klassischer wie statistischer Mechanik zeigt. In der Tat liegt in diesem scheinbaren Widerspruch die Schwierigkeit des Turbulenzproblems begründet, die zur Folge hatte, daß es so lange ungelöst geblieben ist. Dieser Widerspruch zwischen klassischer und statistischer Mechanik hört jedoch mit der Einbettung des Formsystems des Determinismus in das umfassendere Formsystem der physikalischen Statistik auf zu bestehen und die weiteren Untersuchungen werden zeigen, daß die Lösung dieses Widerspruchs durch Synthese nahezu gleichbedeutend ist auch mit der Lösung des Turbulenzproblems.

III. Anwendung der physikalischen Statistik auf Strömungvorgänge und klassische Hydrodynamik.

1. Physikalische Statistik und Wirklichkeit.

Die grundsätzlichen Untersuchungen des zweiten Kapitels über die Formsysteme der klassischen und der statistischen Mechanik haben noch keine Beziehung zur Wirklichkeit, denn dort handelt es sich allein um mathematische Folgerungen aus dem in der Idee des stochastischen bzw. deterministischen Systems zum Ausdruck kommenden Sachverhalt. Die Hauptaufgabe besteht nun in der Anwendung solcher Ergebnisse der theoretischen Systembildung auf die wirklichen Vorgänge und Erscheinungen. Dabei sollen aus dem außerordentlich umfassenden Anwendungsgebiet der physikalischen Statistik bei unseren Untersuchungen die Strömungsvorgänge im dreidimensionalen Raum im Mittelpunkt der Betrachtungen stehen, also ein Zweig der Physik, der bis heute der klassischen Mechanik zugeordnet wird.

Wenn immer es sich darum handelt, ein abstraktes Formsystem mit konkretem Inhalt zu füllen, so ist die erste Frage die, welcher Art Realitäten für die einzelnen Abstrakta dieses Formsystems überhaupt in Frage kommen, denn der gesuchte Isomorphismus zwischen Realität und abstraktem System muß sich auf jedes Element des theoretischen Systems erstrecken, damit fruchtbare Anwendung der Theorie erhofft werden kann. Damit auch keinen Augenblick der Gedanke einer Überheblichkeit der Theorie gegenüber der Natur entstehen kann, ist ausdrücklich festzustellen, daß diese geforderte Totalität des Isomorphismus nur eine einseitige sein kann. Jedes Element des theoretischen Systems muß einem Teile Wirklichkeit zugeordnet werden können, sonst ist es wertlos und aus der Theorie zu entfernen, aber umgekehrt kann nie jedes Element der Wirklichkeit in einer Theorie, die der menschliche Geist ersinnt, gefaßt werden, und daher gibt es keine naturwissenschaftliche Theorie, die nicht bei tieferem Eindringen in die Naturerscheinungen endlich widerspruchsvoll und ergänzungsbedürftig wird, wie dies besonders eindringlich am Formsystem der deterministischen Mechanik zu ersehen ist. Das Ziel aller Wissenschaft kann nur totale Richtigkeit der Erkenntnis sein, d. h. Kongruenz der wissenschaftlichen Gedanken mit dem betreffenden Ausschnitt der Natur, doch nie totales Erfassen der Natur, das doch dem forschenden Menschengeist als Leitstern durch alle Zeiten vorschwebt.

Dem Formsystem der physikalischen Statistik liegt allein die Idee von Zuständen und in der Zeit an ihnen sich abspielenden Veränderungen zugrunde und zu ihrer Darstellung werden nur Wahrscheinlichkeiten verwendet. Die Grundgleichung des Zeitablaufs [Kap. II, Gleichung (20)] enthält dreierlei Bestandteile, nämlich die Wahrscheinlichkeitsverteilung $w(\mathfrak{y}, t)$, die Vektoren der Erwartungswerte a_i und die Tensoren der Streuungen b_{ik}. Wir beginnen mit der Frage nach den in der Natur vorkommenden Größen, die einer Wahrscheinlichkeitsverteilung $w(\mathfrak{y}, t)$ isomorph sein können.

Einen Isomorphismus mit einer Wahrscheinlichkeitsverteilung können nach den Ausführungen in Kap. I ganz allgemein solche Größen eingehen, denen eine Massenerscheinung zugrunde liegt. So kann z. B. die Massendichte als eine Wahrscheinlichkeitsdichte im dreidimensionalen Raum gedeutet werden, nämlich als die Wahrscheinlichkeit für das

Vorhandensein von Molekülen im betrachteten Raumelement. Da die Aussage, es bestehe an der Stelle A die doppelte Wahrscheinlichkeit für das Auftreten von Molekülen als im gleich großen Raumelement an der anderen Stelle B, gleichbedeutend ist mit der Aussage, die Massendichte sei in A doppelt so groß wie in B, so ist die Massendichte $\varrho\,(\mathfrak{y},\,t)$ einfach proportional der Wahrscheinlichkeitsdichte $w\,(\mathfrak{y},\,t)$ zu setzen. Dabei ist für das Problem des Zeitablaufs der Wert des Proportionalitätsfaktors belanglos, da die Kolmogoroffsche Gleichung die Größe w linear und homogen enthält.

Das gleiche gilt nun auch für die Energiedichte $\varrho\,c_p\,T$ (T = absolute Temperatur, c_p = spezifische Wärme bei konstantem Druck), die proportional der Wahrscheinlichkeit ist, in dem betreffenden Raumelement Energie, die sich ebenfalls als Resultat einer Massenerscheinung darstellt, vorzufinden, und ebenso liegen die Verhältnisse auch in bezug auf den Impulsinhalt des betrachteten Raumelements, mit dem einzigen Unterschied, daß die Impulsdichte ein Vektor ist, dessen drei Komponenten einzeln skalaren Wahrscheinlichkeiten proportional zu setzen sind.

Massendichte, Impulsdichte und Energiedichte sind also drei Beispiele für physikalische Größen, die als Wahrscheinlichkeitsverteilungen, und zwar als solche im dreidimensionalen Raum, gedeutet werden können. Vorausgesetzt nun, daß die an ihnen vor sich gehenden zeitlichen Veränderungen durch Übergangswahrscheinlichkeiten sachgemäß beschrieben werden können, sehen wir hier drei Möglichkeiten für die Interpretation der Kolmogoroffschen Gleichung, also drei Probleme der physikalischen Statistik, die man kurz als Massendiffusion, Impulsdiffusion und Energiediffusion bezeichnen kann. Diese drei Prozesse aber beherrschen das Gebiet der Strömungserscheinungen.

Natürlich sind dies nur drei uns hier besonders interessierende Beispiele aus der Menge der Realitäten, die Wahrscheinlichkeitsverteilungen isomorph sind und Gegenstand der statistischen Mechanik sein können. Die Gesamtheit der Größen und Vorgänge dieser Art aber ist unübersehbar, denn für die Überlegungen der physikalischen Statistik kommen neben dem dreidimensionalen Raum die verschiedensten gedachten Räume als Phasenräume in Frage, in denen dann die verschiedensten Dinge als Wahrscheinlichkeiten gedeutet werden können. Immer aber wird man dann in der Kolmogoroffschen Gleichung, die den Zeitablauf der betrachteten Erscheinung beherrscht, die Differentialgleichung eines allgemeinen Diffusionsvorgangs in dem betreffenden Phasenraum erkennen.

Die Kolmogoroffsche Gleichung enthält neben der Wahrscheinlichkeitsverteilung $w\,(\mathfrak{y},\,t)$ noch die auf infinitesimale Zeitspanne bezogenen ersten beiden Momente der Übergangswahrscheinlichkeiten, nämlich die Funktionen a_i und b_{ik}. Wenn die durch die Übergangswahrscheinlichkeiten beschriebenen Veränderungen im gewöhnlichen Raum vor sich gehen, dann haben die Größen a_i die Dimension cm/sec und stellen also Geschwindigkeiten dar, während die Größen b_{ik} die Dimension cm²/sec aufweisen.

Es erhebt sich nun die Frage nach der konkreten Bedeutung der a_i und b_{ik}. Der Tensor der Streuungen b_{ik} bereitet für die physikalische Durchdringung besondere Schwierigkeiten. Die Frage nach dem Zustandekommen dieser Größen und die Aufgabe ihrer induktiven Herleitung aus einfachen physikalischen Tatbeständen wird den Hauptinhalt der Untersuchungen der beiden folgenden Kapitel ausmachen. Einige Aufschlüsse über die b_{ik} können jedoch auch auf deduktivem Wege gewonnen werden, sobald die Bedeutung der Größen a_i klargestellt ist, denn dann können Spezialfälle der allgemeinen Kolmogoroffschen Gleichung zur Definition einzelner der Größen b_{ik} verwendet werden. Man erkennt auf diese Weise leicht, daß bei besonders einfachen Problemen die b_{ik} zum Teil verschwinden und zum Teil sich auf Diffusionskonstante reduzieren, die schon früher zur Darstellung der betreffenden Vorgänge verwendet worden sind. Die andere Frage in bezug auf die Koeffizienten a_i und b_{ik} der allgemeinen Gleichung ist die, ob die Geschwindigkeiten a_i unmittelbar der Beobachtung zugänglich sind, oder ob sie mit solchen beobachtbaren Größen zusammenhängen. Diese Frage soll an einem einfachen Beispiel erörtert werden.

Wir betrachten den Vorgang der Diffusion eines Farbstoffs in einer laminar fließenden Flüssigkeit. Dieser Prozeß geht sehr langsam vor sich, denn man kann die Stromlinien sichtbar machen, indem man an einzelnen Stellen in die Flüssigkeit Farbstoff einführt und dabei verbreitern sich die Farbfäden bekanntlich bei einer laminaren Strömung nur sehr allmählich. Die Übergangswahrscheinlichkeiten sagen in diesem Falle aus, mit welcher Wahrscheinlichkeit ein Farbteilchen im betrachteten Zeitelement von einer Stelle der Flüssigkeit zur anderen kommt. Die durch die Erwartungswerte der Übergangswahrscheinlichkeiten definierte Geschwindigkeit $\mathfrak{a}\,(\mathfrak{y})$ ist hier die Strömungsgeschwindigkeit der den Farbstoff tragenden Flüssigkeit. Für sie gilt natürlich die Kontinuitätsgleichung

$$\operatorname{div} \mathfrak{a} = 0, \tag{1}$$

die lediglich der mathematische Ausdruck für das Prinzip von der Erhaltung der strömenden Substanz, und hier, unter der Annahme konstanter Dichte, auch der Volumina ist.

Die Wahrscheinlichkeitsdichte $w\,(\mathfrak{y}, t)$ setzen wir proportional der Konzentration $\varrho\,(\mathfrak{y}, t)$ des Farbstoffs in der Flüssigkeit und deuten sie also durch die Wahrscheinlichkeit für das Vorhandensein von Flüssigkeitsmolekülen im betreffenden Raumelement. Die Größen b_{ik} hängen in diesem Fall eng mit der Diffusionskonstanten D zusammen. Es ist nämlich

$$b_{11} = b_{22} = b_{33} = D = \text{const} \quad \text{und} \quad b_{12} = b_{23} = b_{31} = 0. \tag{2}$$

Mit diesen Größen erhält man nach Kap. II [Gleichung (20)] als Differentialgleichung für den Zeitablauf des statistischen Vorgangs

$$\frac{\partial \varrho}{\partial t} + \operatorname{div}(\mathfrak{a} \cdot \varrho) = D \triangle \varrho. \tag{3}$$

Aus dieser Gleichung ersehen wir, daß die eingeprägte Geschwindigkeit $\mathfrak{a}$, die nach Definition der Kontinuitätsgleichung (1) in bezug auf die tragende Flüssigkeit genügt, im allgemeinen die Kontinuitätsgleichung in bezug auf den Farbstoff nicht erfüllt, denn der Ausdruck $\frac{\partial \varrho}{\partial t} + \operatorname{div}(\mathfrak{a} \cdot \varrho)$ wird nach (3) nur dann Null, wenn $\triangle \varrho$ verschwindet, d. h. wenn die Konzentration des Farbstoffs eine lineare Funktion des Ortes ist. Dagegen gilt für die beobachtbare mittlere Geschwindigkeit $\mathfrak{u}$ der Farbstoffteilchen die Kontinuitätsgleichung, denn sie ist nichts anderes als die Aussage, daß die färbende Substanz erhalten bleibt.

$$\frac{\partial \varrho}{\partial t} + \operatorname{div}(\mathfrak{u} \cdot \varrho) = 0. \tag{4}$$

Der Vergleich von (3) und (4) lehrt, daß die statistisch als Erwartungswert der Übergangswahrscheinlichkeiten, bezogen auf infinitesimale Zeitspanne, definierte Geschwindigkeit $\mathfrak{a}$ nicht mit der beobachtbaren mittleren Geschwindigkeit $\mathfrak{u}$ identisch ist.

Um den Unterschied zwischen den beiden Geschwindigkeiten $\mathfrak{a}$ und $\mathfrak{u}$ zu erkennen, betrachten wir den Sonderfall, daß $\mathfrak{a}$ identisch verschwindet. Es handelt sich also um die Diffusion des Farbstoffes in einer ruhenden Flüssigkeit. Auch in diesem Fall ändert sich im allgemeinen im Laufe der Zeit die Konzentration des Farbstoffs und es ist makroskopisch eine endliche mittlere Geschwindigkeit der Farbstoffteilchen zu beobachten, nämlich die Fortschreitgeschwindigkeit $\mathfrak{u}_0$ infolge des Diffusionsvorgangs allein. Für $\mathfrak{u}_0$ gilt die Kontinuitätsgleichung

$$\frac{\partial \varrho}{\partial t} + \operatorname{div}(\mathfrak{u}_0 \cdot \varrho) = 0 \tag{5}$$

und außerdem reduziert sich (3) mit $\mathfrak{a} = 0$ auf

$$\frac{\partial \varrho}{\partial t} = D \triangle \varrho. \tag{6}$$

Durch Vergleich folgt für $\mathfrak{u}_0$ die Gleichung

$$\operatorname{div}(\mathfrak{u}_0 \cdot \varrho) = - D \triangle \varrho. \tag{7}$$

Für $\mathfrak{a} = 0$ reduziert sich also die beobachtbare mittlere Geschwindigkeit $\mathfrak{u}$ auf die Ausbreitungsgeschwindigkeit $\mathfrak{u}_0$ infolge der Diffusion allein. Es ist also zu erwarten, daß diese drei Geschwindigkeiten durch die Beziehung

$$\mathfrak{u} = \mathfrak{a} + \mathfrak{u}_0 \tag{8}$$

zusammenhängen und in der Tat erhält man durch Addition der Gleichungen (3) und (7) die Kontinuitätsgleichung für die Summe $\mathfrak{a} + \mathfrak{u}_0$ in Übereinstimmung mit (4) und (8). Verschwinden die Streuungsgrößen b_{ik}, d. h. verschwindet die Diffusionskonstante D, dann wird

$\mathfrak{u}_0 = 0$ und die Geschwindigkeiten $\mathfrak{a}$ und $\mathfrak{u}$ werden in diesem Grenzfall identisch. Wir erhalten damit den

Satz: Die statistisch mit Hilfe der Übergangswahrscheinlichkeiten definierte Geschwindigkeit $\mathfrak{a}$ ist im allgemeinen nicht identisch mit der beobachtbaren mittleren Geschwindigkeit $\mathfrak{u}$, sondern sie ist gleich dieser Geschwindigkeit $\mathfrak{u}$ minus der Transportgeschwindigkeit $\mathfrak{u}_0$ auf Grund des Diffusionsvorgangs allein. Nur im Grenzfall verschwindender Streuungen werden mit verschwindendem $\mathfrak{u}_0$ die Geschwindigkeiten $\mathfrak{a}$ und $\mathfrak{u}$ identisch.

Zu beachten ist endlich noch die durch Vergleich von (3) und (4) sich ergebende Identität

$$\frac{\partial \varrho}{\partial t} + \operatorname{div}(\mathfrak{a}\,\varrho) - D\triangle\varrho \equiv \frac{\partial \varrho}{\partial t} + \operatorname{div}(\mathfrak{u}\,\varrho), \qquad (9)$$

die den Zusammenhang zwischen den Geschwindigkeiten $\mathfrak{a}$ und $\mathfrak{u}$ zeigt. Durch Umformung der linken Seite erhält man

$$\operatorname{div}(\mathfrak{a}\,\varrho - D\operatorname{grad}\varrho) = \operatorname{div}(\mathfrak{u}\,\varrho)$$

und daraus

$$\mathfrak{a} = \mathfrak{u} + D\operatorname{grad}(\ln\varrho). \qquad (10)$$

Eine bemerkenswerte Umformung läßt auch die rechte Seite von (9) zu, indem an Stelle des lokalen Differentialquotienten $\dfrac{\partial \varrho}{\partial t}$ die substantielle Änderung der Dichte mit der Zeit

$$\frac{d\varrho}{dt} = \frac{\partial \varrho}{\partial t} + \mathfrak{u}\cdot\operatorname{grad}\varrho \qquad (11)$$

eingeführt wird. Es entsteht

$$\frac{\partial \varrho}{\partial t} + \operatorname{div}(\mathfrak{a}\,\varrho) - D\triangle\varrho = \frac{d\varrho}{dt} + \varrho\operatorname{div}\mathfrak{u}. \qquad (9a)$$

Nach (4) verschwindet die rechte Seite dieser Gleichung im vorliegenden Falle identisch, was bekanntlich der mathematische Ausdruck für die Tatsache ist, daß die bei dem betrachteten Vorgang beteiligte Substanz, deren Aufteilung in jedem Augenblick durch die Ortsfunktion $\varrho\,(\mathfrak{y},\,t)$ beschrieben wird, weder aus dem Nichts entsteht, noch spurlos verschwinden kann.

Diese Überlegungen, die sich auf das einfache Beispiel eines in einer strömenden Flüssigkeit durch Diffusion sich ausbreitenden Farbstoffs bezogen, können ohne Schwierigkeit auch allgemein auf stochastische Systeme angewendet werden. Wird die durch Gleichung (9) und (11) beschriebene Umformung an der Kolmogoroffschen Differentialgleichung [Kap. II, Gleichung (20)] vorgenommen, so erhält man wegen

$$\frac{\partial w}{\partial t} + \sum_i \frac{\partial}{\partial y_i}(a_i w) - \sum_{ik} \frac{\partial^2}{\partial y_i \partial y_k}(b_{ik} w) = \frac{\partial w}{\partial t} - L(w) =$$

$$= \frac{\partial w}{\partial t} + \sum_i \frac{\partial}{\partial y_i}(u_i w) = \frac{dw}{dt} + w\sum_i \frac{\partial u_i}{\partial y_i}$$

die Gleichung

$$\frac{\partial w}{\partial t} - L(w) = \frac{dw}{dt} + w \sum_i \frac{\partial u_i}{\partial y_i} = 0. \qquad (12)$$

Diese Gleichung drückt aus, daß die Wahrscheinlichkeit, deren Aufteilung im Phasenraum in jedem Augenblick durch die Ortsfunktion $w(\mathfrak{y}, t)$ beschrieben wird, sich bei den stochastischen Prozessen wie eine Substanz verhält, für die der Erhaltungssatz der Materie gilt, so daß nicht nur das über den ganzen Phasenraum erstreckte Integral über die Funktion w den konstanten Wert Eins dauernd beibehält, sondern diese Erhaltungstendenz auch im kleinen vorliegt, und daher für w weder Quellen noch Senken möglich sind.

Damit kommen wir auf eine letzte Frage über die Anwendungsmöglichkeiten des Formsystems der statistischen Mechanik auf wirkliche Vorgänge zu sprechen. Alle Größen, die als Wahrscheinlichkeiten gedeutet werden können und deren Veränderungen durch die Kolmogoroffsche Gleichung in der bisher verwendeten Gestalt beschrieben werden sollen, müssen ebenso wie der Farbstoff im obigen Beispiel dem Erhaltungssatz der Wahrscheinlichkeit nach Gleichung (12) genügen. Diese einschränkende Bedingung ist nun noch durch eine geeignete Verallgemeinerung unserer statistischen Grundgleichung zu beseitigen, denn sonst wäre die Menge der Erscheinungen, auf die die Methoden der physikalischen Statistik Anwendung finden können, sehr begrenzt. Wäre doch z. B. schon die Behandlung der oben genannten Impulsdiffusion unmöglich, da für den Impuls kein derartiger Erhaltungssatz gilt, sondern der Newtonsche Satz: „Kraft = Masse $\times$ Beschleunigung" die Neubildung von Impuls lehrt.

Diese erforderliche Verallgemeinerung bereitet aber nun bei Kenntnis der Gleichung (12) keinerlei Schwierigkeiten mehr. Gewiß gilt für die Wahrscheinlichkeitsverteilung $w(\mathfrak{y}, t)$ der Erhaltungssatz

$$\frac{dw}{dt} + w \sum_i \frac{\partial u_i}{\partial y_i} = 0. \qquad (13)$$

Wenn aber eine andere Größe $f(\mathfrak{y}, t)$, deren Veränderungen mit den Methoden der statistischen Mechanik untersucht werden sollen, als Wahrscheinlichkeit interpretiert und proportional der Funktion $w(\mathfrak{y}, t)$ in Gleichung (12) gesetzt wird, so kann es recht wohl vorkommen, daß der Ausdruck

$$\frac{df}{dt} + f \sum_i \frac{\partial u_i}{\partial y_i}$$

auf der rechten Seite dieser Gleichung nicht identisch verschwindet. In diesem Falle lautet dann die Differentialgleichung des Problems eben nicht

$$\frac{\partial f}{\partial t} - L(f) = \frac{df}{dt} + f \sum_i \frac{\partial u_i}{\partial y_i} = 0,$$

sondern

$$\frac{\partial f}{\partial t} - L(f) = \frac{\partial f}{\partial t} + \sum_i \frac{\partial}{\partial y_i} a_i f - \sum_{ik} \frac{\partial^2}{\partial y_i \partial y_k}(b_{ik}f) = \frac{df}{dt} + f \sum_i \frac{\partial u_i}{\partial y_i}. \tag{1}$$

Natürlich ist im einzelnen Fall zur Aufstellung dieser Gleichung dann noch eine weitere physikalische Aussage über die Größe

$$\frac{df}{dt} + f \sum_i \frac{\partial u_i}{\partial y_i}$$

notwendig, nachdem ihr identisches Verschwinden nicht mehr ohne weiteres vorausgesetzt wird.

2. Über das Wesen der Strömungsvorgänge.

In diesem Abschnitt sollen nun die bisher entwickelten allgemeinen Ergebnisse zur statistischen Mechanik auf die Strömungsvorgänge im dreidimensionalen Raum angewendet werden. Strömungserscheinungen sind mechanische Vorgänge, bei denen Masse, Impuls und Energie im Raum transportiert wird. Dabei ist die Frage nach der Natur des strömenden Mediums von untergeordneter Bedeutung, denn der Strömungsmechanismus ist bekanntlich bei Flüssigkeiten und Gasen weitgehend der gleiche und er ist auch hiervon nicht wesentlich verschieden, wenn irgendwelche andersartige Massen sich in Bewegung befinden, deren sehr viele einzelne Teile in keinem oder nur geringfügigem Kontakt miteinander stehen.

Da der Strömungsvorgang hier als Gegenstand der physikalischen Statistik aufgefaßt wird, nehmen wir an, daß bei dem verwickelten gleichzeitigen Transport von Masse, Impuls und Energie die Übergänge von einem Zustand in den folgenden nicht deterministisch geschehen, sondern durch Übergangswahrscheinlichkeiten beschrieben werden. Dabei ist natürlich die Möglichkeit noch offen gelassen, daß im besonderen Fall die auf infinitesimale Zeitspannen bezogenen Streuungen der Übergangswahrscheinlichkeiten b_{ik} verschwinden können, so daß der Vorgang so verläuft, wie er auch durch die klassische Mechanik dargestellt wird. Dies soll aber bei unseren Untersuchungen nicht vorausgesetzt werden. Vielmehr werden die Kriterien für das Eintreten dieses besonderen Sachverhalts ein Ergebnis der statistischen hydrodynamischen Theorie sein.

Der Raum, in dem sich dieser Übergangsmechanismus abspielt, ist der dreidimensionale Raum, der bei unseren Untersuchungen als Phasenraum verwendet wird. Das bedeutet eine große Vereinfachung der Darstellung, denn eigentlich handelt es sich hier um mechanische Systeme mit sehr vielen Freiheitsgraden — z. B. $6n$ bei der Betrachtung eines Gases mit n-Molekülen unter den einfachsten Annahmen über die Moleküle — so daß man auf den Gedanken kommen kann, die Rechnung in einem dementsprechenden, hochdimensionalen Phasenraum durchzuführen. Es besteht aber für diese Untersuchungen die in Kap. II, Abschn. 2 beschriebene Alternative zwischen einem Phasenraum mit sehr vielen Dimensionen und dem dreidimensionalen Raum. Wenn wir die Rechnung im anschaulichen dreidimensionalen Raum durchführen, in welchem die Vorgänge sich vor unseren Augen abspielen, so nehmen wir damit in Kauf, daß die Übergangswahrscheinlichkeiten nicht nur eine Funktion des Ortes und der Zeit, sondern noch verschiedener weiterer physikalischer Größen sind, die selbst mit den gesuchten Verteilungen der Masse, des Impulses und der Energie zusammenhängen. Das hat zur Folge, daß wir für den Zeitablauf nichtlineare Differentialgleichungen erhalten, so daß die allgemeinen Sätze, die in Kap. II, Abschn. 3 für stochastische Systeme abgeleitet wurden, soweit sie auf der Linearität der Grundgleichung beruhen, hier nicht ohne weiteres gelten. Jedoch ist dies kein Nachteil, da uns bei den Strömungserscheinungen die ergodische Lösung durchaus nicht allein interessiert, sondern ebenso sehr auch der Zeitablauf, aus dessen Gleichungen wir die universellen Gesetze von der Art der ergodischen Lösung jederzeit herleiten können.

Der Strömungsvorgang ist nach dieser Auffassung ein zusammengesetzter Diffusionsvorgang, bei dem die in Bewegung begriffenen Massenteilchen gleichzeitig auch den Transport der Energie und des Impulses in einer noch näher darzulegenden Weise besorgen. Die Energie, von der hier die Rede ist, ist übrigens die Bewegungsenergie der kleinsten Teilchen, also im Sinne der mechanischen Wärmetheorie die Energie der Wärmebewegung, die durch Angabe der absoluten Temperatur T gemessen wird. Es handelt sich also bei den Strömungserscheinungen um fünf Diffusionsprozesse, nämlich für Masse, Energie und die drei Komponenten des Impulsvektors. Da aber die Träger dieser fünf Vorgänge die gleichen Flüssigkeitsteilchen sind, müssen die Kollektivs der Übergangswahrscheinlichkeiten für diese fünf statistischen Prozesse die gleichen sein. Das gemeinsame sind also die Übergangswahrscheinlichkeiten, deren beide ersten Momente durch die Vektorkomponenten a_i und die Tensorkomponenten b_{ik} $(i, k = 1, 2, 3)$ dargestellt werden. Der Massentransport und der Energietransport sind durch Angabe dieser Größen eindeutig festgelegt. In bezug auf den Impulstransport aber sind noch verschiedene Auffassungen möglich und wir werden daher in diesem Abschnitt für zwei Theorien die Grundgleichungen hinschreiben, zwischen denen dann in Kap. V die Entscheidung getroffen wird.

1. Theorie. Es wird angenommen, daß ebenso wie Masse und Energie auch der Impuls komponentenweise diffundiert. Die Größen, die proportional der in Umwandlung begriffenen Wahrscheinlichkeitsverteilung der Kolmogoroffschen Gleichung zu setzen sind und die durch die Funktion $f(\mathfrak{y}, t)$ von Gleichung (14) dargestellt werden, sind also

1. die Massendichte ϱ,

2. die Energiedichte $c_p \varrho\, T$, wo c_p die spezifische Wärme bei konstantem Druck und ϱ die Massendichte bedeutet (c_p ist für unsere Untersuchungen eine Konstante) und

3. die Impulsdichte $\varrho\,\mathfrak{u}$, wo $\mathfrak{u}$ die mittlere Geschwindigkeit der den Impuls tragenden Massenteilchen ist. Der Vektor $\mathfrak{u}$ hat die drei Komponenten u_1, u_2, u_3, die einzeln in Rechnung zu setzen sind.

Für diese Vorgänge gelten nach (14) die Gleichungen:

$$\left.\begin{aligned}
\frac{\partial \varrho}{\partial t} - L(\varrho) &= \frac{d\varrho}{dt} + \varrho \sum_i \frac{\partial u_i^{(1)}}{\partial y_i} \\[2ex]
\frac{\partial(\varrho\,u_1)}{\partial t} - L(\varrho\,u_1) &= \frac{d(\varrho\,u_1)}{dt} + \varrho\,u_1 \sum_i \frac{\partial u_i^{(2)}}{\partial y_i} \\[2ex]
\frac{\partial(\varrho\,u_2)}{\partial t} - L(\varrho\,u_2) &= \frac{d(\varrho\,u_2)}{dt} + \varrho\,u_2 \sum_i \frac{\partial u_i^{(3)}}{\partial y_i} \\[2ex]
\frac{\partial(\varrho\,u_3)}{\partial t} - L(\varrho\,u_3) &= \frac{d(\varrho\,u_3)}{dt} + \varrho\,u_3 \sum_i \frac{\partial u_i^{(4)}}{\partial y_i} \\[2ex]
\frac{\partial(\varrho\,T)}{\partial t} - L(\varrho\,T) &= \frac{d(\varrho\,T)}{dt} + \varrho\,T \sum_i \frac{\partial u_i^{(5)}}{\partial y_i}
\end{aligned}\right\} \tag{15}$$

mit
$$L(f) = -\sum_i \frac{\partial}{\partial y_i}(a_i f) + \sum_{ik} \frac{\partial^2}{\partial y_i \partial y_k}(b_{ik} f). \tag{15a}$$

Nach den Überlegungen von Abschn. 1 dieses Kapitels sind die auf den rechten Seiten dieser Gleichungen vorkommenden Geschwindigkeiten $u_i^{(1)} \ldots u_i^{(5)}$ nicht mit den Geschwindigkeiten a_i und auch untereinander nicht vollkommen identisch. Nach unseren Definitionen können wir nur aussagen, daß die auf der rechten Seite der ersten Gleichung vorkommenden Geschwindigkeiten $u_i^{(1)}$ mit den Geschwindigkeiten u_i der Impulsgrößen übereinstimmen. Da jedoch bei verschwindenden Streuungen b_{ik} alle diese Geschwindigkeiten exakt miteinander identisch werden, machen wir die Annahme, daß auch bei nicht vollkommen verschwindenden Streuungen die Unterschiede zwischen diesen Geschwindigkeiten für eine Näherungstheorie außer acht gelassen werden dürfen und setzen alle diese Geschwindigkeiten einander gleich und gleich der an den Massenteilchen beobachtbaren Geschwindigkeit
$$u_i = u_i^{(1)} \quad (i = 1, 2, 3).$$

Dadurch treten auf den linken Seiten der Gleichung (15) an die Stelle von a_i die Größen u_i, während die rechten Seiten wesentliche Vereinfachungen erfahren. Es gilt nämlich nach dem Satz von der Erhaltung der Materie
$$\frac{d\varrho}{dt} + \varrho \sum_i \frac{\partial u_i}{\partial y_i} = 0. \tag{16}$$

Daher wird die rechte Seite der ersten Gleichung identisch Null und an die Stelle dieser Gleichung für die Massendiffusion tritt auf Grund unserer Näherungsannahme die Kontinuitätsgleichung

$$\frac{\partial \varrho}{\partial t} + \sum_i \frac{\partial (\varrho\, u_i)}{\partial y_i} = 0 \,. \tag{17}$$

Die Ausdrücke auf den rechten Seiten der Impulsgleichungen lassen sich nun in folgender Weise umformen:

$$\frac{d\,(\varrho\, u_\nu)}{d\,t} + \varrho\, u_\nu \sum_i \frac{\partial u_i}{\partial y_i} = u_\nu \frac{d\,\varrho}{d\,t} + \varrho \frac{d\,u_\nu}{d\,t} + \varrho\, u_\nu \sum_i \frac{\partial u_i}{\partial y_i} =$$

[wegen Gleichung (16)]

$$= - \varrho\, u_\nu \sum_i \frac{\partial u_i}{\partial y_i} + \varrho \frac{d\,u_\nu}{d\,t} + \varrho\, u_\nu \sum_i \frac{d\,u_i}{\partial y_i} = \varrho \frac{d\,u_\nu}{d\,t} \,.$$

Also sind die rechten Seiten der drei Impulsgleichungen die drei Komponenten der Vektorgröße $\varrho \dfrac{d\,\mathfrak{u}}{d\,t}$. Zur Angabe dieser Größe ist wiederum eine physikalische Aussage erforderlich, nämlich der Newtonsche Satz: „Kraft = Masse × Beschleunigung". Er liefert in bekannter Weise die Beziehung [1]

$$\varrho \frac{d\,\mathfrak{u}}{d\,t} = \varrho\, \mathfrak{K} - \operatorname{grad}\, p\,(\mathfrak{y}, t)\,, \tag{18}$$

wenn $\mathfrak{K}$ die auf die Masseneinheit bezogene Massenkraft bedeutet — im allgemeinen kommt nur die Schwere in Betracht — und mit p der Druck bezeichnet wird. Für die Fragen der Hydrodynamik ist die äußere Kraft $\mathfrak{K}$ im allgemeinen ohne Belang. Wir wollen daher von ihr absehen und erhalten, indem wir uns auf die Betrachtung der Druckkräfte beschränken

$$\varrho \frac{d\,\mathfrak{u}}{d\,t} = - \operatorname{grad} p\,. \tag{18a}$$

Endlich kann die gleiche Umformung auch an der rechten Seite der Energiegleichung (15) vorgenommen werden, wobei

$$\frac{d\,(\varrho\, T)}{d\,t} + \varrho\, T \sum_i \frac{\partial u_i}{\partial y_i} = \varrho \frac{d\,T}{d\,t}$$

wird. Der explizite Ausdruck für $\varrho \dfrac{d\,T}{d\,t}$ ist durch thermodynamische Überlegungen zu gewinnen. Da jedoch diese sog. „Dissipationsglieder" der Energiegleichung für unsere weiteren Untersuchungen ohne Belang sind, soll ihr expliziter Ausdruck hier nicht hergeleitet werden.

Wir erhalten damit für die Strömungsvorgänge das Gleichungssystem

---

[1] Siehe z. B. Lagally, Vektorrechnung. Leipzig: Akademische Verlagsgesellschaft 1928, S. 145.

$$\frac{\partial \varrho}{\partial t} + \sum_i \frac{\partial}{\partial y_i} (u_i \varrho) = 0$$

$$\frac{\partial (\varrho \, u_1)}{\partial t} + \sum_i \frac{\partial}{\partial y_i} (u_i \varrho \, u_1) - \sum_{ik} \frac{\partial^2}{\partial y_i \partial y_k} (b_{ik} \varrho \, u_1) = -\frac{\partial p}{\partial y_1}$$

$$\cdots \cdots \cdots \cdots \cdots \cdots \cdots \cdots \cdots \cdots$$

$$\frac{\partial (\varrho \, T)}{\partial t} + \sum_i \frac{\partial}{\partial y_i} (u_i \varrho \, T) - \sum_{ik} \frac{\partial^2}{\partial y_i \partial y_k} (b_{ik} \varrho \, T) = \varrho \, \frac{d T}{d t}.$$

$$(19)$$

2. **Theorie.** Das Gleichungensystem (19) wurde auf Grund der Annahme abgeleitet, daß der Impuls von den strömenden Teilchen zugleich mit der Masse und der Energie in der Weise transportiert wird, daß die Kollektivs der Übergangswahrscheinlichkeiten identisch sind. Die Richtigkeit dieser Hypothese ist nicht erwiesen. Wir stellen ihr in dieser zweiten Theorie eine andere Hypothese gegenüber, nämlich die Annahme, daß nicht der Impuls mit den Flüssigkeitsteilchen in der beschriebenen Weise verbunden ist, sondern die Rotation, so daß mit der Masse, der Energie und den Komponenten der Rotation Diffusionsvorgänge mit identischen Übergangswahrscheinlichkeiten stattfinden.

Um das dieser Hypothese entsprechende Gleichungensystem zu gewinnen, schreiben wir zunächst die drei Impulsgleichungen des Systems (19) in der Gestalt der sog. „Wirbeltransportgleichungen", indem wir in bekannter Weise beiderseits den Operator rot anwenden. Dadurch kommen die vom Druck und den äußeren Kräften herrührenden Glieder in Wegfall und wenn man durch

$$\varrho \, X = \mathrm{rot} \, (\varrho \, \mathfrak{u}) \tag{20}$$

einen neuen Vektor mit den Komponenten X_1, X_2, X_3 einführt, so erhält man z. B. für X_1 die Gleichung

$$\frac{\partial (\varrho \, X_1)}{\partial t} + \sum_i \frac{\partial}{\partial y_i} (u_i \varrho \, X_1) -$$

$$- \sum_{ik} \frac{\partial^2}{\partial y_i \partial y_k} \left(\frac{\partial}{\partial y_2} (b_{ik} \varrho \, u_3) - \frac{\partial}{\partial y_3} (b_{ik} \varrho \, u_2) \right) =$$

$$= + \sum_i \frac{\partial}{\partial y_i} \left(\varrho \, u_2 \frac{\partial u_i}{\partial y_3} - \varrho \, u_3 \frac{\partial u_i}{\partial y_2} \right)$$

In dieser Gleichung tritt in der zweiten Theorie an die Stelle des Ausdrucks

$$\sum_{ik} \frac{\partial^2}{\partial y_i \partial y_k} \left(\frac{\partial}{\partial y_2} (b_{ik} \varrho \, u_3) - \frac{\partial}{\partial y_3} (b_{ik} \varrho \, u_2) \right)$$

infolge der Annahme, daß die Rotation in gleicher Weise transportiert wird wie Masse und Energie, der Term

$$\sum_{ik} \frac{\partial^2}{\partial y_i \partial y_k} (b_{ik} \varrho \, X_1).$$

Damit entsteht das Gleichungensystem

$$
\left.
\begin{aligned}
&\frac{\partial \varrho}{\partial t} + \sum_i \frac{\partial}{\partial y_i}(u_i \varrho) = 0 \\[2mm]
&\frac{\partial(\varrho X_1)}{\partial t} + \sum_i \frac{\partial}{\partial y_i}(u_i \varrho X_1) - \sum_{ik} \frac{\partial^2}{\partial y_i \partial y_k}(b_{ik}\varrho X_1) = \\
&\hspace{4cm} = \sum_i \frac{\partial}{\partial y_i}\left(\varrho\, u_2 \frac{\partial u_i}{\partial y_3} - \varrho\, u_3 \frac{\partial u_i}{\partial y_2}\right) \\[2mm]
&\frac{\partial(\varrho X_2)}{\partial t} + \sum_i \frac{\partial}{\partial y_i}(u_i \varrho X_2) - \sum_{ik} \frac{\partial^2}{\partial y_i \partial y_k}(b_{ik}\varrho X_2) = \\
&\hspace{4cm} = \sum_i \frac{\partial}{\partial y_i}\left(\varrho\, u_3 \frac{\partial u_i}{\partial y_1} - \varrho\, u_1 \frac{\partial u_i}{\partial y_3}\right) \\[2mm]
&\frac{\partial(\varrho X_3)}{\varrho t} + \sum_i \frac{\partial}{\partial y_i}(u_i \varrho X_3) - \sum_{ik} \frac{\partial^2}{\partial y_i \partial y_k}(b_{ik}\varrho X_3) = \\
&\hspace{4cm} = \sum_i \frac{\partial}{\partial y_i}\left(\varrho\, u_1 \frac{\partial u_i}{\partial y_2} - \varrho\, u_2 \frac{\partial u_i}{\partial y_1}\right) \\[2mm]
&\frac{\partial(\varrho T)}{\partial t} + \sum_i \frac{\partial}{\partial y_i}(u_i \varrho T) - \sum_{ik} \frac{\partial^2}{\partial y_i \partial y_k}(b_{ik}\varrho T) = \varrho\frac{dT}{dt}
\end{aligned}
\right\} \quad (21)
$$

zu dem noch die Definitionsgleichungen

$$
\left.
\begin{aligned}
&\varrho X_1 = \frac{\partial(\varrho u_3)}{\partial y_2} - \frac{\partial(\varrho u_2)}{\partial y_3}, \qquad \varrho X_2 = \frac{\partial(\varrho u_1)}{\partial y_3} - \frac{\partial(\varrho u_3)}{\partial y_1} \\[2mm]
&\hspace{2cm} \varrho X_3 = \frac{\partial(\varrho u_2)}{\partial y_1} - \frac{\partial(\varrho u_1)}{\partial y_2}
\end{aligned}
\right\} \quad (20\,\mathrm{a})
$$

hinzukommen.

Da alle Glieder der Wirbeltransportgleichung mit Ausnahme des Ausdrucks

$$
\sum_{ik} \frac{\partial^2}{\partial y_i \partial y_k}(b_{ik}\varrho X_l) \qquad l = 1, 2, 3
$$

bei der Herleitung durch Ausübung des Operators rot entstanden sind, muß zugleich mit den anderen Gliedern auch dieser Ausdruck die Eigenschaft besitzen, daß seine Divergenz verschwindet. Das liefert die Gleichung

$$
\sum_{ikl} \frac{\partial^3}{\partial y_i \partial y_k \partial y_l}(b_{ik}\varrho X_l) = 0\,, \tag{22}
$$

die eine Bedingung für die Streuungsgrößen b_{ik} darstellt.

Wenn Gleichung (22) erfüllt ist, dann kann die Operation rot, durch die die Wirbeltransportgleichungen aus den Impulsgleichungen hervorgegangen sind, durch Integrationen rückgängig gemacht werden, wobei nicht vergessen werden darf, den Ausdruck —grad p noch hinzuzufügen, der bei diesem Aufbau eines Vektorfelds aus seinen Wirbeln die Rolle einer Integrationskonstanten spielt. Auf diese Weise entsteht in der zweiten Theorie an Stelle der Impulsgleichungen des Systems (19) ein ihnen entsprechendes System von drei Integrodifferentialgleichungen.

Mit den Gleichungen (19) bzw. (21) ist das vorläufige Ergebnis unserer Untersuchungen gewonnen. Benötigt wurden zu ihrer Herleitung neben den formalen Beziehungen, die aus der Idee des stochastischen Systems folgen und neben der Hypothese, daß Masse, Energie und Impuls bzw. Masse, Energie und Rotation durch einen gemeinsamen statistischen Übergangsmechanismus transportiert werden, an physikalischen Prinzipien der Satz von der Erhaltung der Materie und das Grundgesetz der Dynamik.

Noch ist die Zahl der Unbekannten größer als die Anzahl der Gleichungen und daher die zu entwickelnde Theorie der Strömungsvorgänge noch nicht in sich abgeschlossen. Insbesondere fehlen Kenntnisse über die Streuungsgrößen b_{ik} der Übergangswahrscheinlichkeiten. Nehmen wir nun für den Augenblick an, die b_{ik} seien uns bekannt als Funktionen von Ort und Zeit und den in den Gleichungen sonst noch vorkommenden Größen, so stellt (19) bzw. (21) ein Gleichungensystem von fünf Differentialgleichungen für die sechs Unbekannten u_1, u_2, u_3, ϱ, p und T dar. Zu deren Bestimmung ist daher noch eine Gleichung zwischen diesen Größen erforderlich und diese ist die Zustandsgleichung der strömenden Substanz

$$f(p, \varrho, T) = 0, \tag{23}$$

die deren Druck, Dichte und Temperatur miteinander in Zusammenhang bringt.

Insbesondere erhalten wir durch Spezialisierung der bisherigen Ergebnisse eine in sich abgeschlossene, wenn auch zu enge Theorie, wenn wir die b_{ik} alle identisch Null setzen. Von diesem Sonderfall, der mit der Zurückführung des betrachteten statistischen Systems auf ein solches der deterministischen Mechanik formal gleichbedeutend ist, handelt der nächste Abschnitt.

3. Die Theorie der idealen Flüssigkeit.

Bei der üblichen Begründung der theoretischen Hydrodynamik geht man von Festigkeitsbetrachtungen aus, indem man bei Flüssigkeiten einen Spannungstensor annimmt, dessen Komponenten nicht wie bei einem starren Körper infolge des Hookeschen Gesetzes lineare Funktionen der Deformationen sind, sondern lineare Funktionen der Deformationsgeschwindigkeiten. Der hydrostatische Druck p ist der Mittelwert der drei Komponenten in der Hauptachse dieses Spannungstensors. Die Bewegungsgleichungen für deformierbare Kontinua der angenommenen Art lauten

$$\left.\begin{aligned}
\varrho\frac{\partial u_1}{\partial t} + \varrho u_1\frac{\partial u_1}{\partial y_1} + \varrho u_2\frac{\partial u_1}{\partial y_2} + \varrho u_3\frac{\partial u_1}{\partial y_3} &= -\frac{\partial p}{\partial y_1} + \frac{\partial \sigma_1}{\partial y_1} + \frac{\partial \tau_{12}}{\partial y_2} + \frac{\partial \tau_{13}}{\partial y_3} \\
\varrho\frac{\partial u_2}{\partial t} + \varrho u_1\frac{\partial u_2}{\partial y_1} + \varrho u_2\frac{\partial u_2}{\partial y_2} + \varrho u_3\frac{\partial u_2}{\partial y_3} &= -\frac{\partial p}{\partial y_2} + \frac{\partial \tau_{12}}{\partial y_1} + \frac{\partial \sigma_2}{\varrho y_2} + \frac{\partial \tau_{23}}{\partial y_3} \\
\varrho\frac{\partial u_3}{\partial t} + \varrho u_1\frac{\partial u_3}{\partial y_1} + \varrho u_2\frac{\partial u_3}{\partial y_2} + \varrho u_3\frac{\partial u_3}{\partial y_3} &= -\frac{\partial p}{\partial y_3} + \frac{\partial \tau_{13}}{\partial y_1} + \frac{\partial \tau_{23}}{\partial y_2} + \frac{\partial \sigma_3}{\partial y_3}
\end{aligned}\right\} \tag{24}$$

Diese Gleichungen entsprechen unseren drei Gleichungen für die Diffusion des Impulses. Zu ihnen kommen auch in der klassischen Theorie noch die Kontinuitätsgleichung und, wenn es sich um kompressible strömende Medien handelt, die Zustandsgleichung zusammen mit der Wärmetransportgleichung, oder auch an Stelle beider die Adiabatengleichung, die unabhängig von der Temperatur Dichte und Druck miteinander verknüpft.

Auch die durch das beschriebene Gleichungensystem dargestellte Theorie ist nicht in sich abgeschlossen, solange nicht die Spannungen σ und τ als Funktionen der übrigen Größen dieser Gleichungen bekannt sind. Die Angabe solcher Beziehungen geschieht für die zähen Flüssigkeiten in der Navier-Stokesschen Theorie und neuerdings auch für turbulente Strömungen durch verschiedene heuristische Ansätze. Insbesondere wird aber die Theorie in sich geschlossen, wenn man alle σ und τ identisch gleich Null setzt und annimmt, daß die betrachtete Flüssigkeit keine Schubspannungen übertragen kann. Auf diese Weise entsteht die Theorie der sog. „idealen Flüssigkeit".

Es zeigt sich nun, daß der Sonderfall verschwindender Schubspannungen in der Auffassung der klassischen Hydrodynamik und der Sonderfall verschwindender Streuungen b_{ik} der Übergangswahrscheinlichkeiten in der Auffassung unserer statistischen Theorie gleichbedeutend sind, und beide zur Theorie der idealen Flüssigkeit führen. Mit verschwindenden b_{ik} werden übrigens die verschiedenartigen Geschwindigkeiten, die in Gleichung (15) vorkommen, miteinander identisch, so daß deren Gleichsetzung, die zu der Gleichung (19) führt, nicht nur näherungsweise, sondern exakt richtig ist. Die beiden Theorien des letzten Abschnittes, denen verschiedene Annahmen über den statistischen Impulstransport zugrunde liegen, unterscheiden sich im vorliegenden Falle nicht voneinander. Aus dem Gleichungensystem (19) aber, zu dem die Zustandsgleichung (23) hinzukommt, wird mit verschwindenden b_{ik}, wenn wir noch mit Hilfe der Kontinuitätsgleichung an den übrigen Gleichungen die bekannte Umformung vornehmen:

$$\left.\begin{aligned}
\frac{\partial \varrho}{\partial t} + \frac{\partial}{\partial y_1}(u_1\varrho) + \frac{\partial}{\partial y_2}(u_2\varrho) + \frac{\partial}{\partial y_3}(u_3\varrho) &= 0 \\[4pt]
\frac{\partial u_1}{\partial t} + u_1\frac{\partial u_1}{\partial y_1} + u_2\frac{\partial u_1}{\partial y_2} + u_3\frac{\partial u_1}{\partial y_3} &= -\frac{1}{\varrho}\frac{\partial p}{\partial y_1} \\[4pt]
\frac{\partial u_2}{\partial t} + u_1\frac{\partial u_2}{\partial y_1} + u_2\frac{\partial u_2}{\partial y_2} + u_3\frac{\partial u_2}{\partial y_3} &= -\frac{1}{\varrho}\frac{\partial p}{\partial y_2} \\[4pt]
\frac{\partial u_3}{\partial t} + u_1\frac{\partial u_3}{\partial y_1} + u_2\frac{\partial u_3}{\partial y_2} + u_3\frac{\partial u_3}{\partial y_3} &= -\frac{1}{\varrho}\frac{\partial p}{\partial y_3} \\[4pt]
\frac{\partial T}{\partial t} + u_1\frac{\partial T}{\partial y_1} + u_2\frac{\partial T}{\partial y_2} + u_3\frac{\partial T}{\partial y_3} &= \frac{dT}{dt} \\[4pt]
f(p,\varrho,T) &= 0
\end{aligned}\right\} \tag{25}$$

Das sind aber die bekannten Gleichungen der Gasdynamik idealer Flüssigkeiten[1], die auf diese Weise statistisch begründet und als Grenzfall für verschwindende Streuungen der Übergangswahrscheinlichkeiten in unserer allgemeinen Theorie enthalten sind.

Im Mittelpunkt unserer weiteren allgemeinen Untersuchungen steht nun die Frage nach den Größen b_{ik}, die nach unseren bisherigen Ergebnissen zum Kernproblem der Hydrodynamik in statistischer Auffassung wird. Nach den Sätzen von Kap. II, Abschn. 4, können wir hierüber aussagen, daß gar keine Aussicht besteht, die b_{ik} aus der in den Gleichungen (25) wiedergegebenen Theorie der idealen Flüssigkeiten allein durch mathematische Schlüsse herzuleiten. Die noch verbleibende Aufgabe ist kein mathematisches, sondern ein durchaus physikalisches Problem, zu dessen Lösung weitere physikalische Prinzipien und Kenntnisse erforderlich sind. Wir werden diese Aufgabe zweimal lösen. Zunächst werden wir in Kap. IV die Vorstellungen der kinetischen Gastheorie heranziehen und dabei für die b_{ik} Ausdrücke erhalten, mit denen unsere allgemeinen Gleichungen die Gestalt der Navier-Stokesschen Differentialgleichungen annehmen. Darauf werden wir in Kap. V aus einfachen hydrodynamischen Tatbeständen das Zustandekommen noch weiterer Streuungsgrößen b_{ik} kennen lernen und den sog. „Turbulenztensor" entwickeln, der unsere statistische Theorie zu einem solchen Abschluß bringt, daß sie die Erscheinungen der Turbulenz umfaßt. Wir erhalten also drei hydrodynamische Theorien, bei deren Herleitung wir auch erfahren, in welcher Weise ihre Gültigkeitsbereiche einander ablösen und ihre Aussagen sich gegenseitig ergänzen. Es sind dies die Theorien der idealen, der zähen und der turbulent strömenden Flüssigkeit.

IV. Kinetische Gastheorie und Navier-Stokessche Hydrodynamik.

1. Summation von Kollektivs und Theorie der Korrelationen.

Für die weiteren Untersuchungen werden einige Schlußweisen und Rechenverfahren der Wahrscheinlichkeitsrechnung benötigt, die bei den einführenden Erläuterungen zur Wahrscheinlichkeitsrechnung in Kap. I noch nicht zur Sprache gekommen sind. Diese mathematischen Methoden sollen zunächst in den folgenden beiden Abschnitten entwickelt werden.

a) **Summenbildung aus mehreren Verteilungen**[2]. Bei zahlreichen Anwendungen der Wahrscheinlichkeitsrechnung tritt die zusammengesetzte Operation der Summenbildung aus mehreren Verteilungen auf, der wir bereits in Kap. II Gleichung (7) begegneten.

---

[1] Siehe z. B. Handbuch der Experimentalphysik IV/1. S. 343. A. Busemann, Gasdynamik.

[2] Vgl. v. Mises, Wahrscheinlichkeitsrechnung, Leipzig u. Wien 1931. S. 174.

Sie beruht im einfachsten Fall auf folgender Fragestellung: In zwei Urnen befinden sich numerierte Lose, die die Zahlen $0, 1, \ldots m$ als Bezeichnungen tragen, und zwar in verschiedenen Mischungsverhältnissen. Es seien

$$v_1\,(0),\ v_1\,(1),\ v_1\,(2),\ \ldots v_1\,(m)$$

die Wahrscheinlichkeiten dafür, aus der ersten Urne ein Los mit der Zahl $0, 1, \ldots m$ zu ziehen. Ebenso seien

$$v_2\,(0),\ v_2\,(1),\ v_2\,(2),\ \ldots v_2\,(m)$$

die entsprechenden Wahrscheinlichkeiten für die zweite Urne. Wir ziehen je einmal aus jeder der Urnen und fragen nach der Wahrscheinlichkeit dafür, mit diesen zwei Zügen eine bestimmte Summe z zu erhalten.

Die Operation, die aus den beiden gegebenen Kollektivs mit den Verteilungen $v_1\,(x)$ und $v_2\,(x)$ das neue Kollektiv mit dem Merkmal z entstehen läßt, wollen wir kurz als Summenbildung bezeichnen. Diese Operation zerfällt in zwei Teile. Zunächst wird aus den beiden Kollektivs K_1 und K_2 mit den Wahrscheinlichkeiten $v_1\,(x)$ und $v_2\,(x)$ durch Verbindung ein neues Kollektiv mit zweidimensionaler Verteilung $w\,(x, y) = v_1\,(x) \cdot v_2\,(y)$ gebildet. Durch darauffolgende Mischung entsteht dann wieder ein eindimensionales Kollektiv K, indem alle diejenigen x und y zusammengefaßt werden, die die gleiche Summe $x + y = z$ ergeben.

Die gesuchte Wahrscheinlichkeit ist gleich der Summe aller Produkte von der Form $v_1\,(x) \cdot v_2\,(y)$, für die $x + y = z$ ist. Wir können also schreiben:

$$v\,(z) = \underset{x}{\Sigma}\, v_1\,(x) \cdot v_2\,(z - x). \tag{1}$$

Summiert wird von $x = 0$ bis $x = m$; man kann aber die Summe ohne weiteres auch von $-\infty$ bis $+\infty$ erstrecken, da die $v_1\,(x)$ und $v_2\,(x)$ für $x < 0$ und $x > m$ verschwinden.

Das Kollektiv K für das Merkmal z, in dem die Wahrscheinlichkeit $v\,(z)$ herrscht, bezeichnen wir als die Summe der Kollektivs K_1 und K_2 und schreiben für die hier beschriebene Operation symbolisch:

$$K = K_1 + K_2. \tag{2}$$

Dabei ist zu beachten, daß die K keine Zahlen sind, sondern abstrakte Rechengrößen darstellen, ähnlich wie die Vektoren und Tensoren usw.

Bei der Durchführung der Summenbildung von K_1 und K_2, die zur Wahrscheinlichkeitsverteilung (1) führte, war eine wesentliche Voraussetzung die stochastische Unabhängigkeit der Kollektivs K_1 und K_2, die in der Gleichung für die Verbindung

$$w\,(x, y) = v_1\,(x) \cdot v_2\,(y)$$

zum Ausdruck kam. Wir wollen nun die Summenbildung auch auf den Fall stochastisch abhängiger Kollektivs ausdehnen.

b) **Stochastische Abhängigkeit zweier Kollektivs.** Gegeben seien zwei Kollektivs K_1 und K_2 mit den Wahrscheinlichkeiten $v_1\,(x)$

und $v_2(x)$, die zwar verbindbar sein sollen, jedoch **nicht** stochastisch unabhängig voneinander. Die zugehörigen Erwartungswerte seien a_1 und a_2:

$$a_1 = \sum_x x \cdot v_1(x), \qquad a_2 = \sum_x x \cdot v_2(x), \tag{3}$$

die Streuungen s_1^2 und s_2^2:

$$s_1^2 = \sum_x (x - a_1)^2 v_1(x), \qquad s_2^2 = \sum_x (x - a_2)^2 v_2(x). \tag{4}$$

Durch **Verbindung** entsteht aus K_1 und K_2 ein neues, zweidimensionales Kollektiv mit der Wahrscheinlichkeitsverteilung

$$w(x, y) = v_1(x) \cdot v_2(y; x) = v_1(x; y) \cdot v_2(y). \tag{5}$$

Dabei bedeutet z. B. $v_2(y; x)$ die Wahrscheinlichkeit des Merkmals y in einem Kollektiv, das aus K_2 durch **Auswahl** hervorgeht, indem man aus K_2 alle jene Elemente heraushebt, bei denen gleichzeitig in K_1 das Merkmal x vorgelegen hat. Man bezeichnet diesen Vorgang als „Auswürfeln" einer Folge aus dem Kollektiv K_2 mit Hilfe des Merkmals x aus K_1.

Als Korrelationskoeffizient des zweidimensionalen Kollektivs mit der Wahrscheinlichkeitsverteilung $w(x, y)$ nach (3) ist nach Kap. I, Abschn. 3 der Ausdruck definiert:

$$k_{12} = \frac{\sum\limits_{x\,y} (x - a_1)(y - a_2)\, w(x, y)}{\sqrt{\sum\limits_{x\,y} (x - a_1)^2\, w(x, y) \sum\limits_{x\,y} (y - a_2)^2\, w(x, y)}}. \tag{6}$$

Hier lassen sich die Ausdrücke im Nenner mit Hilfe der Gleichung (5) berechnen. Es ist z. B.

$$\sum_{x\,y} (x - a_1)^2 w(x, y) = \sum_x (x - a_1)^2 v_1(x) \cdot \sum_y v_2(y; x) = \sum_x (x - a_1)^2 v_1(x) = s_1^2,$$

und ebenso

$$\sum_{x\,y} (y - a_2)^2 w(x, y) = s_2^2.$$

Daher wird nach (6)

$$\sum_{x\,y} (x - a_1)(y - a_2)\, w(x, y) = k_{12}\, s_1\, s_2. \tag{7}$$

In dem durch (6) bzw. (7) definierten Korrelationskoeffizienten k_{12} besitzen wir nach Kap. I, Abschn. 3, ein Maß für die stochastische Abhängigkeit der beiden eindimensionalen Kollektivs K_1 und K_2 voneinander. Dieser Korrelationskoeffizient weist bekanntlich gewisse Mängel auf, wenn es sich darum handelt, aus dem gegebenen zweidimensionalen Kollektiv Rückschlüsse auf seine Bestandteile K_1 und K_2 zu ziehen, eine Fragestellung, die zu den immer wiederkehrenden Aufgaben der beschreibenden Statistik gehört. Diese Unzulänglichkeit ist für uns jedoch ohne Bedeutung, da wir umgekehrt aus den eindimensionalen Kollektivs durch Verbindung erst neue Kollektivs aufbauen und daher noch die Freiheit haben, ein geeignetes Maß für die Abhängigkeit dieser Bausteine untereinander festzulegen. Hierzu ist aber der Korrelationskoeffizient recht wohl geeignet.

c) **Summation zweier stochastisch abhängiger Kollektivs.** Gegeben seien die beiden Kollektivs K_1 und K_2 sowie der Koeffizient k_{12} der Korrelation zwischen beiden gemäß der oben festgelegten Definition. Die Wahrscheinlichkeitsverteilung $v(z)$ für die Summe $K = K_1 + K_2$ der beiden Kollektivs erhält man wie früher durch Mischung aus dem Kollektiv mit der Verteilung $w(x, y)$ nach (5), indem man alle x und y zusammenfaßt, die die gleiche Summe z ergeben. Daher wird allgemein entsprechend der Gleichung (1):

$$v(z) = \sum_x w(x, z - x). \tag{8}$$

Wir berechnen nun den Erwartungswert a und die Streuung s^2 des Summenkollektivs K mit Hilfe der Funktion $v(z)$. Es ist

$$a = \sum_z z \cdot v(z) = \sum_z z \sum_x w(x, z - x).$$

Führt man an Stelle von z wieder die Variable $y = z - x$ ein und beachtet man, daß dann die Summation über z bei festem x genau so viel bedeutet wie die Summation über y, so erhält man

$$a = \sum_{xy}(x+y)\,w(x,y) = \sum_x x \cdot v_1(x) \sum_y v_2(y;x) + \sum_y y \cdot v_2(y) \sum_x v_1(x;y) = a_1 + a_2,$$

also

$$a = a_1 + a_2. \tag{9}$$

Damit ist der Satz erhalten:

Der Erwartungswert der Summe zweier Kollektivs ist gleich der Summe der Erwartungswerte der Einzelkollektivs.

Die entsprechende Rechnung liefert für die Streuung von K:

$$s^2 = \sum_z (z - a)^2\, v(z) = \sum_z (z - a_1 - a_2)^2 \sum_x w(x, z - x) =$$

$$= \sum_{xy} (x - a_1 + y - a_2)^2\, w(x, y) =$$

$$= \sum_x (x - a_1)^2\, v_1(x) \sum_y v_2(y;x) + \sum_y (y - a_2)^2\, v_2(y) \sum_x v_1(x;y) +$$

$$+ 2 \sum_{xy} (x - a_1)(y - a_2)\, w(x, y) =$$

$$= s_1^2 + s_2^2 + 2\, k_{12}\, s_1\, s_2.$$

Die rein quadratischen Glieder sind nämlich die Streuungen der Einzelkollektivs, das gemischte Glied aber ist nach (7) gleich $k_{12}\, s_1\, s_2$. Also gilt

$$s^2 = s_1^2 + 2\, k_{12}\, s_1\, s_2 + s_2^2. \tag{10}$$

Die Streuung der Summenverteilung zweier Kollektivs ist gleich der Summe der Streuungen der Einzelkollektivs vermehrt um das Korrelationsglied, das gleich ist dem doppelten geometrischen Mittel aus den beiden Einzelstreuungen,

multipliziert mit dem Korrelationskoeffizienten der beiden Kollektivs.

d) **Linearkombinationen mehrerer Kollektivs.** Gegeben sei eine Menge von Kollektivs K_1, K_2, ... K_n, deren Erwartungswerte a_1, ... a_n und deren Streuungen s_1^2, ... s_n^2 sind. Zwischen je zweien von ihnen mögen Korrelationen bestehen mit den Koeffizienten $k_{lm} = k_{ml}$. Insbesondere ist die Korrelation jedes Kollektivs mit sich selbst vollkommen und daher

$$k_{11} = k_{22} = \ldots = k_{nn} = 1.$$

Wir stellen die Frage nach der Wahrscheinlichkeit dafür, daß der lineare Ausdruck

$$z = g_1 x_1 + \ldots + g_n x_n$$

einen bestimmten Wert annimmt, wenn x_1, ... x_n Merkmale aus den Kollektivs K_1 ... K_n sind. Das gesuchte Kollektiv mit dem Merkmal z bezeichnen wir in Verallgemeinerung der oben untersuchten Summenbildung zweier Kollektivs als Linearkombination der n-Kollektivs K_1 ... K_n und schreiben dafür symbolisch:

$$K = g_1 K_1 + \ldots + g_n K_n. \tag{11}$$

Führt man die neuen Variablen $x'_m = g_m x_m$ mit $m = 1, \ldots n$ ein, so geht die Aufgabe in die oben behandelte einfache Summation über, wobei die Einzelkollektivs die Merkmale x'_1, ... x'_n haben, während die Wahrscheinlichkeit von x'_m gleich der Wahrscheinlichkeit von x_m in K_m ist. Beim Übergang vom Kollektiv mit dem Merkmal x_m zum Kollektiv mit dem Merkmal x'_m tritt an die Stelle des Erwartungswertes a_m der neue Erwartungswert $a'_m = g_m a_m$ und an die Stelle der Streuung s_m^2 die neue Streuung $s'^2_m = g_m^2 s_m^2$. Daher werden Erwartungswert und Streuung der Linearkombination K von (11)

$$a = \underset{m}{\Sigma}\, a'_m = \underset{m}{\Sigma}\, g_m a_m \tag{12}$$

$$s^2 = \underset{lm}{\Sigma}\, k_{lm}\, s'_l\, s'_m = \underset{lm}{\Sigma}\, k_{lm}\, g_l\, g_m\, s_l\, s_m. \tag{13}$$

Nun sind wir endlich auch in der Lage, den Übergang zu unendlich vielen Kollektivs und damit den Übergang zu Integralen über Kollektivs zu machen. An die Stelle der „Gewichte" g_m treten dabei infinitesimale oder auch endliche Differentiale (im Stieltjeschen Sinn) $g(z) \cdot dz$ und die vorkommenden Korrelationen werden zusammengefaßt zu einer Funktion $k(z_1, z_2)$. Man erhält dann für das Kollektiv, dessen Entstehung aus der symbolischen Gleichung

$$K = \int_{z_0}^{z} g(z) \cdot K(z)\, dz \tag{14}$$

ersichtlich ist, den Erwartungswert

$$a = \int_{z_0}^{z} g(z) \cdot a(z)\, dz \tag{15}$$

und die Streuung

$$s^2 = \int\limits_{z_0}^{z} \int\limits_{z_0}^{z} g\,(z_1)\,g\,(z_2)\,s\,(z_1)\,s\,(z_2)\,k\,(z_1,z_2)\,d\,z_1\,d\,z_2. \tag{16}$$

e) Umformung und Diskussion des Streuungsintegrals. Für die späteren Anwendungen des Streuungsintegrals (16) ist ein Sonderfall von besonderer Bedeutung, in dem dieses Integral noch wesentlich vereinfacht werden kann. Bei kontinuierlich von einem Parameter z abhängigen Kollektivs tritt nämlich häufig der Fall ein, daß die Funktion $k\,(z_1, z_2)$ nur von der Differenz $z_2 - z_1 = z'$ der Parameterwerte, nicht aber von diesen Werten einzeln abhängt. Der gestaltliche Verlauf

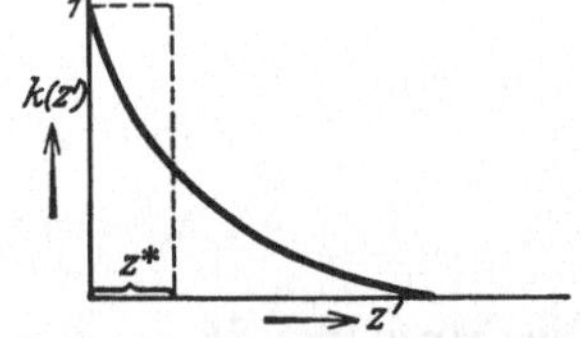

Abb. 5. Korrelationsfunktion $k\,(z')$ mit Mittelwert z^*.

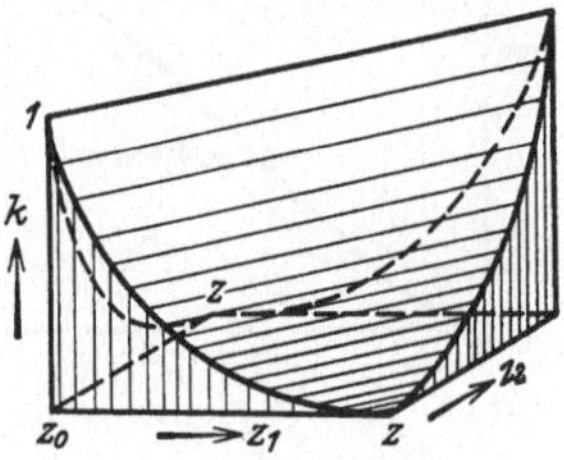

der Funktion $k\,(z')$ ist in den wichtigen Fällen, denen wir begegnen werden, der in Abb. 5 angedeutete. Für $z' = 0$ nimmt die Funktion $k\,(z')$ gemäß ihrer Definition notwendig den Wert 1 an, der nicht überschritten werden kann. Mit wachsender Parameterdifferenz z' nimmt $k\,(z')$ monoton ab und konvergiert für große z' gegen Null. Der Verlauf, der im einzelnen nicht von Belang ist, entspricht etwa der Funktion $e^{-c\,z'}$ oder der Differenz der Gaußschen Fehlerfunktion gegenüber dem Werte 1, wenigstens kommt es bei den Anwendungen in der Physik vor, daß physikalische Überlegungen zu diesen Ansätzen

Abb. 6. Doppelintegral der Korrelationsfunktion.

führen, jedoch ist diese Frage nur von untergeordnetem Interesse. Wesentlich ist jedoch der Mittelwert

$$z^* = \int\limits_{0}^{\infty} k\,(z')\,d\,z', \tag{17}$$

der ein Maß für das Absinken der stochastischen Abhängigkeit der Elementarkollektivs mit wachsender Entfernung z' gibt.

Wir betrachten nun zunächst das Integral (16) im Sonderfall, daß die Funktionen s und g sich auf Konstante reduzieren. Dann ist die Streuung S^2 des Integralkollektivs K:

$$S^2 = g^2\,s^2 \int\limits_{z_0}^{z} \int\limits_{z_0}^{z} k\,(z_1, z_2)\,d\,z_1\,d\,z_2.$$

Die Bedeutung des Doppelintegrals über $k\,(z_1, z_2)$ ist aus Abb. 6 zu ersehen, wo sein Wert durch das über dem Quadrat von der Seitenlänge $z - z_0$ befindliche Volumen dargestellt wird. Der Verlauf des Integralwertes als Funktion von $z - z_0$ ist auch ohne Kenntnis der speziellen

Funktion $k\,(z_1, z_2)$ weitgehend bestimmt und leicht zu überblicken. Insbesondere lassen sich leicht Näherungsformeln für die beiden Extremfälle angeben, daß $z - z_0$ entweder sehr klein oder sehr groß im Vergleich zur Größe z^* ist, die durch Gleichung (17) definiert wurde.

1. Fall: $\qquad\qquad z - z_0 \gg z^*$

$$\int\limits_{z_0}^{z}\int\limits_{z_0}^{z} k\,(z_1, z_2)\, d\,z_1\, d\,z_2 \simeq \int\limits_{z_0}^{z} d\,z_2 \int\limits_{-\infty}^{+\infty} k\,(z')\, d\,z' = 2\,z^*\,(z - z_0)$$

2. Fall: $\qquad\qquad z - z_0 \ll z^*$

$$\int\limits_{z_0}^{z}\int\limits_{z_0}^{z} k\,(z_1, z_2)\, d\,z_1\, d\,z_2 \simeq \int\limits_{z_0}^{z}\int\limits_{z_0}^{z} 1 \cdot d\,z_1\, d\,z_2 = (z - z_0)^2\,.$$

Die Streuung S^2 wird also in diesem Sonderfall durch die beiden asymptotischen Näherungsformeln

$$S^2 \simeq \begin{cases} g^2\,s^2\,(z - z_0)^2 & \text{für } z - z_0 \ll z^* \\ 2\,g^2\,s^2\,z^*\,(z - z_0) & \text{für } z - z_0 \gg z^* \end{cases} \qquad (18)$$

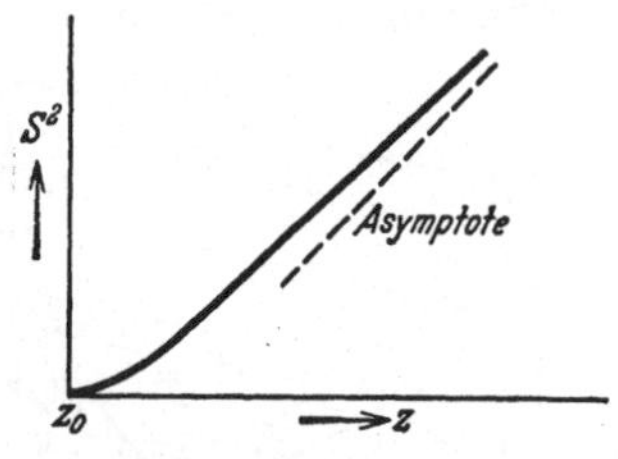

Abb. 7. Verlauf der Streuung s^2.

dargestellt und zeigt den in Abb. 7 wiedergegebenen Verlauf.

Es soll nun noch das Integral (16) unter weniger einschränkenden Voraussetzungen für die in ihm enthaltenen Größen näherungsweise berechnet werden. Wir lassen nämlich die Voraussetzung, daß die Funktionen g und s sich auf Konstante reduzieren, fallen und nehmen nur an, die Schwankung dieser Funktionen sei so gering, daß in jedem Intervall von der Breite z^* mit guter Annäherung g und s als konstant betrachtet werden dürfen.

Unter dieser Annahme wird im

1. Fall: $\qquad\qquad z - z_0 \gg z^*$

$$S^2 = \int\limits_{z_0}^{z}\int\limits_{z_0}^{z} g\,(z_1)\, g\,(z_2)\, s\,(z_1)\, s\,(z_2)\, k\,(z_1, z_2)\, d\,z_1\, d\,z_2 \simeq$$

$$\simeq \int\limits_{z_0}^{z}\int\limits_{z_0}^{z} g^2\,(z_2)\, s^2\,(z_2)\, k\,(z_1, z_2)\, d\,z_1\, d\,z_2 \simeq$$

$$\simeq \int\limits_{z_0}^{z} g^2\,(z_2)\, s^2\,(z_2)\, d\,z_2 \int\limits_{-\infty}^{+\infty} k\,(z')\, d\,z' = 2\,z^* \int\limits_{z_0}^{z} g^2\,(z)\, s^2\,(z)\, d\,z$$

und im 2. Fall: $\qquad\qquad z - z_0 \ll z^*$

$$S^2 = \int\limits_{z_0}^{z}\int\limits_{z_0}^{z} g\,(z_1)\, g\,(z_2)\, s\,(z_1)\, s\,(z_2)\, k\,(z_1, z_2)\, d\,z_1\, d\,z_2 \simeq$$

$$\simeq g^2\,(z_0)\, s^2\,(z_0) \int\limits_{z_0}^{z}\int\limits_{z_0}^{z} 1 \cdot d\,z_1\, d\,z_2 = g^2\,(z_0)\, s^2\,(z_0)\,(z - z_0)^2\,.$$

Wichtig ist von diesen beiden Näherungsformeln vor allem die erste

$$
\left.
\begin{aligned}
S^2 &= \int\limits_{z_0}^{z} \int\limits_{z_0}^{z} g\,(s_1)\,g\,(z_2)\,s\,(z_1)\,s\,(z_2)\,k\,(z_1,\,z_2)\,d\,z_1\,d\,z_2 \sim \\[2mm]
&\sim 2\,z^* \int\limits_{z_0}^{z} g^2\,(z)\,s^2\,(z)\,d\,z \qquad \text{für} \quad z - z_0 \gg z^*
\end{aligned}
\right\} \tag{19}
$$

Diese Gleichung ist es, die die Untersuchungen dieses Abschnitts notwendig machte, denn sie ist bei den weiteren physikalischen Überlegungen das wichtigste, dauernd benötigte mathematische Hilfsmittel.

2. Das Gaußsche Prinzip der kleinsten Fehlerquadrate.

Bei den bevorstehenden physikalischen Überlegungen muß zweimal eine eigenartige Anwendung der Wahrscheinlichkeitsrechnung gemacht werden, die mit dem Gaußschen Prinzip der kleinsten Fehlerquadrate eng zusammenhängt. Damit diese Schlußweise später ohne Belastung mit mathematischen Überlegungen dargestellt werden kann, soll in diesem vorbereitenden Abschnitt dieses Gaußsche Prinzip mit den wahrscheinlichkeitstheoretischen Hilfsmitteln des letzten Abschnittes entwickelt werden.

Das Gaußsche Prinzip der kleinsten Quadrate ist das grundlegende Prinzip der Ausgleichsrechnung, die die Aufgabe hat, aus einer Reihe mit Fehlern behafteter Beobachtungen mit Hilfe wahrscheinlichkeitstheoretischer Überlegungen Rückschlüsse auf die den Beobachtungen zugrunde liegenden Realitäten zu machen.

Die wiederholte Messung der gleichen Größe liefert wegen allerlei Unzulänglichkeiten, wie z. B. Ungenauigkeit des Maßstabes, Parallaxe beim Ablesen, Schätzungsfehler durch falsches Augenmaß usw. zwar mehr oder weniger gut übereinstimmende, aber nicht vollkommen identische Meßergebnisse. Diese anscheinend einander widersprechenden Meßergebnisse sind die Elemente eines Kollektivs, dessen Erwartungswert in der Ausgleichsrechnung als „wahrer Wert" bezeichnet wird. Die Aufgabe der Ausgleichsrechnung ist ganz allgemein die, aus den stets nur in beschränkter Zahl vorliegenden Beobachtungen Rückschlüsse auf das ihnen zugrunde liegende Kollektiv zu ziehen, und im besonderen, den Erwartungswert dieses Kollektivs, den sog. wahren Wert zu berechnen. Zu diesem Zweck ist aus den Beobachtungen ein Näherungswert für die Streuung dieses Kollektivs zu ermitteln und dieser Wert kann nichts anderes sein als das Trägheitsmoment der beobachteten Werte, denn wäre die Meßreihe unbegrenzt, dann würden nach der Definition der Wahrscheinlichkeit alle möglichen Meßresultate mit der ihnen zukommenden Wahrscheinlichkeit wirklich dabei in Rechnung gesetzt werden und das Ergebnis wäre in aller Strenge das zweite Moment der Wahrscheinlichkeitsverteilung im Kollektiv der Beobachtungen. Da die

Zahl der Beobachtungen nicht unbegrenzt ist, liefert diese Rechnung nur Näherungswerte für diese Streuung, aber es liefert so viel, als aus dem vorliegenden Versuchsmaterial nur irgend über die Streuung ausgesagt werden kann.

Nun ist nach Kap. I, Abschn. 2 das zweite Moment einer Wahrscheinlichkeitsverteilung ein anderes und anderes, je nachdem die Merkmale auf den Erwartungswert des Kollektivs oder auf einen anderen Merkmalwert bezogen werden, aus demselben Grunde, aus dem das Trägheitsmoment eines starren Körpers ein anderes ist, wenn man es auf verschiedene Punkte bezieht. Der Erwartungswert des Kollektivs entspricht dabei vollkommen dem Schwerpunkt des starren Körpers und besitzt wie jener die Eigenschaft, daß das zweite Moment ein Minimum wird, wenn man es auf ihn bezieht. Diese Feststellung liefert das Verfahren für die Berechnung des Erwartungswertes, das in der Bestimmung jenes Merkmalwertes besteht, für den die Streuung ein Minimum wird. Beachtet man, daß in dem Falle, der in der Ausgleichsrechnung vorliegt, der Erwartungswert des Kollektivs der Meßergebnisse der „wahre Wert" ist, die auf ihn bezogenen Meßresultate aber die „Beobachtungsfehler" sind, so folgt die Vorschrift: „Der wahre Wert ist so zu berechnen, daß das Fehlerquadrat ein Minimum wird." Dies ist aber das Gaußsche Prinzip der kleinsten Quadrate.

Es ist für die weiteren Schlußweisen nützlich, in die Grundlagen der Ausgleichsrechnung noch etwas weiter einzudringen. Zu diesem Zweck betrachten wir eine Meßreihe z. B. von n-Messungen des gleichen Objekts. Wir fassen nun die Gesamtheit dieser n-Messungen, die immer wieder wiederholt werden kann, als Element eines n-dimensionalen Kollektivs auf. Dieses n-dimensionale Kollektiv ist entstanden durch Verbindung der n-Kollektivs der Einzelmessungen, die wir als stochastisch unabhängig voraussetzen können und die wir, um unnötige Komplikationen zu vermeiden, mit gleichem Gewicht in Rechnung setzen wollen. Bilden wir nun, wie dies beim Fehlerausgleich üblich ist, das arithmetische Mittel aus diesen n-Beobachtungen, so bedeutet diese Rechnung eine Mischung im betrachteten n-dimensionalen Kollektiv. Der aus Verbindung und Mischung zusammengesetzte Prozeß ist aber die in Abschn. 1 behandelte Summation von Kollektivs. Die durch Berechnung des arithmetischen Mittels aus n-Beobachtungen hervorgehende ausgeglichene Beobachtung ist also das Merkmal eines Kollektivs K, das aus den n-Kollektivs der Einzelbeobachtungen $K_1 \ldots K_n$ durch Bildung des arithmetischen Mittels hervorgeht.

$$K = \frac{1}{n}\left(K_1 + \ldots + K_n\right).$$

Nun bereitet es keine Schwierigkeit, Erwartungswert und Streuung des Kollektivs K aus Erwartungswerten und Streuungen der Einzelkollektivs mit den Hilfsmitteln von Abschn. 1 zu berechnen. Da es sich bei den Einzelkollektivs um die Messung der gleichen Größe handelt, haben alle die Kollektivs den gleichen Erwartungswert a und die gleiche Streuung s^2. Also folgt für den Erwartungswert von K

$$A = \frac{1}{n}\,(n \cdot a) = a\,,$$

was trivial ist und für die Streuung von K

$$S^2 = \left(\frac{1}{n}\right)^2 \cdot (n \cdot s^2) = \frac{1}{n}\,s^2\,.$$

Durch die Zusammenfassung und den Ausgleich von n-Beobachtungen ist also die Streuung des Kollektivs der Beobachtung auf den $n$ten Teil gesunken, das in der Ausgleichsrechnung übliche **Präzisionsmaß** h, das gemäß seiner Definition proportional $\frac{1}{s}$ ist, ist auf das $\sqrt{n}$-fache gestiegen. Damit ist ein weiteres grundlegendes Ergebnis der Ausgleichsrechnung erhalten.

Es soll nun diese Überlegung der Ausgleichsrechnung auf ein Beispiel angewendet werden, das zu dem Befund hinleitet, den wir später bei den physikalischen Anwendungen vorfinden. Es handle sich um die Aufgabe, eine gewisse Menge Substanz in ein Gefäß einzufüllen, und zwar in der Weise, daß eine große Anzahl kleiner, mit Wägefehlern behafteter Mengen in das Gefäß zusammengeschüttet werden. Wir nehmen wieder der Einfachheit halber an, alle Elementarmengen seien gleich groß und die Prozesse des Abwägens seien für sie unabhängig voneinander, so daß die Aufgabe auf die Summation stochastisch unabhängiger Kollektivs mit gleichen Gewichten hinausläuft. (Von der Voraussetzung der stochastischen Unabhängigkeit werden wir uns sogleich frei machen.) Nun sei a der Erwartungswert des Einzelquantums und s^2 die durch den Wägefehler bedingte Streuung. Besteht die Gesamtmenge aus n solchen Einzelmengen, dann hat das Kollektiv der bei diesem Prozeß sich ansammelnden Gesamtmenge den Erwartungswert $A = na$ und die Streuung $S^2 = ns^2$. Dabei sind a und s^2 Konstante, n spielt bei dieser Überlegung die Rolle einer unabhängigen Veränderlichen und A und S^2 sind abhängige Veränderliche. Durch Elimination von n folgt, daß S^2 proportional dem Erwartungswert A der Gesamtmenge ist. Nun ist gemäß der Definition die Streuung S^2 eine quadratische Funktion der Fehler, d. h. der Abweichungen vom Erwartungswert. Ein Maß für die mittleren Fehler liefert daher die Größe S, die proportional der Quadratwurzel aus A ist. Damit ist der fundamentale Zusammenhang erhalten, daß die zu erwartenden Abweichungen vom Erwartungswert bei der Summation vieler gleichartiger, stochastisch unabhängiger Kollektivs proportional der Quadratwurzel aus diesem resultierenden Erwartungswert sind.

Wir haben uns nun noch von der Voraussetzung der stochastischen Unabhängigkeit der Einzelkollektivs frei zu machen, da diese Bedingung bei den bevorstehenden Anwendungen dieses Satzes auf die physikalischen Sachverhalte nicht erfüllt ist. Dies gelingt leicht mit den Hilfsmitteln von Abschn. 1, nämlich Gleichung (15) und (19) für Erwartungswert und Streuung, die sogleich den allgemeinsten Fall des Integralkollektivs darstellen.

$$A = \int_{z_0}^{z} g\,(z) \cdot a\,(z)\,dz, \qquad S^2 = 2\,z^* \int_{z_0}^{z} g^2\,(z) \cdot s^2\,(z)\,dz \qquad \text{für } z - z_0 \gg *\,.$$

Aus diesen Gleichungen folgt unter der Voraussetzung gleichartiger Elementarkollektivs, d. h. konstanter g, a und s^2, eine Voraussetzung, die mit den physikalischen Vorstellungen bei den in Frage stehenden Anwendungen verträglich ist, die Proportionalität von A und S^2 und damit wiederum der oben formulierte Satz.

An den hier entwickelten Überlegungen ist nun noch eine letzte Verallgemeinerung vorzunehmen, damit die Hilfsmittel für die physikalische Anwendung bereit stehen. Beim physikalischen Problem ist die Größe, die durch Elementarvorgänge der beschriebenen Art aufsummiert wird, nicht wie die Substanz im obigen Beispiel eine skalare Größe, sondern eine **Vektorgröße**. Diese Verallgemeinerung ist von geringer Bedeutung. Selbstverständlich muß man sich für die Überlegung vom Koordinatensystem vollkommen frei machen. Nehmen wir nun als Elementarkollektivs solche, die zu nicht zu kleinen Parameterintervallen gehören, dann besitzen die Erwartungswerte dieser Elementarkollektivs bereits die Richtung des Vektors „Erwartungswert" des Integralkollektivs. Die Streuungen unterscheiden sich vom skalaren Fall nur dadurch, daß sie als Streuungen eines dreidimensionalen Kollektivs nicht eine skalare Größe, sondern einen Tensor bilden, was aber bekanntlich keine grundsätzliche Änderung der wahrscheinlichkeitstheoretischen Zusammenhänge nach sich zieht. Das Hauptergebnis der Überlegungen gilt also auch hier und sagt aus, daß bei der Summation vieler Elementarkollektivs mit vektoriellem Merkmal die vom Vektor „Erwartungswert" des resultierenden Kollektivs zu erwartenden Abweichungen proportional der Quadratwurzel aus dem Absolutwert dieses Vektors sind.

3. Berechnung der b_{ik} auf Grund der kinetischen Gastheorie.

Wir beginnen nun mit der noch verbleibenden physikalischen Hauptaufgabe, die nach den Ausführungen am Ende des dritten Kapitels in der Ermittlung der Streuungsgrößen b_{ik} der Übergangswahrscheinlichkeiten bei den Strömungsvorgängen besteht. Diese Aufgabe, zu der weitere physikalische Prinzipien erforderlich sind, lösen wir zunächst, indem wir die Vorstellungen der kinetischen Gastheorie heranziehen. Wir denken also bei den nun folgenden Überlegungen besonders an ein strömendes Gas, jedoch gelten die wenigen Annahmen, die wir machen müssen, in ähnlicher Weise auch für eine Flüssigkeit. Die Ergebnisse dieser Rechnung sind zwar nicht neu, sondern aus der kinetischen Gastheorie bereits bekannt, die Untersuchung gibt aber Aufschluß über das Zustandekommen der Streuungsgrößen b_{ik}, deren Existenz bisher immer vorausgesetzt wurde, und zeigt den Weg für die schwierigeren Überlegungen, die zur Berechnung des Turbulenztensors in Kap. V notwendig sind.

Nach den Vorstellungen der kinetischen Gastheorie, die auf der Betrachtung des Maxwell-Boltzmannschen Gasmodells beruhen, macht jedes einzelne Gasteilchen eine Bewegung, deren Bahn Zickzackform hat, infolge der Zusammenstöße mit anderen Molekülen. Dabei streuen die Geschwindigkeiten der Moleküle um eine mittlere Geschwindigkeit c und die Wegstrecke zwischen zwei Änderungen der Bahnrichtung hat als Mittelwert die mittlere freie Weglänge λ. Diese beiden Größen sind für die Übergangswahrscheinlichkeiten ausschlaggebend.

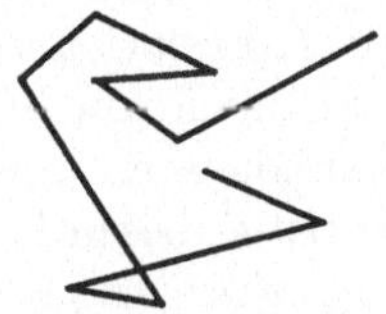

Abb. 8. Bahn eines Gasmoleküls.

Die Übergangswahrscheinlichkeit zum infinitesimalen Zeitintervall dt, das klein sei im Vergleich zur Zeit t^*, die zur mittleren freien Weglänge gehört, läßt sich sofort angeben. Sie ist beim makroskopisch ruhenden Gas kugelsymmetrisch, da keine Richtung für die Schwirrbewegung ausgezeichnet ist. Die Wahrscheinlichkeitsverteilung der Radien aber folgt aus dem Maxwellschen Verteilungsgesetz für die Molekülgeschwindigkeiten, denn diesen Geschwindigkeiten sind die zurückgelegten Wegstücke direkt proportional, da in der kurzen Zeit dt nach Voraussetzung noch fast keine Zusammenstöße zwischen Molekülen vorkommen. Nun ist der Mittelwert der Geschwindigkeiten gleich c, der Mittelwert der Bahnstrecken im betrachteten Zeitintervall gleich $c \cdot dt$, und daher das polare Trägheitsmoment der zugehörigen Übergangswahrscheinlichkeit $c^2\,dt^2$. Da die Übergangswahrscheinlichkeiten für dieses kleine Zeitintervall offensichtlich kugelsymmetrisch sind, verschwinden die gemischten Glieder des Streuungstensors und die Glieder der Hauptdiagonale besitzen den Wert $\frac{1}{3}c^2\,dt^2$. Also besitzt der Streuungstensor der Übergangswahrscheinlichkeiten für die infinitesimale Zeitspanne dt die Matrix

$$\frac{1}{3}\,c^2\,d\,t^2 \begin{pmatrix} 1 & 0 & 0 \\ 0 & 1 & 0 \\ 0 & 0 & 1 \end{pmatrix}. \tag{20}$$

Aus diesen infinitesimalen Übergangswahrscheinlichkeiten werden nun die Übergangswahrscheinlichkeiten für endliche Zeitspannen durch Summation der zugehörigen Kollektivs erhalten. Diese Kollektivs sind hier dreidimensional, während in Abschn. 1 mit eindimensionalen

Kollektivs operiert wurde. Indessen ist leicht zu erkennen, daß die Ergebnisse von Abschn. 1 auch für beliebige mehrdimensionale Verteilungen gelten, wenn die Erwartungswerte als Vektoren, die Streuungen als Tensoren (also beide komponentenweise) summiert werden. Die Operation der Summation von Kollektivs liefert, wie wir wissen, neue Kollektivs, deren Wahrscheinlichkeitsverteilung bei unbegrenzter Zahl der Summanden übrigens gegen Gaußsche Verteilung strebt, was aber für die vorliegenden Untersuchungen ohne Belang ist, da für die Anwendungen im Rahmen der physikalischen Statistik, um die es sich hier handelt, nur die Erwartungswerte und Streuungen der Übergangswahrscheinlichkeiten wesentlich sind.

Die Summation der unbegrenzt vielen zum endlichen Zeitintervall $(0, \Delta t)$ gehörigen Elementarkollektivs führt zu einem Integralkollektiv der in Abschn. 1 behandelten Art, dessen Streuungstensor nur berechnet werden kann, wenn man eine Korrelationsfunktion $k(t_1 t_2)$ kennt, die die Korrelation zwischen den zeitlich auseinanderliegenden Elementarvorgängen angibt. Diese Korrelation kann für die einzelnen Tensorkomponenten verschieden sein und wir werden später bei der Turbulenzstatistik diesen Fall auch antreffen, hier bei der Statistik auf der Grundlage des Maxwell-Boltzmannschen Gasmodells liegt jedoch kein Grund zu dieser Annahme vor. Wir erhalten nun nach Gleichung (16) von Abschn. 1, die sich hier vereinfacht, da die Streuung $\frac{1}{3} c^2$ der Elementarkollektivs von der Zeit unabhängig ist, als Streuungstensor, der zum Zeitintervall $(0, \Delta t)$ gehörigen Übergangswahrscheinlichkeiten

$$\frac{1}{3} c^2 \int\limits_0^{\Delta t} \int\limits_0^{\Delta t} k(t_1 t_2)\, d t_1\, d t_2 \begin{pmatrix} 1 & 0 & 0 \\ 0 & 1 & 0 \\ 0 & 0 & 1 \end{pmatrix}. \tag{21}$$

Zur weiteren Rechnung, die formal bereits in Abschn. 1 durchgeführt wurde, ist nun wiederum eine physikalische Aussage erforderlich, die die kinetische Gastheorie liefern muß, nämlich eine Aussage über die Korrelation zwischen den Bewegungen der Moleküle zur Zeit t_1 und t_2. Die Bewegung, die ein Molekül zur Zeit t_2 innehat, folgt aus der Bewegung zur Zeit t_1 in eindeutiger Weise auf Grund der deterministischen Mechanik, wenn das Molekül in der betrachteten Zeitspanne keinen Zusammenstoß mit einem anderen Gasteilchen erlebt hat. Dieser Fall des deterministischen Verhaltens im betreffenden Zeitintervall liefert einen vollen Beitrag für die Korrelation der beiden Elementarkollektivs der Übergangswahrscheinlichkeiten zur Zeit t_1 und t_2. Umgekehrt liefert eine Bewegung des Moleküls, bei der in dieser Zeitspanne ein Zusammenstoß erfolgt, der eine Richtungsänderung der Bahn nach sich zieht, keinen Beitrag zur Korrelation dieser Kollektivs. Es ist daher der Korrelationskoeffizient $k(t_1 t_2)$ gleich der Wahrscheinlichkeit, die dafür besteht, daß das Molekül die Zeitspanne $(t_1 t_2)$ ohne Störung seiner deterministischen Bewegung durch Zusammenstöße mit anderen Gasteilchen verbringt.

Wir gelangen so zur Vorstellung eines Kollektivs, dessen einzelne Elemente die ungefähr geradlinigen deterministischen Bewegungen der Gasmoleküle zwischen je zwei Zusammenstößen sind. Das Merkmal dieses Kollektivs ist die Zeitdauer dieser deterministischen Bewegungsvorgänge. Macht man die durch die Anschauung des Gasmodells nahegelegte Annahme, daß die Wahrscheinlichkeitsverteilung in diesem Kollektiv eine Gaußsche Verteilung ist, so erhält man für die Abhängigkeit der Korrelation von der Zeitspanne $(t_2 - t_1)$ eine Gaußsche Fehlerkurve mit dem Mittelwert t^* (Abb. 9).

$$t^* = \int_0^\infty k\,(t_1\,t_2)\,d\,(t_2 - t_1)\,. \tag{22}$$

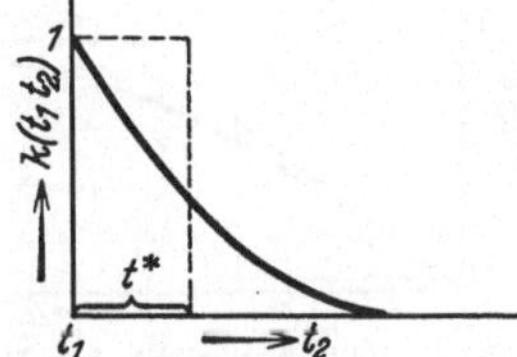

Abb. 9. Verweilzeit t^* als Mittelwert der Korrelationsfunktion.

Dieser Mittelwert der kausalen Zeitspannen hat hier beim Gasmodell der kinetischen Gastheorie eine unmittelbar anschauliche Bedeutung. t^* ist nämlich die Zeit, in der die mittlere freie Weglänge mit der mittleren Molekülgeschwindigkeit c durchlaufen wird, also

$t^* = \dfrac{\lambda}{c}$. Wir führen für die Zeit t^*, die bei den weiteren Untersuchungen in den Mittelpunkt der Betrachtung rückt und zu den wichtigsten Ergebnissen führt, die Bezeichnung „Verweilzeit" ein, da sie angibt, wie lange ein Element der physikalischen Statistik im Mittel der deterministischen Mechanik gehorcht, also im Banne des Kausalitätsprinzips „verweilt".

Die weitere Rechnung verläuft nun nach diesen physikalischen Überlegungen vollständig in der in Abschn. 1 entwickelten Weise. Für die Streuungen der zum Zeitelement $(0, \Delta t)$ gehörigen Übergangswahrscheinlichkeiten erhält man die beiden Darstellungen:

$$s^2\,(\Delta t) = \frac{1}{3}\,c^2\,\Delta\,t^2 \begin{pmatrix} 1 & 0 & 0 \\ 0 & 1 & 0 \\ 0 & 0 & 1 \end{pmatrix} \qquad \text{für } t \ll t^*$$

und

$$s^2\,(\Delta t) = \frac{2}{3}\,c^2\,t^*\,\Delta t \begin{pmatrix} 1 & 0 & 0 \\ 0 & 1 & 0 \\ 0 & 0 & 1 \end{pmatrix} \qquad \text{für } t \gg t^*\,.$$

Nun ist nach Gleichung (17b) von Kap. II allgemein

$$b_{ik} = \lim_{\Delta t \to 0} \frac{1}{2\,\Delta t}\,s_{ik}^2\,(\Delta t)\,.$$

Dieser Grenzübergang darf aber nicht formal ohne physikalische Überlegung durchgeführt werden, da er sonst die Verwendung der ersten Darstellung der Streuung für $t \ll t^*$ notwendig macht und den

Grenzwert Null liefert. Tatsächlich ist $\dfrac{1}{2\,\varDelta\,t}\,s^2\,(\varDelta\,t)$ eine Funktion des Zeitintervalls, deren Verlauf in Abb. 10 für eine Tensorkomponente dargestellt ist. Man ersieht daraus, daß der oben definierte Grenzwert, der in die **Kolmogoroffsche** Grundgleichung der physikalischen Statistik eingeht, im strengen mathematischen Sinne gar nicht existiert, was auch physikalisch wohl begründet ist, da ein System der statistischen Mechanik von der Art des **Maxwell-Boltzmannschen** Gasmodells in verschwindenden Zeitspannen sich noch gar nicht statistisch verhält. Diese Schwierigkeit ist charakteristisch für die Probleme der statistischen Mechanik und mahnt zur Vorsicht, wenn die Ergebnisse der physikalischen Statistik auf sehr kleine Zeitintervalle Anwendung finden sollen.

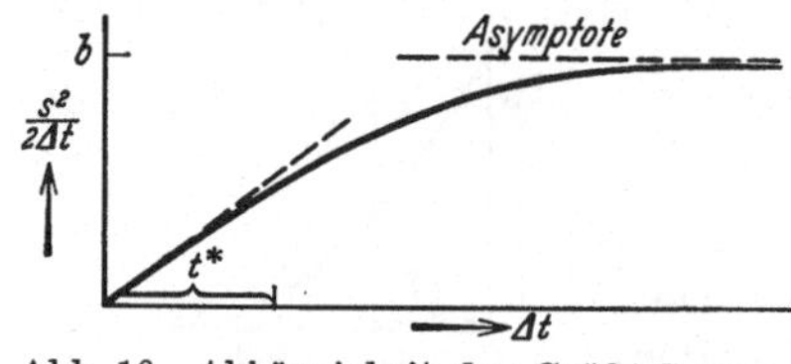

Abb. 10. Abhängigkeit der Größe b vom Zeitintervall.

Wir erhalten damit für die Größen b_{ik}, die in unseren allgemeinen hydrodynamischen Gleichungen (19) bzw. (21), Kap. III, vorkommen, das Ergebnis

$$(b_{ik}) = \frac{1}{3}\,c^2\,t^* \begin{pmatrix} 1 & 0 & 0 \\ 0 & 1 & 0 \\ 0 & 0 & 1 \end{pmatrix} = \frac{1}{3}\,c\,\lambda \begin{pmatrix} 1 & 0 & 0 \\ 0 & 1 & 0 \\ 0 & 0 & 1 \end{pmatrix} = \begin{pmatrix} \nu & 0 & 0 \\ 0 & \nu & 0 \\ 0 & 0 & \nu \end{pmatrix}, \qquad (23)$$

wo ν die kinematische Zähigkeit bedeutet, denn bekanntlich ist nach der kinetischen Gastheorie

$$\nu = \frac{1}{3}\,c\,\lambda\,,$$

wenn c die mittlere Schwirrgeschwindigkeit der Moleküle und λ die mittlere freie Weglänge ist.

Wenn wir nun die statistische hydrodynamische Theorie durch Einführung der b_{ik} nach (23) zu einer in sich abgeschlossenen Theorie machen, so wissen wir, nachdem in diesem Falle das Zustandekommen der b_{ik} geklärt ist, daß alle Folgerungen aus den so entstehenden Gleichungen der Wirklichkeit nur dann entsprechen können, wenn sie sich auf Zeiträume beziehen, die groß im Vergleich zur Verweilzeit t^* sind. Diese Beschränkung des Gültigkeitsbereichs der Theorie ist hier nicht sehr schwerwiegend, ganz im Gegensatz zu den Verhältnissen, die wir im nächsten Kapitel bei Untersuchung der Turbulenzerscheinungen antreffen werden, denn die Verweilzeit ist bei den Vorgängen am **Maxwell-Boltzmannschen** Gasmodell ganz außerordentlich kurz und hat z. B. in Luft die Größenordnung 10^{-10} sec. Dennoch gibt es auch hier einen Fall, wo dieser Sachverhalt von Bedeutung ist, nämlich die Erscheinung der Verdichtungsstöße in Gasen mit Überschallgeschwindigkeit[1]. In der Theorie dieser Erscheinung liefern die makroskopischen Gleichungen für die

---

[1] Vgl. J. **Ackeret**, Gasdynamik, im Handbuch der Physik Bd. VII. S. 328.

Fronttiefe der Verdichtungsstöße Werte von der Größenordnung der freien Weglänge, die vom strömenden Gas in Zeiten von der Größenordnung der Verweilzeit zurückgelegt werden. Daher ist bei der Deutung dieser Rechenergebnisse Vorsicht geboten, denn Zeit- und Raummaße von dieser Größenordnung reichen ja noch lange nicht zur Definition der den Beobachtungen zugänglichen Größen wie Dichte und Druck aus und daher noch viel weniger zur Rechtfertigung makroskopischer Aussagen über diese physikalischen Größen.

4. Die Theorie der zähen Flüssigkeit.

Mit den Ergebnissen des letzten Abschnitts sind wir nun in der Lage, die allgemeine statistische Theorie der Hydrodynamik, deren Grundgleichungen für zwei Varianten in den Gleichungssytemen (19) und (21) des Kap. III vorliegen, zum zweitenmal so zu ergänzen, daß eine in sich geschlossene physikalische Theorie entsteht. Diese Theorie, die im Gegensatz zur Theorie der idealen Flüssigkeit (Kap. III, Abschn. 3) nicht mehr zum Geltungsbereich der deterministischen Mechanik gehört, ist die Navier-Stokessche Theorie der zähen Flüssigkeit, welche auf diese Weise statistisch begründet wird.

Wir schreiben nun die Gleichungen dieser Theorie hin, und zwar der Einfachheit halber für konstante Dichte ϱ, da die weiteren Untersuchungen sich nur auf diesen wichtigsten Fall und nicht auf die Sonderprobleme der Gasdynamik beziehen. Für die Streuungen der Übergangswahrscheinlichkeiten haben wir

$$b_{11} = b_{22} = b_{33} = \nu \quad \text{und} \quad b_{12} = b_{23} = b_{31} = 0$$

zu setzen und dabei wollen wir die kinematische Zähigkeit ν, die in Wirklichkeit noch einen schwachen Gang mit Dichte und Temperatur aufweist, künftig als eine Konstante behandeln. Das hat zur Folge, daß die beiden in Kap. III, Abschn. 2, entwickelten Varianten unserer statistischen Theorie sich nicht unterscheiden, so daß wir ohne weiteres die fertigen Grundgleichungen hinschreiben können, indem wir an den Gleichungen (19), Kap. III, die beschriebenen Spezialisierungen vornehmen. Wir formen noch die drei Impulsgleichungen mit Hilfe der Kontinuitätsgleichung in der bekannten Weise um und erhalten für die Unbekannten u_1, u_2, u_3 und p das Gleichungensystem:

$$\left.\begin{aligned}
\frac{\partial u_1}{\partial y_1} &+ \frac{\partial u_2}{\partial y_2} + \frac{\partial u_3}{\partial y_3} \\
\frac{\partial u_1}{\partial t} + u_1 \frac{\partial u_1}{\partial y_1} + u_2 \frac{\partial u_1}{\partial y_2} + u_3 \frac{\partial u_1}{\partial y_3} &= -\frac{1}{\varrho}\frac{\partial p}{\partial y_1} + \nu \triangle u_1 \\
\frac{\partial u_2}{\partial t} + u_1 \frac{\partial u_2}{\partial y_1} + u_2 \frac{\partial u_2}{\partial y_2} + u_3 \frac{\partial u_2}{\partial y_3} &= -\frac{1}{\varrho}\frac{\partial p}{\partial y_2} + \nu \triangle u_2 \\
\frac{\partial u_3}{\partial t} + u_1 \frac{\partial u_3}{\partial u_1} + u_2 \frac{\partial u_3}{\partial y_2} + u_3 \frac{\partial u_3}{\partial y_3} &= -\frac{1}{\varrho}\frac{\partial p}{\partial y_3} + \nu \triangle u_3 \,.
\end{aligned}\right\} \quad (24)$$

Das sind aber die wohlbekannten Navier-Stokesschen Bewegungsgleichungen für zähe Flüssigkeiten, die in der klassischen Theorie der Hydrodynamik mit Hilfe mehrerer Hypothesen über die in der bewegten Flüssigkeit auftretenden Spannungen aus den Gleichungen (24), Kap. III, hergeleitet werden.

Eine Bemerkung ist noch über die Wärmetransportgleichung zu machen. Diese lautet in unserer statistischen Theorie nach (19), Kap. III,

$$\frac{\partial T}{\partial t} + u_1 \frac{\partial T}{\partial y_1} + u_2 \frac{\partial T}{\partial y_2} + u_3 \frac{\partial T}{\partial y_3} = \frac{d T}{d t} + v \triangle T \, . \tag{25}$$

Dagegen wird in der klassischen Theorie für diesen Vorgang die Gleichung

$$\varrho \, c_p \left(\frac{\partial T}{\partial t} + u_1 \frac{\partial T}{\partial y_1} + u_2 \frac{\partial T}{\partial y_2} + u_3 \frac{\partial T}{\partial y_3} \right) = \lambda \triangle T + \text{Dissipationsglieder} \tag{26}$$

angegeben, wo λ den Koeffizienten der Wärmeleitung bedeutet[1]. Da die substantielle Änderung der Temperatur durch die Dissipationsglieder wiedergegeben wird, liefert ein Vergleich dieser beiden Gleichungen die Beziehung

$$\sigma = \frac{v \, \varrho \, c_p}{\lambda} = 1 \, . \tag{27}$$

Unsere Theorie, die nur mit dem einfachsten Bild des Maxwell-Boltzmannschen Gasmodells arbeitet, erfaßt also den Fall, daß die kinematische Zähigkeit und die Wärmeleitfähigkeit des strömenden Mediums durch Gleichung (27) zusammenhängen, ein Sonderfall, der zur Folge hat, daß das Feld der Temperaturdifferenzen genau dem Feld der Geschwindigkeitskomponente u_1 entspricht — worauf L. Prandtl allgemein hinwies — und der daher stets besondere Beachtung gefunden hat. Tatsächlich sind jedoch die in diesem Kapitel verwendeten Vorstellungen aus der kinetischen Gastheorie zu primitiv, um dem verwickelten Übergangsmechanismus beim Wärmetransport gerecht zu werden, denn σ nach Gleichung (27) ist eine Materialkonstante, deren Wert für manche Substanzen erheblich von 1 verschieden ist. Jedoch sollen uns diese speziellen Fragen, deren theoretische Behandlung dem Aufgabenkreis der kinetischen Gastheorie angehört, hier nicht weiter beschäftigen.

V. Theorie des Turbulenztensors und statistische Hydrodynamik.

1. Theorie der Streuungsgeschwindigkeiten.

Das methodisch wesentliche, für die weiteren Untersuchungen richtungweisende Ergebnis der im letzten Kapitel entwickelten Theorie der Größen b_{ik} auf der Grundlage des Maxwell-Boltzmannschen Gasmodells ist der Einblick in das Zustandekommen von Streuungen

---

[1] Vgl. Handbuch der Experimentalphysik IV/1. S. 285 f.

der Übergangswahrscheinlichkeiten, welche die bei den Untersuchungen von Kap. II vorausgesetzte Größenordnung aufweisen. Der Aufbau dieser Streuungsgrößen aus der mittleren Schwirrgeschwindigkeit c der Gasmoleküle und der Verweilzeit t^*, der durch das einfache Gesetz

$$\frac{1}{3}\, c^2\, t^* \tag{1}$$

dargestellt wird, ist bei der in Kap. IV entwickelten Theorie gleichbedeutend mit der aus der kinetischen Gastheorie bekannten Formel für die kinematische Zähigkeit: $\nu = \frac{1}{3}\, c\, \lambda$. Während aber die freie Weglänge λ eine Größe ist, die speziell auf den Vorstellungen des Gasmodells beruht und daher nur in der kinetischen Gastheorie wirklich sinnvoll ist, ist die Verweilzeit eine allgemeine Größe der physikalischen Statistik, die nicht auf ein bestimmtes Problem zugeschnitten ist.

Wenn wir nun in diesem Kapitel auf Grund einfacher hydrodynamischer Tatsachen die Theorie der Übergangswahrscheinlichkeiten bei den Turbulenzerscheinungen entwickeln, deren Streuungstensor mit den Komponenten b_{ik} wir als „Turbulenztensor" bezeichnen, so besteht diese Untersuchung in der Lösung zweier Teilprobleme, nämlich erstens in der Theorie der „Streuungsgeschwindigkeiten" der Wirbel, die den Schwirrgeschwindigkeiten der Gasmoleküle entsprechen und zweitens in der Theorie der Verweilzeit, die Aufschluß gibt über das Ineinandergreifen von klassischer und statistischer Mechanik, von Determinismus und Statistik, bei den Erscheinungen der Turbulenz.

Die zunächst zu entwickelnde Theorie der Streuungsgeschwindigkeiten knüpft an die wahrscheinlichkeitstheoretischen Überlegungen von Kap. IV Abschn. 2 an. Dort wurde das Ergebnis erhalten, daß bei der Summation vieler Elementarkollektivs mit vektoriellem Merkmal die in bezug auf den Vektor „Erwartungswert" des resultierenden Kollektivs zu erwartenden Abweichungen proportional der Quadratwurzel aus dem Absolutwert dieses Vektors sind, wenn die Vektoren „Erwartungswert" der Einzelkollektivs übereinstimmende Richtung haben.

Wir müssen uns nun ein physikalisch anschauliches Bild von den der Beobachtung unmittelbar zugänglichen Vorgängen in der turbulent fließenden Flüssigkeit machen und dabei fragen, welcher Art die Geschwindigkeiten sind, die den Schwirrgeschwindigkeiten der Moleküle beim Gasmodell entsprechen. Die Turbulenzstatistik ist eine Statistik von Wirbelbewegungen und bewegten Wirbeln. Element der Statistik, dem Molekül entsprechend, ist der Wirbel, über den wir keinerlei Aussagen darüber brauchen, ob er als idealisierter Wirbelfaden oder als diffus verteilte Rotation vorliegen soll. Der für die weiteren Überlegungen wesentliche Befund ist allein die Tatsache, daß an jeder Stelle der Flüssigkeit dort etwa vorhandene Wirbel mit der Geschwindigkeit der Strömung mitgenommen werden, und daß diese Strömungsgeschwindigkeit selbst eine Funktion der im betreffenden Augenblick in der Flüssigkeit vorliegenden Verteilung der Rotation ist.

Da die Verteilung der Rotation in der Flüssigkeit keineswegs zeitlich konstant ist, sondern sich dauernd ändert, treten auch im betrachteten Aufpunkt andere und andere Momentangeschwindigkeiten im Laufe der Zeit auf. Der Erwartungswert dieses Kollektivs der Momentangeschwindigkeiten ist der Vektor der makroskopischen turbulenten Strömungsgeschwindigkeit, für den wir die Abkürzung $\mathfrak{v}$ einführen. Hier handelt es sich um eine Aussage über die Streuung S^2 in diesem Kollektiv und damit über die mittlere zu diesem Erwartungswert hinzutretende Zusatzgeschwindigkeit, die mittlere Streuungsgeschwindigkeit c, die proportional der Quadratwurzel S aus der Streuung jenes Kollektivs ist.

Wäre die Rotation in der Strömung stetig und stationär verteilt, wie dies bei der laminaren Flüssigkeitsbewegung der Fall ist, dann wäre die Streuung S^2 des betrachteten Kollektivs gleich Null und sein Erwartungswert die aus der Wirbelverteilung durch Integration zu ermittelnde Geschwindigkeit. Für das Zustandekommen der Streuungsgeschwindigkeiten wesentlich sind daher nicht die Erwartungswerte der Rotation, die durch den Vektor der mittleren turbulenten Rotation $\mathfrak{Y} = \mathrm{rot}\,\mathfrak{v}$ wiedergegeben werden, sondern gerade die in der Flüssigkeit dauernd vorkommenden Abweichungen von diesem Vektor „Erwartungswert".

Die Art und Weise, wie der an einer beliebigen Stelle der Flüssigkeit anzutreffende Vektor „Rotation" zustande kommt, entspricht genau der in Kap. IV Abschn. 2 durchgeführten Überlegung. Von allerlei Gebieten der Flüssigkeit strömt Rotation im Aufpunkt zusammen, sammelt sich an, da Rotation eine additive Größe ist und liefert den dort im betreffenden Augenblick vorliegenden Vektor Rotation. Die im Aufpunkt augenblicklich vorliegende Rotation ist daher das Element eines Kollektivs, das das Resultat der Summation sehr vieler, voneinander mehr oder weniger unabhängiger Elementarkollektivs ist, die zu den erwähnten Teilprozessen gehören. Wenn wir nun bei der betrachteten Strömung durch geeignete Zusammenfassung der Elementarprozesse annehmen können, daß die Mittelwertvektoren der Teilkollektivs alle bereits ungefähr die Richtung des Vektors $\mathfrak{Y}$ haben, so können wir über die Streuung des Summenkollektivs auf Grund unseres Satzes aussagen, daß sie proportional dem Absolutbetrag des zugehörigen Erwartungswertes Rotation $|\mathfrak{Y}|$ ist. Die in irgendeinem Punkt der Strömung zu erwartende Abweichung vom Erwartungswert der Rotation ist dann proportional der Quadratwurzel aus dem Absolutwert der mittleren turbulenten Rotation an dieser Stelle.

Wir erhalten also folgendes Bild von der Verteilung der Rotation in der turbulenten Strömung: An jeder Stelle ist die Rotation Element eines Kollektivs und gehorcht statistischen Gesetzmäßigkeiten. Die Erwartungswerte dieser Kollektivs sind die Werte der mittleren turbulenten Rotation und werden durch den Vektor $\mathfrak{Y}$ ($\mathfrak{h}$) wiedergegeben; die Streuungen dieser Kollektivs sind proportional dem Absolutbetrag dieses Vektors; die in bezug auf diesen Vektor auftretenden Abweichungen sind im Mittel proportional der Quadratwurzel aus seinem Absolutwert.

Auf der Grundlage dieses Ergebnisses ist nun das Kollektiv der im Aufpunkt auftretenden Geschwindigkeiten zu untersuchen. Da die Ermittlung der Geschwindigkeit aus dem Vektorfeld der Rotation eine lineare Operation ist, folgt das Kollektiv der im betreffenden Aufpunkt auftretenden Momentangeschwindigkeiten durch Linearkombination aus den örtlichen Kollektivs der Rotation. Aus dieser Bemerkung folgt sofort, daß die Erwartungswerte eindeutig auseinander hervorgehen und daher die mittlere turbulente Geschwindigkeit $\mathfrak{v}$ eine Funktion der mittleren turbulenten Rotation ist.

Für die Streuungen aber läßt sich die soeben angewandte Schlußweise nochmals wiederholen, denn der ihr zugrunde liegende Sachverhalt der Aufsummierung eines Vektorkollektivs aus zahlreichen Elementarkollektivs liegt hier wiederum vor. Der einzige Unterschied besteht darin, daß beim Prozeß, der zu den Geschwindigkeiten führt, die Elementarkollektivs mit verschiedenen Gewichten eingehen, und zwar die Elementarkollektivs weit vom Aufpunkt entfernter Stellen mit geringem Gewicht, Elementarkollektivs der Nachbarpunkte mit überwiegendem Gewicht. Diese Tatsache berechtigt zu dem Schluß, daß für die Streuungen des Geschwindigkeitskollektivs in erster Näherung nur die Rotationskollektivs einer kleinen Umgebung des Aufpunktes maßgebend sind, in der der Erwartungswert der Rotation $\mathfrak{Y}$ eine konstante Größe ist. Dies hat zur Folge, daß die in die Rechnung eingehenden Rotationskollektivs alle gleiche Streuung besitzen und auch die zu erwartenden Fehler der Rotation an allen wesentlichen Stellen im Mittel gleich groß sind, nämlich proportional dem Werte $\sqrt{|\mathfrak{Y}(\mathfrak{h})|}$ an der Stelle des Aufpunktes. Die weitere Überlegung geht nun wie oben vor sich und führt zu dem Ergebnis, daß die Streuung des Kollektivs der Momentangeschwindigkeiten im Aufpunkt proportional der Quadratwurzel aus dem Absolutwert der mittleren turbulenten Rotation im Aufpunkt ist und weiter, daß die mittlere, fehlerhafte Streuungsgeschwindigkeit im Aufpunkt proportional der vierten Wurzel aus diesem Betrage ist. Die so errechnete Geschwindigkeit ist aber die gesuchte Geschwindigkeit c.

$$c(\mathfrak{h}) = \text{const} \cdot \sqrt[4]{|\mathfrak{Y}(\mathfrak{h})|}, \tag{2}$$

in Worten:

Die mittlere Streuungsgeschwindigkeit c an einer beliebigen Stelle der turbulenten Strömung ist proportional der vierten Wurzel aus dem absoluten Betrag des mittleren turbulenten Rotationsvektors an dieser Stelle.

2. Experimentelle Bestätigung des 1/4-Potenzgesetzes.

Das Gesetz für die turbulenten Streuungsgeschwindigkeiten, das deren Mittelwert c mit dem Erwartungswert der Rotation $\mathfrak{Y}$ in der turbulenten Strömung in Zusammenhang bringt, ist eine theoretische Voraussage, für die nicht nur im Laufe der weiteren Untersuchungen eine Reihe indirekter Beweise sich ergeben, sondern auch unmittelbar am Experiment die Bestätigung erbracht werden kann. Zu diesem Zwecke ist nur eine spezielle, gut reproduzierbare turbulente Strömung so zu vermessen, daß als Ergebnis die Wahrscheinlichkeitsverteilungen der Momentangeschwindigkeiten in Abhängigkeit vom Orte gewonnen werden. Aus diesen Verteilungen, zu deren Aufnahme sehr große Beobachtungsreihen erforderlich sind, können dann die makroskopische Geschwindigkeit v und die mittlere Streuungsgeschwindigkeit c mit Hilfe der Wahrscheinlichkeitsrechnung und außerdem bei Kenntnis des Ortes auch die Rotation $\mathfrak{Y}$ ermittelt werden, so daß also alle Größen unseres Gesetzes der Messung zugänglich sind. Derartige Messungen wurden von J. Nikuradse in Göttingen im Kaiser Wilhelm-Institut für Strömungsforschung durchgeführt und sind im VDI-Forschungs-Heft 281, Berlin 1926, veröffentlicht.

Nikuradse untersuchte die Geschwindigkeitsverteilung an der Oberfläche einer turbulenten Strömung in einem offenen Kanal. Der Kanal, der die Versuchsstrecke enthielt, war 15 cm breit, 25 cm tief und 660 cm lang. Das Wasser hatte in ihm eine mittlere Geschwindigkeit von ungefähr 9 cm/s. Durch einen scharfkantigen Einlauf wurde stets für voll ausgebildete Turbulenz der Strömung gesorgt. Die Messung geschah durch Photographieren mit gleichförmig bewegter Kamera, wobei die Geschwindigkeit der Kamera zwischen 5 cm/s und 9,3 cm/s betrug. Die Belichtungsdauer war ein Bruchteil einer Sekunde. Sichtbar gemacht wurde die Strömung an der Oberfläche des Gerinnes durch Aluminiumpulver.

An jeder solchen Aufnahme ist ohne Schwierigkeit die Grenze zwischen zwei Bereichen zu ersehen, in die die Oberfläche in jedem Augenblick aufgeteilt ist. Im einen Bereich ist die Momentangeschwindigkeit u parallel zu den Wänden größer, im anderen Bereich kleiner als die Geschwindigkeit v der mitgeführten Kamera. Wäre die Strömung laminar, dann verliefen diese Bereiche genau parallel zu den Wänden und ihre Grenzen lägen fest. Hier bei der turbulenten Strömung jedoch sind diese Bereiche unregelmäßig begrenzt und dauernd in Umwandlung begriffen. Durch Vermessung hinreichend vieler solcher photographischer Aufnahmen, die zum gleichen Wert v gehören, läßt sich die

Wahrscheinlichkeit, die dafür besteht, daß die Komponente u der Momentangeschwindigkeit größer bzw. kleiner als v ist, als Funktion des Wandabstandes angeben. Diese Auswertung der Photographien hat Nikuradse durchgeführt und dabei den durch die Diagramme in Abb. 11 beschrieben Befund festgestellt.

Aus Abb. 11 ist z. B. zu ersehen, daß im Abstand $0{,}5\,b = 3{,}75$ cm von der Wand (b gleich halber Kanalbreite) 30% der Wasserteilchen

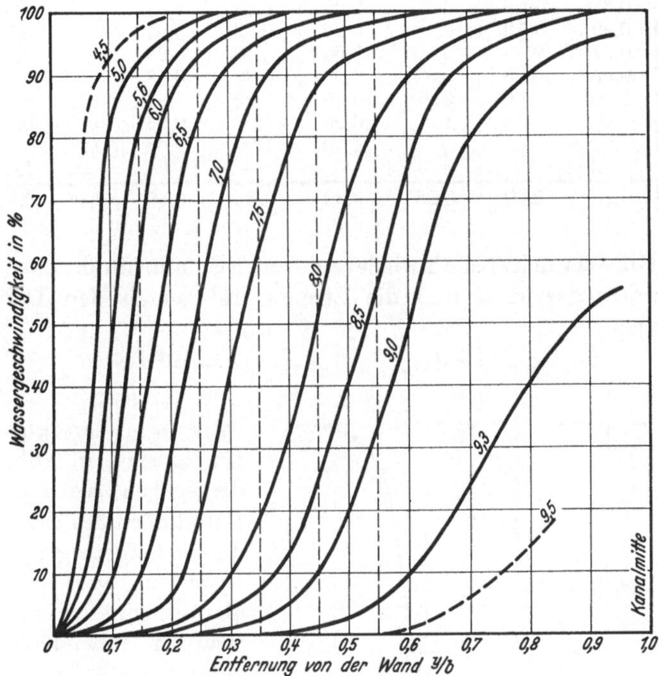

Abb. 11. Verteilungen der Momentangeschwindigkeiten.

eine Geschwindigkeit $u < 8{,}0$ cm/s und 70% eine solche $> 8{,}0$ cm/s besitzen. Indem man die Kurvenschar von Abb. 11 mit Parallelen zur Ordinatenachse zum Schnitt bringt, erhält man die Summenfunktionen (vgl. Kap. I, Abschn. 2) $w(u)$ der Wahrscheinlichkeitsverteilung für die Momentangeschwindigkeit u im betreffenden Abstand von der Wand. Diese Summenfunktionen sind für eine Reihe von Wandabständen y/b in der folgenden Tabelle zusammengestellt.

Eine dieser Summenfunktionen, nämlich für $y/b = 0{,}15$, ist in Abb. 12 dargestellt. Der Verlauf dieser Funktion entspricht der in Abb. 4 (S. 13) dargestellten Summenfunktion einer Gaußschen Verteilung, so daß man vermuten kann, daß auch allgemein die Wahrscheinlichkeitsverteilungen für die Momentangeschwindigkeiten bei einer turbulenten Strömung recht gut durch Gaußsche Verteilungen wiedergegeben werden können.

Tabelle 1.

$u\left(\dfrac{cm}{s}\right)$	w	w	w	w	w	w	w	w	w
4,0	0,00	—	—	—	—	—	—	—	—
4,5	0,03	0,00	0,00	—	—	—	—	—	—
5,0	0,08	0,04	0,01	0,00	—	—	—	—	—
5,6	0,20	0,09	0,04	0,01	0,00	—	—	—	—
6,0	0,39	0,15	0,07	0,04	0,02	0,00	0,00	—	—
6,5	0,67	0,40	0,17	0,09	0,05	0,03	0,01	0,00	0,00
7,0	0,90	0,73	0,48	0,25	0,12	0,07	0,05	0,03	0,02
7,5	0,97	0,94	0,80	0,60	0,40	0,25	0,12	0,08	0,06
8,0	0,99	0,98	0,95	0,90	0,80	0,68	0,50	0,30	0,18
8,5	1,00	1,00	0,98	0,96	0,92	0,87	0,75	0,60	0,45
9,0	—	—	1,00	0,99	0,97	0,95	0,90	0,80	0,66
9,3	—	—	—	1,00	1,00	1,00	0,98	0,97	0,95
9,5	—	—	—	—	—	—	1,00	1,00	1,00
$y/b =$	0,15	0,20	0,25	0,30	0,35	0,40	0,45	0,50	0,55

Mit Hilfe der in Tabelle 1 wiedergegebenen Summenfunktionen wurden der Erwartungswert a und die Streuung s^2 gemäß den Definitionsgleichungen

$$a = \int\limits_{-\infty}^{+\infty} u\,dw, \qquad s^2 = \int\limits_{-\infty}^{+\infty} (u-a)^2\,dw$$

numerisch berechnet. Das Ergebnis ist in Abb. 13 wiedergegeben, wo a und s^2 als Funktionen des Wandabstandes y/b aufgetragen sind. Der Erwartungswert a ist nun identisch mit der in die Längsrichtung fallenden Komponente der mittleren turbulenten Strömungsgeschwindigkeit. Wir bezeichnen diese mit $\bar{u}$, so daß $a = \bar{u}$ ist. Auf Grund der Abb. 13 wurde weiter die Ableitung $\dfrac{d\bar{u}}{dy}$, das ist der Erwartungswert $|\mathfrak{Y}|$ der Rotation graphisch ermittelt. Endlich ist die Streuung s^2 gleich dem quadratischen Mittelwert der zur mittleren Strömungsrichtung parallelen Komponente c_x der Streuungsgeschwindigkeit c. Um daher das 1/4-Potenzgesetz nach Gleichung (2) zu bestätigen, ist es nur noch nötig, $\log \dfrac{d\bar{u}}{dy}$ und $\log c_x = \log \sqrt{s^2}$ in ein Diagramm zusammen einzutragen. Das ist

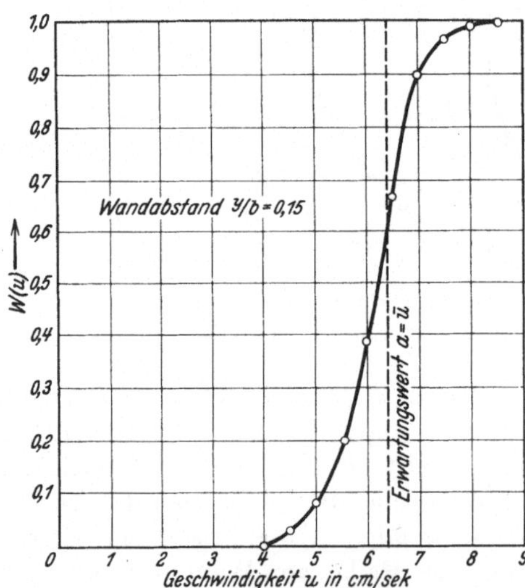

Abb. 12. Beispiel für eine Summenfunktion der Geschwindigkeitsverteilungen.

Tabelle 2.

y/b	y (cm)	$a\left(\dfrac{\text{cm}}{\text{s}}\right)$	$s^2\left(\dfrac{\text{cm}^2}{\text{s}^2}\right)$	$\dfrac{d\,\bar u}{d\,y}\left(\dfrac{1}{\text{s}}\right)$	$c_x\left(\dfrac{\text{cm}}{\text{s}}\right)$	$\log\dfrac{d\,\bar u}{d\,y}$	$\log c_x$
0,15	1,125	6,40	0,579	0,139	0,760	0,142—1	0,881—1
0,20	1,500	6,84	0,524	0,115	0,725	0,059—1	0,860—1
0,25	1,857	7,28	0,467	0,096	0,684	0,982—2	0,833—1
0,30	2,250	7,58	0,422	0,083	0,650	0,917—2	0,813—1
0,35	2,625	7,85	0,397	0,072	0,630	0,857—2	0,800—1
0,40	3,000	8,07	0,360	0,064	0,600	0,806—2	0,778—1
0,45	3,375	8,32	0,371	0,059	0,610	0,768—2	0,785—1
0,50	3,750	8,56	0,358	0,056	0,598	0,748—2	0,777—1
0,55	4,125	8,76	0,337	0,053	0,590	0,727—2	0,770—1

in Abb. 14 geschehen, während in Tabelle 2 die Daten dieser Rechnungen zusammengestellt sind.

Wie an Abb. 14 zu erkennen ist, wo durch die Meßpunkte eine Gerade mit der Neigung 1 : 4 gelegt wurde, wird das 1/4-Potenzgesetz durch die Nikuradseschen Messungen so gut bestätigt, daß es auch ohne Kenntnis unserer theoretischen Überlegungen aus diesen Versuchen hätte erschlossen werden können.

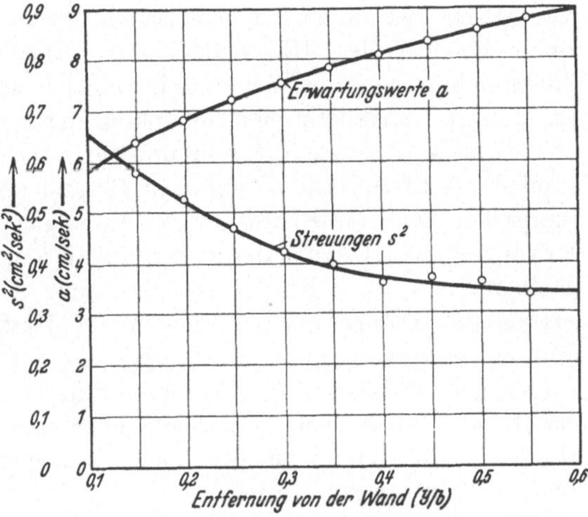

Abb. 13. Erwartungswerte a und Streuungen s^2 der Geschwindigkeitsverteilungen.

Trotz dieser guten Übereinstimmung mit dem Experiment darf der Geltungsbereich dieses 1/4-Potenzgesetzes für die Streuungsgeschwindigkeiten nicht überschätzt werden. Erstens waren nämlich zu seiner Ableitung einige Voraussetzungen nötig, die durchaus nicht immer in dieser Weise erfüllt sind, so daß sich leicht Strömungsvorgänge angeben lassen,

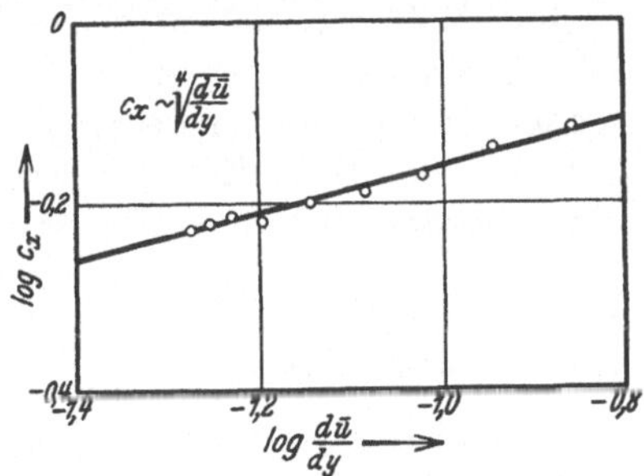

Abb. 14. Experimentelle Bestätigung des 1/4-Potenzgesetzes der Streuungsgeschwindigkeiten.

bei denen das Gesetz in dieser speziellen und einfachen Form nicht gelten kann. Dann aber ist der Proportionalitätsfaktor in Gleichung (2), wie wir später erkennen werden, noch von Sekundäreffekten abhängig und daher nicht etwa eine

6*

universelle Konstante, sondern eine Größe, deren Abhängigkeit von allen sie bestimmenden Daten nur schwer durch eine Theorie zu erfassen sein dürfte. Wir kommen auf diese Einschränkungen und Modifikationen des Gesetzes über die Streuungsgeschwindigkeiten noch wiederholt, besonders in Kap. VI, Abschn. 2, und Kap. VII, Abschn. 1, bei der Besprechung von experimentellen Ergebnissen zurück.

3. Ursachen für Störungen des Determinismus in der Hydrodynamik.

Zur Vollendung einer statistischen Turbulenztheorie ist nun noch ein letzter Schritt nötig, der in der Gewinnung von Aussagen über die Verweilzeit bei diesen als statistisch vermuteten Vorgängen besteht. Beim Beispiel des Maxwell-Boltzmannschen Gasmodells ist das Zustandekommen der Verweilzeit ohne Schwierigkeit einzusehen und ein einfacher physikalischer Gedankengang liefert nach den Darlegungen von Kap. IV, Abschn. 3, für sie und für die Korrelationsfunktion $k\ (t_1\ t_2)$ explizite Ansätze. Dieser einfache Befund rührt daher, daß die hypothetischen Zusammenstöße der Moleküle ungemein handgreifliche Störungen des Ablaufs der deterministischen Bewegung der Moleküle nach der Art des n-Körperproblems sind. Ähnlich offensichtliche Störungen des Determinismus sind in der Hydrodynamik nicht möglich und es wäre vollkommen abwegig, entgegen aller Beobachtung und entgegen der klassischen Theorie, nur in Erinnerung an die kinetische Gastheorie, für Wirbel Hypothesen über elastische Zusammenstöße und ähnliche Vorgänge zu machen, nach Analogien zur freien Weglänge der Gasmoleküle zu suchen und was dergleichen Versuche mehr wären.

Wir werden später das Ergebnis erhalten, daß die Navier-Stokesschen Gleichungen „im kleinen" die Flüssigkeitsbewegung in denkbar größter Vollkommenheit wiedergeben, und daß im Innern der Flüssigkeit neben den Erscheinungen am Maxwell-Boltzmannschen Gasmodell, die schon bei der Herleitung der Navier-Stokesschen Gleichungen berücksichtigt wurden, keinerlei physikalische Ursachen für eine Störung des deterministischen Ablaufs der Bewegung vorliegen. Daher verlaufen weit draußen im Ozean oder im Luftmeer die Strömungsvorgänge auch über lange Beobachtungszeiten durchaus deterministisch, wie dies auch die Erfahrung lehrt.

Die einzige in Frage kommende Ursache für weitere Störungen des Determinismus sind Wände, an denen Schubspannungen übertragen werden, und daher ist es die nächste Aufgabe diesen Mechanismus zu klären. Die zwischen Flüssigkeit und Wand übertragene Schubspannung hat eine Verminderung der Geschwindigkeitsdifferenz zwischen Wand und Flüssigkeitsstrom zur Folge und würde zur vollständigen Abbremsung der Bewegung führen, wenn nicht äußere Kräfte die Bewegung aufrecht erhalten würden. Es findet also dauernd eine Beschleunigung der Wand gegenüber der wandnahen Flüssigkeit statt. Nimmt man an, daß die Flüssigkeit an der Wand haftet, so äußert sich dieser Vorgang physikalisch in der Erzeugung einer Wirbelschicht in unmittelbarer Wandnähe. Die Dichte dieser in der Zeiteinheit entstehenden Wirbelschicht sei an der Stelle A γ (A), bezogen auf die Flächeneinheit der Wand. Nun ist γ jedoch kein deterministisch wohlbestimmter Wert, sondern der Erwartungswert eines Kollektivs mit endlicher Streuung, denn infolge der Wandrauhigkeiten bildet sich diese Wirbelschicht nicht an der Wand vollkommen gleichmäßig aus, sondern sie ist schon im Augenblick des Entstehens mit allerlei Unregelmäßigkeiten behaftet.

Wir gelangen also zur Vorstellung, daß entlang der Wand eine zweiparametrige Schar von Elementarkollektivs pro Zeit- und Flächeneinheit neu entstehender Rotation ausgebreitet vorliegt. Es muß nun unsere nächste Aufgabe sein, eingehendere Kenntnisse über diese Elementarkollektivs und über die Korrelationen zwischen ihnen zu gewinnen. Korrelationen bestehen zwischen diesen Elementarkollektivs nämlich deshalb, weil diese infinitesimalen Kollektivs selbstverständlich nicht alle stochastisch unabhängig voneinander sein können.

Wir führen nun Koordinaten ein, und zwar bezeichnen wir, um in Übereinstimmung mit der Schreibweise von Kap. III zu bleiben, mit verschiedenen Buchstaben x, y, z und mit oberen Indizes verschiedene Punkte, mit den unteren Indizes 1, 2, 3 aber die drei Achsenrichtungen des kartesischen Koordinatensystems. Als Richtung 1 definieren wir die Strömungsrichtung, als Richtung 2 die Richtung der Normalen zur Wand an der ins Auge gefaßten Stelle und als Richtung 3 die Richtung parallel zur Wand und senkrecht zur Strömung.

Die Richtung der in der betrachteten Wirbelschicht dauernd neuentstehenden Zirkulation ist im wesentlichen die Richtung parallel zur Wand und senkrecht zur Strömungsrichtung, also die soeben definierte Richtung 3. Tatsächlich sind infolge der Wandrauhigkeit und der durch sie bedingten Ungleichförmigkeit der entstehenden Wirbelschicht diese Vektoren Rotation weder genau gleich groß, noch genau parallel gerichtet. Es ist γ nach Definition der Erwartungswert für die Dichte der neu entstehenden Rotation. Aber nach dieser Feststellung ist für das Kollektiv der neu entstehenden Zirkulation auch die Richtung 3 ein Erwartungswert, und zwar der Erwartungswert für die Richtung dieser Rotationsvektoren. Das Bild der neu entstehenden, nach Dichte und Richtung um diesen Erwartungswert schwankenden Rotationsvektoren gleicht daher anschaulich der Maserung des Holzes, aus dem die Wand gefertigt sein mag, wenn die Fasern senkrecht zur Strömungsrichtung liegen (Abb. 15).

Damit sind die Elementarkollektivs $K_w\,(A)$ an den einzelnen Stellen A der Wand im wesentlichen beschrieben. Für die weiteren Untersuchungen wesentlich ist jedoch das Gesamtbild aller dieser Kollektivs, das mit Abb. 15 angedeutet ist und die in dieser Gesamtheit bestehenden Korre-

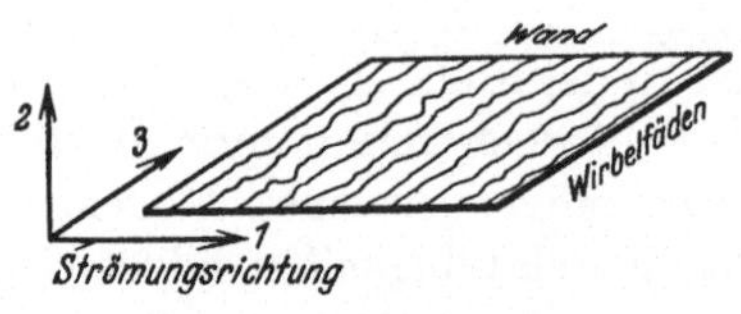

Abb. 15. Wandwirbel (schematisch).

lationen zwischen Elementarkollektivs, die zu benachbarten Wandpunkten gehören. Um darüber Aufschluß zu erhalten, denken wir uns die in Abb. 15 wiedergegebene Wirbelschicht durch Überlagerung zweier Wirbelschichten entstanden, von denen die eine dem Erwartungswert, die andere den Streuungen entspricht. Die erste, die in Abb. 16 dargestellt ist, ist gleichförmig und besitzt an jeder Stelle die Rotationsdichte γ in Richtung der Achse 3. Die zweite, die in Abb. 17 angedeutet ist, besteht aus den von Augenblick

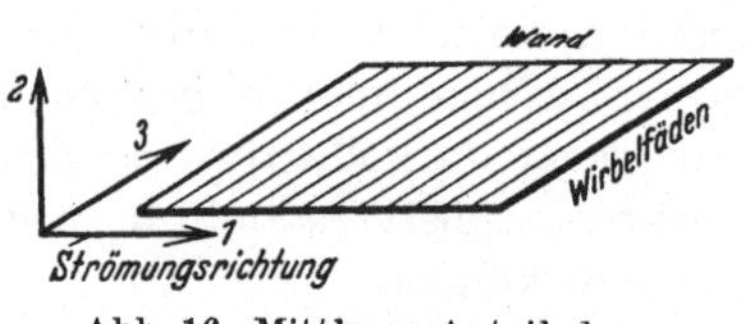

Abb. 16. Mittlerer Anteil des
Wandwirbelkollektivs.

zu Augenblick sich verändernden, von der Wandrauhigkeit herrührenden zusätzlichen Wirbeln, die nach dem Helmholtzschen Wirbelsatz geschlossen sein müssen, sonst aber beliebige Gestalt schon im Augenblick ihres Entstehens haben können. Wir zerlegen das Kollektiv der an der Stelle A in der Zeiteinheit gemäß Abb. 17 auftretenden, zum Erwartungswert hinzutretenden Zirkulation in zwei Kollektivs $K_p\,(A)$ und $K_q\,(A)$, von denen das erste die Anteile der zusätzlichen Zirkulation in Richtung parallel zur Strömung, das zweite die Anteile in Richtung quer zur Strömung zu Elementen hat. Beide Kollektivs haben verschwindende Erwartungswerte, die Streuungen, die im Zeitelement δt auftreten, seien für die Anteile parallel zur Strömung $s^2\,(A)\,\delta t^2$, für die Anteile quer zur Strömung aber $\varkappa\,s^2\,(A)\,\delta t^2$. Wären die Wirbel der Abb. 17 im Mittel

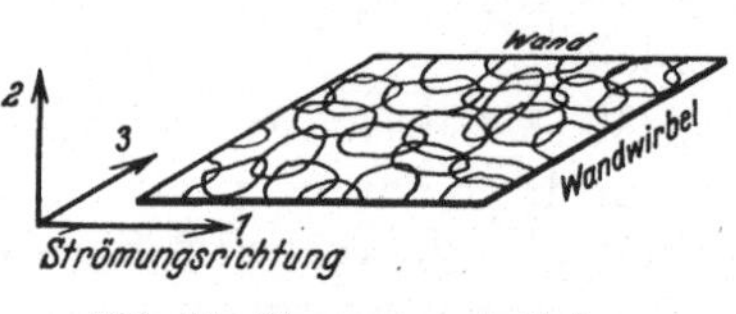

Abb. 17. Streuungsanteil des
Wandwirbelkollektivs.

kreisförmig, so wäre $\varkappa = 1$. Für eine solche Annahme liegt jedoch kein Grund vor. Daher muß die Frage nach dem Werte von $\varkappa$ offen gelassen werden, bis experimentelle Befunde darüber Aufschluß geben. Dies geschieht in Kap. VI, Abschn. 2, bei der Analyse der turbulenten Rohrströmung.

Es ist nun noch eine Aussage über die Korrelation der Kollektivs $K_w\,(A)$ zu verschiedenen Wandpunkten nötig. Die Korrelation $k\,(A^1,\,A^2)$ klingt jedenfalls mit wachsender Entfernung der beiden Wandpunkte A^1

und A^2 irgendwie ab. Für die weiteren Untersuchungen reicht es hin, wenn wir dieses Abklingen durch Einführung der Größe

$$\varepsilon = \int\limits_{-\infty}^{+\infty} \int\limits_{-\infty}^{+\infty} k\,(A^1, A^2)\,dF = \int\limits_{-\infty}^{+\infty} \int\limits_{-\infty}^{+\infty} k\,(y_1^2 - y_1^1,\, y_3^2 - y_3^1)\,d\,(y_1^2 - y_1^1)\,d\,(y_3^2 - y_3^1) \qquad (3)$$

charakterisieren. Da durch Überlagerung der beiden Wirbelschichten gemäß Abb. 16 und 17 die allgemeinste Wirbelschicht entsteht, ist damit die allgemeinste Grundlage für die weiteren Untersuchungen gewonnen.

4. Das Kollektiv der infinitesimalen Zusatzgeschwindigkeiten.

Der Gedankengang der weiteren Untersuchungen ist nun der folgende: Die Elementarkollektivs der an jeder Stelle der Wand pro Zeiteinheit neuentstehenden Rotation rufen im Aufpunkt ein infinitesimales Kollektiv von Zusatzgeschwindigkeiten hervor, das zu dem in Abschn. 1 ermittelten Kollektiv der Momentangeschwindigkeiten hinzutritt. Die Momentangeschwindigkeiten, die sich aus den makroskopischen, mittleren Geschwindigkeiten $\mathfrak{v}$ und den Streuungsgeschwindigkeiten zusammensetzen, rühren von den im Innern der Flüssigkeit gerade im Augenblick vorhandenen Wirbeln her. Die zu aufeinanderfolgenden Zeitpunkten gehörigen Kollektivs der Momentangeschwindigkeiten befinden sich in vollkommener Korrelation wegen des deterministischen Charakters dieser auf das Innere der Flüssigkeit beschränkten Vorgänge. Die von den Vorgängen an der Wand herrührenden infinitesimalen Kollektivs der Zusatzgeschwindigkeiten dagegen sind in aufeinanderfolgenden Zeitpunkten im wesentlichen voneinander stochastisch unabhängig und vor allem sind sie auch unabhängig von den Kollektivs der Momentangeschwindigkeiten. Durch Summation dieser verschiedenartigen Kollektivs kommt zwischen den im Aufpunkt sich abspielenden Vorgängen im Laufe der Zeit eine Abminderung der Korrelation zustande, die die allmähliche Zerrüttung des Determinismus und das Auftreten einer endlichen Verweilzeit nach sich zieht. Mit der expliziten Berechnung dieser Verweilzeit ist dann unsere Aufgabe gelöst.

Die Berechnung des Turbulenztensors, dessen Komponenten die mit den Übergangswahrscheinlichkeiten zusammenhängenden Größen b_{ik} sind, führen wir in diesem Kapitel zunächst für den einfachen Fall des von einer Ebene begrenzten Halbraums durch. Diese Spezialisierung ist nicht gleichbedeutend mit der Beschränkung der Untersuchung auf ebene Strömungsvorgänge, denn die physikalischen Schlüsse und die zugehörigen Rechnungen geschehen auch in diesem Sonderfall in drei Dimensionen. Das zu entwickelnde Verfahren kann daher ohne weiteres auch auf allgemeinere Strömungsprobleme Anwendung finden und wir werden in den späteren Kapiteln auch noch weitere Turbulenztensoren berechnen. Jedoch ist das Beispiel des von einer Ebene begrenzten Halbraums, wenn es auch das einfachste Beispiel ist, durchaus nicht trivial, denn der zugehörige Turbulenztensor stellt die Grundlage für die turbulente Grenzschichttheorie dar, die in Kap. VII, Abschn. 2, zur Sprache kommt. Daher ist diese vorläufige Beschränkung der Rechnung auf den Halbraum und die ebene Wand durchaus zweckmäßig.

Wir beginnen nun mit der Berechnung des infinitesimalen Kollektivs $\delta K (P)$ der Zusatzgeschwindigkeiten im Aufpunkt P, die von den Wandkollektivs $K_w (A)$ herrühren. Das Elementarkollektiv $K_w (A)$ in A ist ein zweidimensionales Kollektiv mit dem Erwartungswert $\gamma (A) \delta t$ in Richtung 3 und den Streuungen $s^2 (A) \delta t^2$ in Richtung 1 längs der Strömung und $\varkappa s^2 (A) \delta t^2$ in Richtung 3 quer zur Strömung. Diese beiden Richtungen sind die Hauptachsenrichtungen des zugehörigen zweidimensionalen Streuungstensors. Das Kollektiv $\delta K (P)$ der Zusatzgeschwindigkeiten im Aufpunkt dagegen ist ein dreidimensionales mit

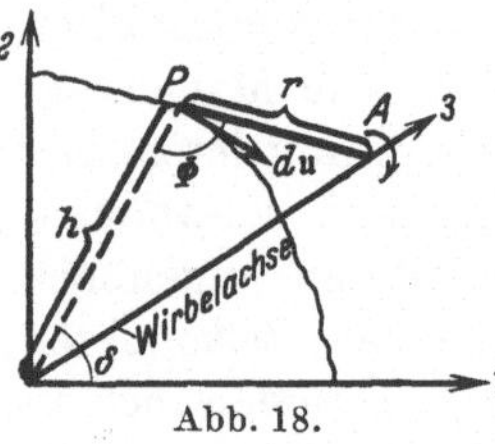

Abb. 18.

dem Vektor Erwartungswert $\delta u (P)$ und dem Streuungstensor $((\delta s_{ik}^2 (P))$. Für die Rechnung benötigen wir nun das Gewicht, mit dem ein Wirbelelement in A im Aufpunkt P beim Zustandekommen der Zusatzgeschwindigkeiten mitwirkt, und zwar genügt es, diese Rechnung für ein Wirbelelement in Richtung 3 durchzuführen. Das „Gewicht", mit dem ein solches Wirbelelement mit der Zirkulation Γ im Aufpunkt P sich auswirkt, ist für die drei Achsenrichtungen im Aufpunkt verschieden und ist daher durch einen Vektor $\mathfrak{g} (A, P)$ darzustellen.

Wir legen die ebene Wand in die Tafelebene 13 des kartesischen Koordinatensystems (Abb. 18) und wählen als Normalenrichtung die Richtung 2. Der Aufpunkt $P (x_1 x_2 x_3)$ in der Flüssigkeit wird wiedergegeben durch die Koordinaten x_1, x_2, x_3; der Wandpunkt $A (y_1, 0, y_3)$ durch die Koordinaten y_1 in Richtung der Strömung und y_3 in Richtung parallel zur Wand und senkrecht zur Strömung. Der Vektor „Erwartungswert" des Kollektivs $K_w (A)$ besitzt diese Richtung.

Wir führen nun folgende aus Abb. 18 ersichtlichen Hilfsgrößen ein:

r: Radiusvektor PA, also

$$r^2 = (x_1 - y_1)^2 + x_2^2 + (x_3 - y_3)^2,$$

h: Senkrechter Abstand Aufpunkt — Wirbelachse

$$h^2 = (x_1 - y_1)^2 + x_2^2,$$

Φ: Winkel zwischen r und h, also

$$\cos \Phi = \frac{h}{r}, \qquad d y_3 = \frac{h}{\cos^2 \Phi} d \Phi = \frac{r^2}{h} d \Phi,$$

δ: Winkel zwischen h und Ebene 13; gleichzeitig Winkel zwischen Geschwindigkeit u und Normalenrichtung 2.

$$\sin \delta = \frac{1}{h} x_2, \qquad \cos \delta = \frac{1}{h} (x_1 - y_1).$$

Die Zirkulation Γ in A rechnen wir positiv, wenn sie den in Abb. 18 angegebenen Drehsinn hat. Der vom Wirbelelement Γ im Aufpunkt P hervorgerufene Geschwindigkeitsvektor $\mathfrak{u}$ hat den Absolutwert

$$|\,\mathfrak{u}\,| = \frac{\Gamma}{4\,\pi}\,\frac{h}{r^3}$$

und die Komponenten

$$\left.\begin{aligned}
u_1 &= +\sin\delta\,|\mathfrak{u}| = +\sin\delta\,\frac{\Gamma}{4\,\pi}\,\frac{h}{r^3}\\[2mm]
u_2 &= -\cos\delta\,|\mathfrak{u}| = -\cos\delta\,\frac{\Gamma}{4\,\pi}\,\frac{h}{r^3}\\[2mm]
u_3 &= 0
\end{aligned}\right\}$$

Das Gewicht also, mit dem ein Wirbel mit der Achsenrichtung 3 beim Aufbau der Geschwindigkeit im Aufpunkt P mitwirkt, ist für die drei Richtungen:

Richtung 1: $\qquad g_1\,(A,\,P) = +\sin\delta\,\dfrac{h}{4\,\pi\,r^3}\,,$

Richtung 2: $\qquad g_2\,(A,\,P) = -\cos\delta\,\dfrac{h}{4\,\pi\,r^3}\,,$

Richtung 3: $\qquad g_3\,(A,\,P) = 0\,,$

wird also dargestellt durch den Vektor:

$$\mathfrak{g}\,(A,\,P) = \left(+\sin\delta\,\frac{h}{4\,\pi\,r^3}\,,\ \ -\cos\delta\,\frac{h}{4\,\pi\,r^3}\,,\ \ 0\right). \tag{4}$$

Die nächste Aufgabe ist nun der Aufbau des infinitesimalen Kollektivs $\delta K\,(P)$ der Zusatzgeschwindigkeiten im Aufpunkt. Diese Aufgabe ist nur in mehreren Schritten zu bewältigen, denn es ist eine dreidimensionale Mannigfaltigkeit von Elementarkollektivs zu diesem Zwecke zu summieren. Zunächst ist nämlich wegen der flächenhaften Gestalt der Wand die Mannigfaltigkeit der Elementarkollektivs zweidimensional, weiterhin gehen aber die Vorgänge an der Wand auch im Zeitablauf statistisch vor sich und dadurch wird die Mannigfaltigkeit der zu summierenden Kollektivs nochmals um eine Ordnung erhöht. Wir bewerkstelligen nun zuerst die Summation über die beiden räumlichen Parameter und anschließend die Integration über die Zeit, die dann keine Schwierigkeiten mehr bereitet.

Für die weitere Rechnung ist es zweckmäßig, das zweidimensionale Wandkollektiv $K_w\,(A)$ in zwei eindimensionale Kollektivs zu zerlegen, ähnlich wie dies schon oben in Abschn. 3 geschehen ist. Der eine Bestandteil ist das Kollektiv der pro Zeit- und Flächeneinheit neuentstehenden Rotation mit der Achse quer zur Strömungsrichtung und parallel zur Wand. Wir bezeichnen dieses eindimensionale Kollektiv mit $K_q\,(A)$. Es besitzt den Erwartungswert $\gamma\,(A)$ und die Streuung $s_q^2\,(A) = \varkappa\,s^2\,(A)$. Der andere Bestandteil ist das Kollektiv $K_p\,(A)$ der Rotation mit der Achse parallel zur Strömung. Es besitzt verschwindenden Erwartungswert und die Streuung $s_p^2\,(A) = s^2\,(A)$.

Wir führen nun die Rechnung zuerst für das Kollektiv $K_q\,(A)$ durch. Das Gewicht, mit dem seine Elemente sich am Aufbau des infinitesimalen Kollektivs $\delta\,K\,(P)$ der Zusatzgeschwindigkeiten im Aufpunkt beteiligen, wird durch den Vektor $\mathfrak{g}\,(A,\,P)$ der Gleichung (4) dargestellt. Das dreidimensionale Kollektiv $\delta\,K_q\,(P)$, das von $K_q\,(A)$ herrührt, wird aus diesen eindimensionalen Elementarkollektivs durch Integrationen erhalten, die sich entsprechend der Gleichung (14), Kap. IV, symbolisch durch die Vektorkollektivgleichung

$$\delta\,K_q\,(P) = \int\!\!\int K_q\,(A)\,\delta\,t\; \mathfrak{g}\,(A,\,P)\,dF \quad \text{mit}\quad dF = d\,y_1\,d\,y_3 \qquad (5)$$

darstellen lassen. Diese Gleichung enthält drei Aussagen für die drei eindimensionalen Kollektivs $\delta\,K_{qi}\,(P)$ der Geschwindigkeitskomponenten $\delta\,u_i$, die in Komponentenschreibweise angeschrieben lauten:

$$\left.\begin{aligned}
\delta\,K_{q1}\,(P) &= \int\!\!\int K_q\,(y_1\,y_3)\,\delta\,t\sin\delta\,\frac{h}{4\,\pi\,r^3}\,d\,y_1\,d\,y_3\\[1ex]
\delta\,K_{q2}\,(P) &= \int\!\!\int K_q\,(y_1\,y_3)\,\delta\,t\cos\delta\,\frac{h}{4\,\pi\,r^3}\,d\,y_1\,d\,y_3\\[1ex]
\delta\,K_{q3}\,(P) &= 0
\end{aligned}\right\}$$

Wir berechnen nun Erwartungswert und Streuung des so definierten dreidimensionalen Kollektivs. Zunächst ist in Verallgemeinerung der Gleichung (15), Kap. IV, der Erwartungswert

$$\delta\,\mathfrak{u}\,(P) = \int\!\!\int \gamma\,(A)\,\delta\,t\; \mathfrak{g}\,(A,\,P)\,dF, \qquad (6)$$

in Komponenten:

$$\left.\begin{aligned}
\delta\,u_1\,(P) &= \int\limits_{-\infty}^{+\infty}\!\int\limits_{-\infty}^{+\infty} \gamma\,(y_1\,y_3)\,\delta\,t\sin\delta\,\frac{h}{4\,\pi\,r^3}\,d\,y_1\,d\,y_3\\[1ex]
\delta\,u_2\,(P) &= -\int\limits_{-\infty}^{+\infty}\!\int\limits_{-\infty}^{+\infty} \gamma\,(y_1\,y_3)\,\delta\,t\cos\delta\,\frac{h}{4\,\pi\,r^3}\,d\,y_1\,d\,y_3\\[1ex]
\delta\,u_3\,(P) &= 0
\end{aligned}\right\} \qquad (6\,\mathrm{a})$$

Für die weitere Rechnung machen wir nun die Annahme, die Wand sei überall von gleicher Beschaffenheit, so daß die Wandkollektivs $K_w\,(A)$ vom Ort unabhängige Erwartungswerte und Streuungen haben. Also sind $\gamma\,(A)$ und $s^2\,(A)$ Konstante. Mit konstantem γ folgt aus Gleichung (6a):

$$\begin{aligned}
\delta\,u_1 &= \frac{\gamma\,\delta\,t}{4\,\pi}\int\limits_{-\infty}^{+\infty}\!\int\limits_{-\infty}^{+\infty}\sin\delta\,\frac{h}{r^3}\,d\,y_1\,dy_3 = \frac{\gamma\,\delta\,t}{4\,\pi}\int\limits_{-\frac{\pi}{2}}^{+\frac{\pi}{2}}\!\int\limits_{-\infty}^{+\infty}\sin\delta\,\frac{\cos\Phi}{h}\,d\,\Phi\,d\,y_1 =\\[1ex]
&= \frac{\gamma\,\delta\,t}{4\,\pi}\int\limits_{-\infty}^{+\infty}\frac{x_2\,d\,y_1}{(x_1-y_1)^2+x_2^2}\int\limits_{-\frac{\pi}{2}}^{+\frac{\pi}{2}}\cos\Phi\,d\,\Phi = \frac{\gamma\,\delta\,t}{2\,\pi}\int\limits_{-\infty}^{+\infty}\frac{x_2\,d\,y_1}{(x_1-y_1)^2+x_2^2} =\\[1ex]
&= \frac{\gamma\,\delta\,t}{2\,\pi}\int\limits_{-\infty}^{+\infty}\frac{d\,z}{1+z^2} = \frac{\gamma}{2}\,\delta\,t
\end{aligned}$$

und ebenso

$$\delta\,u_2 = -\,\frac{\gamma\,\delta\,t}{4\,\pi}\int\limits_{-\infty}^{+\infty}\int\limits_{-\infty}^{+\infty}\cos\delta\,\frac{h}{r^3}\,d\,y_1\,d\,y_3 =$$

$$= -\,\frac{\gamma\,\delta\,t}{4\,\pi}\int\limits_{-\infty}^{+\infty}\frac{(x_1 - y_1)\,d\,y_1}{(x_1 - y_1)^2 + x_2^2}\int\limits_{-\frac{\pi}{2}}^{+\frac{\pi}{2}}\cos\varPhi\,d\,\varPhi = 0$$

Wir erhalten also das Resultat für den Vektor „Erwartungswert" des Kollektivs $\delta\,K_q\,(P)$

$$\delta\,\mathfrak{u} = \left(\frac{\gamma}{2}\,\delta\,t,\ 0,\ 0\right) \tag{7}$$

und dieser Vektor ist gleichzeitig auch der Erwartungswert für das vollständige Kollektiv $\delta\,K\,(P)$ der infinitesimalen Zusatzgeschwindigkeiten, denn der andere Bestandteil $K_p\,(A)$ der Wandkollektivs besitzt den Erwartungswert Null und liefert daher für den Erwartungswert $\delta\,\mathfrak{u}\,(P)$ im Aufpunkt keinen Beitrag.

Dieses Ergebnis besagt, daß in jedem Zeitelement durch die neuentstehenden Wirbel die Flüssigkeit einen infinitesimalen Geschwindigkeitszuwachs erhält. Seine Bedeutung ist klar; er stellt eine Beschleunigung dar, die der von der Wand auf die Flüssigkeit übertragenen Schubspannung entspricht und die verhindert, daß die Strömung zur Ruhe kommt. Die Größe γ ist durch den übertragenen Impuls wohlbestimmt.

Schwieriger ist nun die für die Theorie des Turbulenztensors wesentliche Ermittlung des Streuungstensors des Kollektivs $\delta\,K_q\,(P)$. In Verallgemeinerung der Gleichung (16), Kap. IV, wird er dargestellt durch

$$(\delta\,s_{qik}^2\,(P)) = \int\!\!\int\!\!\int\!\!\int \varkappa\,s\,(A^1)\,s\,(A^2)\,\delta\,t^2\,(\mathfrak{g}\,(A^1,P)\,\mathfrak{g}\,(A^2,P))\cdot k\,(A^1A^2)\,dF^1dF^2. \tag{8}$$

In dieser Darstellung ist das Produkt der beiden Vektoren $\mathfrak{g}$ ein sog. unbestimmtes Vektorprodukt, ein Tensor.

Zwei der in dieser Gleichung geforderten Integrationen lassen sich auf Grund der Gleichung

$$\varepsilon = \int\limits_{-\infty}^{+\infty}\int\limits_{-\infty}^{+\infty} k\,(A^1,\,A^2)\,dF \tag{3}$$

sofort erledigen nach dem Vorgang, der in Kap. IV, Abschn. 1, zu Gleichung (19) führte. Außerdem nehmen wir für die weitere Rechnung wieder an, daß die Streuungsgrößen der Wandkollektivs $s^2\,(A)$ vom Ort unabhängig und konstant seien. Auf diese Weise erhält man

$$(\delta\,s_{qik}^2\,(P)) = \varkappa\,s^2\,\delta\,t^2\,\varepsilon\int\!\!\int (\mathfrak{g}\,(A,P)\,\mathfrak{g}\,(A,P))\,dF \tag{9}$$

und dieses Resultat ist nach den wiederholt angestellten Überlegungen richtig, solange der Abstand des Aufpunktes P von der Wand groß ist im Vergleich zur Länge, längs der die Korrelation zwischen den Wandkollektivs abklingt, die also der Verweilzeit entspricht. Wir kommen auf diese Besonderheit und eine auf ihr beruhende Korrektur des Ergebnisses in Kap. VI, Abschn. 3, bei Untersuchung der Verhältnisse in unmittelbarer Wandnähe noch zu sprechen.

Die Berechnung der Komponenten des Streuungstensors von $\delta K_q (P)$ geht nun nach Gleichung (9) ohne Schwierigkeit vor sich. Es ist, wenn wir die Abkürzung

$$A = \frac{\varepsilon\, s^2}{16\, \pi^2} \tag{10}$$

einführen,

$$\delta s_{q\,13}^2 (P) = \delta s_{q\,23}^2 (P) = \delta s_{q\,33}^2 (P) = 0$$

$$\delta s_{q\,11}^2 (P) = \varepsilon\, \varkappa\, s^2\, \delta t^2 \int\limits_{-\infty}^{+\infty}\int\limits_{-\infty}^{+\infty} \left(\frac{h}{4\,\pi\,r^3}\right)^2 \sin^2\delta\, d\,y_1\, d\,y_3 =$$

$$= \varkappa\, A\, \delta t^2 \int\limits_{-\infty}^{+\infty}\int\limits_{-\infty}^{+\infty} \frac{x_2^2\, d\,y_1\, d\,y_3}{[(x_1 - y_1)^2 + x_2^2 + (x_3 - y_3)^2]^3} =$$

$$= \varkappa\, A\, \delta t^2\, \frac{1}{x_2^2} \int\limits_{-\infty}^{+\infty}\int\limits_{-\infty}^{+\infty} \frac{d\,x\, d\,y}{(1 + x^2 + y^2)^3} = \varkappa\, A\, \delta t^2 \cdot \frac{\pi}{2}\, \frac{1}{x_2^2}$$

$$\left(\int\limits_{-\infty}^{+\infty}\int\limits_{-\infty}^{+\infty} \frac{d\,x\, d\,y}{(1 + x^2 + y^2)^3} = \int\limits_{0}^{\infty}\int\limits_{0}^{2\pi} \frac{r\, d\,r\, d\,\varphi}{(1 + r^2)^3} = 2\,\pi \int\limits_{0}^{\infty} \frac{r\, d\,r}{(1 + r^2)^3} = \pi \int\limits_{1}^{\infty} \frac{d\,z}{z^3} = +\frac{\pi}{2}\right).$$

$$\delta s_{q\,12}^2 (P) = -\,\varepsilon\, \varkappa\, s^2\, \delta t^2 \int\limits_{-\infty}^{+\infty}\int\limits_{-\infty}^{+\infty} \left(\frac{h}{4\,\pi\,r^3}\right)^2 \sin\delta\, \cos\delta\, d\,y_1\, d\,y_3 =$$

$$= -\,\varkappa\, A\, \delta t^2 \int\limits_{-\infty}^{+\infty}\int\limits_{-\infty}^{+\infty} \frac{x_2\,(x_1 - y_1)\, d\,y_1\, d\,y_3}{[(x_1 - y_1)^2 + x_2^2 + (x_3 - y_3)^2]^3} =$$

$$= -\,\varkappa\, A\, \delta t^2\, \frac{1}{x_2^2} \int\limits_{-\infty}^{+\infty}\int\limits_{-\infty}^{+\infty} \frac{x\, d\,x\, d\,y}{(1 + x^2 + y^2)^3} = 0.$$

$$\delta s_{q\,22}^2 (P) = \varepsilon\, \varkappa\, s^2\, \delta t^2 \int\limits_{-\infty}^{+\infty}\int\limits_{-\infty}^{+\infty} \left(\frac{h}{4\,\pi\,r^3}\right)^2 \cos^2\delta\, d\,y_1\, d\,y_3 =$$

$$= \varkappa\, A\, \delta t^2 \int\limits_{-\infty}^{+\infty}\int\limits_{-\infty}^{+\infty} \frac{(x_1 - y_1)^2\, d\,y_1\, d\,y_3}{[(x_1 - y_1)^2 + x_2^2 + (x_3 - y_3)^2]^3} =$$

$$= \varkappa\, A\, \delta t^2\, \frac{1}{x_2^2} \int\limits_{-\infty}^{+\infty}\int\limits_{-\infty}^{+\infty} \frac{x^2\, d\,x\, d\,y}{(1 + x^2 + y^2)^3} = \varkappa\, A\, \delta t^2 \cdot \frac{\pi}{4}\, \frac{1}{x_2^2}$$

$$\left(\int\limits_{-\infty}^{+\infty}\int\limits_{-\infty}^{+\infty} \frac{x^2\, d\,x\, d\,y}{(1 + x^2 + y^2)^3} = \int\limits_{0}^{\infty}\int\limits_{0}^{2\pi} \frac{(r\cos\varphi)^2\, r\, d\,r\, d\,\varphi}{(1 + r^2)^3} = \pi \int\limits_{0}^{\infty} \frac{r^3\, d\,r}{(1 + r^2)^3} = +\frac{\pi}{4}\right).$$

Wir erhalten damit den Streuungstensor des Kollektivs $\delta K_q(P)$

$$(\delta s_{qik}^2(P)) = \varkappa A \delta t^2 \frac{\pi}{2} \frac{1}{x_2^2} \begin{pmatrix} 1 & 0 & 0 \\ 0 & 1/2 & 0 \\ 0 & 0 & 0 \end{pmatrix}. \tag{11}$$

Nun ist auch noch der Anteil der Wandkollektivs $K_w(A)$ in Rechnung zu setzen, der in Richtung 1 fällt, d. h. es ist die gleiche Rechnung für das eindimensionale Kollektiv $K_p(A)$ durchzuführen. Im vorliegenden einfachen Fall der unendlich ausgedehnten ebenen Wand kann man jedoch das Ergebnis ohne Rechnung hinschreiben. Da die Wand bei einer Drehung um 90⁰ in sich übergeht, wird durch eine Drehung um einen rechten Winkel die neue Aufgabe in die schon erledigte alte Aufgabe zurückgeführt. Die aus den Elementen des Kollektivs $K_p(A)$ resultierenden Zusatzgeschwindigkeiten sind gegenüber den Geschwindigkeiten, die durch $K_q(A)$ veranlaßt werden, um 90⁰ gedreht. Daher geht der Streuungstensor des Kollektivs $\delta K_p(P)$ aus demjenigen des Kollektivs $\delta K_q(P)$ hervor, indem die Komponenten 11 und 33 vertauscht werden und alles übrige erhalten bleibt. Natürlich kommt der Faktor $\varkappa$ in Wegfall, da die Streuung des Kollektivs $K_p(A)$ mit $s^2(A)$ angesetzt wurde. Daher ist

$$(\delta s_{pik}^2(P)) = A \delta t^2 \frac{\pi}{2} \frac{1}{x_2^2} \begin{pmatrix} 0 & 0 & 0 \\ 0 & 1/2 & 0 \\ 0 & 0 & 1 \end{pmatrix}. \tag{12}$$

Endlich ergibt sich nun der Streuungstensor des Gesamtkollektivs der infinitesimalen Zusatzgeschwindigkeiten im Aufpunkt, $\delta K(P)$, durch Addition der Streuungstensoren (11) und (12). Es ist

$$(\delta s_{ik}^2(P)) = A \delta t^2 \frac{\pi}{2} \frac{1}{x_2^2} \begin{pmatrix} \varkappa & 0 & 0 \\ 0 & \dfrac{\varkappa+1}{2} & 0 \\ 0 & 0 & 1 \end{pmatrix}. \tag{13}$$

Eine letzte Summation zum Zwecke des Aufbaus des Kollektivs der infinitesimalen Zusatzgeschwindigkeiten ist nun noch über die Zeitkoordinate vorzunehmen. Bisher ist die Summation über eine zweidimensionale Mannigfaltigkeit von Elementarkollektivs durchgeführt worden. Die Mannigfaltigkeit der Elementarkollektivs, die im Aufpunkt bei der Erzeugung des Kollektivs der Zusatzgeschwindigkeiten zusammenwirken, ist aber, wie oben festgestellt wurde, noch um eine Dimension höher, da die in der Zeit aufeinanderfolgenden Vorgänge ebenfalls der Statistik unterliegen. An jeder Stelle A gehört zu jedem Augenblick ein Kollektiv. Die Erwartungswerte dieser Kollektivs summieren sich in einfacher Weise, wie dies nach Kap. IV, Abschn. 1, stets bei der Summation von Kollektivs der Fall ist. Die Streuungen der resultierenden Summenkollektivs wären in der Grenze gleich Null, wenn die Kollektivs, die zu beliebig benachbarten Zeitpunkten gehören, bereits voneinander unabhängig wären, und sie wären eine quadratische Funktion des Zeitintervalls, wenn die Kollektivs verschiedener Zeitpunkte in vollständiger Korrelation sich befänden. Beides kann nicht zutreffen, sondern zwischen den Elementarkollektivs, die an einer Stelle der Wand aufeinander folgen, wird eine zeitliche Korrelation bestehen, die durch eine Funktion $k\,(t_1\,t_2)$ dargestellt wird. Der charakteristische Wert dieser zeitlichen Korrelation sei

$$\tau = \int\limits_0^\infty k\,(t_1\,t_2)\,d\,(t_2 - t_1),$$

die „Verweilzeit" für die elementaren Vorgänge (Wirbelablösungen u. dgl.) an den Wandrauhigkeiten. Wir summieren nun die infinitesimalen Kollektivs $\delta\,K\,(P)$ über ein Zeitintervall $\varDelta\,t$, das groß sei im Vergleich zur elementaren Verweilzeit τ und erhalten auf diese Weise ein Kollektiv $\varDelta\,K\,(P)$ mit dem Erwartungswert

$$\varDelta\,\mathfrak{u}\,(P) = \left(\frac{\gamma}{2}\,\varDelta\,t, 0, 0\right) \tag{7 a}$$

und dem Streuungstensor

$$\begin{aligned}
(\varDelta\,s_{ik}^2\,(P)) &= A\,\frac{\pi}{2}\,\frac{1}{x_2^2}\begin{pmatrix} \varkappa & 0 & 0 \\ 0 & \dfrac{\varkappa+1}{2} & 0 \\ 0 & 0 & 1 \end{pmatrix}\int\limits_0^{\varDelta t}\int\limits_0^{\varDelta t} k\,(t_1\,t_2)\,dt_1\,dt_2 = \\[2mm]
&= 2\,\tau\,\varDelta\,t\,A\,\frac{\pi}{2}\,\frac{1}{x_2^2}\begin{pmatrix} \varkappa & 0 & 0 \\ 0 & \dfrac{\varkappa+1}{2} & 0 \\ 0 & 0 & 1 \end{pmatrix} = \\[2mm]
&= B\,\varDelta\,t\,\frac{\pi}{2}\,\frac{1}{x_2^2}\begin{pmatrix} \varkappa & 0 & 0 \\ 0 & \dfrac{\varkappa+1}{2} & 0 \\ 0 & 0 & 1 \end{pmatrix},
\end{aligned} \tag{13 a}$$

wenn zur Abkürzung

$$B = \frac{2\,\varepsilon\,\tau\,s^2}{16\,\pi^2} = 2\,\tau\,A \tag{14}$$

gesetzt wird.

Mit diesen Ergebnissen ist das infinitesimale Kollektiv der im Zeitelement $\varDelta\,t$ neu auftretenden Zusatzgeschwindigkeiten im Aufpunkt P erfaßt, dessen Ursache die Vorgänge an der Wand sind und dessen Wirkung in der Zerrüttung des Determinismus bei den Strömungsvorgängen in der Flüssigkeit besteht. Die noch verbleibende letzte Aufgabe besteht eben in einer Untersuchung darüber, wie diese Zerrüttung des Determinismus, die zum Auftreten einer endlichen Verweilzeit führt, im einzelnen vor sich geht.

5. Das Zustandekommen endlicher Verweilzeiten in der Hydrodynamik.

Am Beispiel des Maxwell-Boltzmannschen Gasmodells, für das in Kap. IV, Abschn. 3, der Streuungstensor explizit berechnet wurde, war zu erkennen, wie die Übergangswahrscheinlichkeiten für kleine Zeitspannen Δt und die Verweilzeit t^* beim Aufbau des für die physikalische Statistik wesentlichen Streuungstensors zusammenwirken. Die elementaren Übergangswahrscheinlichkeiten, die zu Δt gehören, sind durch das Kollektiv der Streuungsgeschwindigkeiten an der betreffenden Stelle des Raumes wohlbestimmt. Diese allein liefern jedoch Streuungen der Übergangswahrscheinlichkeiten, die quadratisch mit der Zeit anwachsen, und nicht solche, die eine lineare Funktion der Zeitspanne sind, wie wir dies bei der Ableitung der Grundgleichung für die physikalische Statistik voraussetzen mußten, damit nicht unser mechanisches System sich auf ein solches der deterministischen Mechanik reduziert. Streuungen von der richtigen Größenordnung entstehen erst bei der Summation dieser elementaren Übergangswahrscheinlichkeiten, und zwar durch das Eingreifen andersartiger physikalischer Vorgänge, die geeignet sind, den Determinismus der Prozesse im Laufe der Zeit aufzulösen, und die daher zu endlichen Verweilzeiten des betrachteten Systems Anlaß geben. Solche Eingriffe sind beim Gasmodell die Zusammenstöße der Moleküle, also recht handgreifliche Störungsvorgänge. In der Hydrodynamik, wo solche grobe, nichtdeterministische Prozesse nicht möglich sind, sind es die im letzten Abschnitt eingehend untersuchten, von den Vorgängen an der Wand herrührenden infinitesimalen Zusatzgeschwindigkeiten.

Zwei Kollektivs wirken im Aufpunkt P zusammen und bestimmen die Übergangswahrscheinlichkeiten im Zeitelement Δt:

1. Das Kollektiv $K(P)$ der örtlichen (deterministischen) Geschwindigkeiten von Abschn. 1, der Streuungsgeschwindigkeiten, das den Streuungstensor

$$\frac{1}{3} c^2 \begin{pmatrix} 1 & 0 & 0 \\ 0 & 1 & 0 \\ 0 & 0 & 1 \end{pmatrix} \text{ mit } c(P) = \text{const } \sqrt[4]{|\operatorname{rot} \mathfrak{v}|}$$

besitzt und das in der Zeit Δt Übergänge hervorruft mit dem Erwartungswert $\mathfrak{v}(P)\,\Delta t$ und der Streuungsmatrix

$$\frac{1}{3} c^2 \Delta t^2 \begin{pmatrix} 1 & 0 & 0 \\ 0 & 1 & 0 \\ 0 & 0 & 1 \end{pmatrix}.$$

2. Das infinitesimale Kollektiv $\Delta K(P)$ der Zusatzgeschwindigkeiten im Aufpunkt P mit dem Erwartungswert $\Delta \mathfrak{u}(P) = \left(\frac{\gamma}{2} \Delta t,\, 0,\, 0 \right)$ und

den Streuungen nach Gleichung (13a), das in der Zeit Δt Übergänge hervorruft mit dem Erwartungswert $\frac{\gamma}{2} \Delta t^2$ und der Streuungsmatrix

$$\frac{\pi B}{2 x_2^2} \Delta t^3 \begin{pmatrix} \varkappa & 0 & 0 \\ 0 & \dfrac{\varkappa + 1}{2} & 0 \\ 0 & 0 & 1 \end{pmatrix}.$$

Für die weiteren Untersuchungen sind von diesen Kollektivs nur die Streuungen, nicht die Erwartungswerte von Belang. Außerdem ist entscheidend, daß die Kollektivs $K\,(P)$ der ersten Art in aufeinanderfolgenden Zeitintervallen vollkommen stochastisch voneinander abhängen, womit die Kausalität des Bewegungsablaufes in der Flüssigkeit zum Ausdruck kommt, daß aber die Kollektivs der zweiten Art sowohl untereinander in aufeinanderfolgenden Zeitelementen als auch von den Kollektivs der ersten Art unabhängig sind.

Zur Verringerung der Schreibarbeit sollen nun einige Rechnungen an eindimensionalen Kollektivs, die denen der ersten und zweiten Art entsprechen, durchgeführt werden. Das Ergebnis ist dann auf die Streuungstensoren komponentenweise anzuwenden. Wir nehmen also an, es mögen im Aufpunkt ein endliches und ein infinitesimales Kollektiv von Geschwindigkeiten beim Entstehen der Übergangswahrscheinlichkeiten zusammenwirken. Im Zeitintervall Δt erzeuge das erste von beiden Übergänge mit der Streuung $\alpha^2 \Delta t^2$, das zweite aber Übergänge mit der Streuung $\beta^2 \Delta t^3$. Da beide Kollektivs voneinander stochastisch unabhängig sind, ist die Streuung der aus beiden resultierenden Übergangswahrscheinlichkeit die Summe der beiden Streuungen.

$$s^2\,(\Delta t) = (\alpha^2 + \beta^2 \Delta t)\,\Delta t^2. \tag{15}$$

Um Aufschluß über die Korrelation zwischen den Übergängen in aufeinanderfolgenden Zeitpunkten zu gewinnen, haben wir nun die Kollektivs der Übergangswahrscheinlichkeiten für zwei aufeinanderfolgende Zeitintervalle zu summieren. Dabei ist zu beachten, daß die aufeinanderfolgenden Kollektivs der ersten Art miteinander in vollkommener Korrelation $(k = 1)$ stehen, während die infinitesimalen Kollektivs der zweiten Art untereinander und von den Kollektivs der ersten Art stochastisch unabhängig sind $(k = 0)$. Diese Bemerkung liefert für die Streuungsmatrix der Übergänge im Zeitintervall $2\,\Delta t$ nach den Sätzen von Kap. IV, Abschn. 1

$$s^2\,(2\,\Delta t) = (4\,\alpha^2 + 2\,\beta^2 \Delta t)\,\Delta t^2.$$

Diese Beziehung kann man aber nun auch anders deuten, indem man sie durch Addition der beiden vollständigen Kollektivs von Übergängen zu den beiden Zeitintervallen der Länge Δt gemäß Gleichung (15) entstanden denkt, zwischen denen die noch unbekannte Korrelation $k\,(\Delta t)$

bestehe. Auf diese Weise erhält man nochmals die Streuung $s^2\,(2\,\Delta\,t)$, und zwar durch den Ausdruck

$$s^2\,(2\,\Delta\,t) = 2\cdot(\alpha^2 + \beta^2\,\Delta\,t)\cdot(1 + k\,(\Delta\,t))\,\Delta\,t^2.$$

Durch Vergleich der beiden Darstellungen der Größe $s^2\,(2\,\Delta\,t)$ folgt

$$k\,(\Delta\,t) = \frac{\alpha^2}{\alpha^2 + \beta^2\,\Delta\,t}\,. \tag{16}$$

Diese Gleichung gibt nun zwar nicht den ganzen Verlauf der Funktion $k\,(t_1\,t_2)$ wieder, der qualitativ in Kap. IV, Abschn. 1, beschrieben wurde und z. B. einem Exponentialgesetz entspricht, für die Folgerungen in seinen Einzelheiten aber ohne Belang ist; Gleichung (16) gibt aber Aufschluß über die Neigung der Funktion $k\,(t_1\,t_2)$ an der Stelle $t_2 - t_1 = \Delta\,t = 0$, wo diese Funktion selbst den Wert $k = 1$ annimmt. Aus (16) folgt hierfür

$$\lim_{\Delta\,t\to 0}\frac{d\,k\,(\Delta\,t)}{d\,\Delta\,t} = -\frac{\beta^2}{\alpha^2} \tag{16a}$$

Nun geht aus der Definitionsgleichung für die Verweilzeit

$$t^* = \int_0^\infty k\,(\Delta\,t)\,d\,\Delta\,t \tag{17}$$

hervor, daß bei gleichem Bildungsgesetz für die Funktionen $k\,(\Delta\,t)$, das wir wohl annehmen können, die Verweilzeit umgekehrt proportional der Neigung der Funktion $k\,(\Delta\,t)$ an der Stelle $\Delta\,t = 0$ ist. Damit folgt das Ergebnis:

$$t^* = \text{const}\,\frac{\alpha^2}{\beta^2}\,,\quad \text{wenn}\quad s^2\,(\Delta\,t) = (\alpha^2 + \beta^2\,\Delta\,t)\,\Delta\,t^2 \tag{18}$$

ist. Diese Gleichung ist nun komponentenweise auf die Übergangswahrscheinlichkeiten im Aufpunkt P auf Grund der Streuungsgeschwindigkeiten und der infinitesimalen Zusatzgeschwindigkeiten anzuwenden. Die einfache Rechnung liefert:

$$t_{11}^*\,(P) = \text{const}\,\frac{c^2}{3}\cdot\frac{2}{\pi\,B}\,x_2^2\,\frac{1}{\varkappa}\,;\quad t_{22}^*\,(P) = \text{const}\,\frac{c^2}{3}\cdot\frac{2}{\pi\,B}\,x_2^2\,\frac{2}{\varkappa + 1}\,;$$

$$t_{33}^*\,(P) = \text{const}\,\frac{c^2}{3}\cdot\frac{2}{\pi\,B}\,x_2^2\cdot 1 \qquad \text{mit}\quad B = \frac{2\,\varepsilon\,\tau\,s^2}{16\,\pi^2}\ \text{nach Gl. (14)}\,.$$

Damit sind die Verweilzeiten für unser hydrodynamisches Problem bis auf Konstante gewonnen. Die Verweilzeit ist nun ein Maß dafür, ob der Strömungsvorgang an der betreffenden Stelle mehr oder weniger lange so erfolgt, wie es die Navier-Stokessche Hydrodynamik auf Grund der Anfangsbedingungen voraussagt. Die Betrachtung des Zusammenwirkens der beiden Kollektivs der (deterministischen) Streuungsgeschwindigkeiten von Abschn. 1 und der infinitesimalen Zusatzgeschwindigkeiten nach Abschn. 4 liefert den Satz, daß die Verweilzeit t^* proportional dem Quotienten ist aus der kinetischen Energie in den Streuungsgeschwindigkeiten mit dem Mittelwert c und der kinetischen Energie in den zufallartigen, durch unregelmäßig neuentstehendes Wandwirbelmaterial erzeugten infinitesimalen Zusatzgeschwindigkeiten.

Weiter erschließen wir aber aus den Überlegungen dieses Abschnitts noch die allgemeine Erkenntnis: Bereits infinitesimale Störungen der Bewegungsvorgänge an einem deterministischen mechanischen System sind, wenn sie sich, im wesentlichen ohne kausale Verknüpfung untereinander, unaufhörlich immer wiederholen, in der Lage, den Determinismus im Laufe der Zeit aufzulösen und das System zu einem echten System der physikalischen Statistik zu machen.

Die zum Ziel gesetzte Berechnung der Größen b_{ik}, die in den statistischen hydrodynamischen Grundgleichungen von Kap. III, Abschn. 2 vorkommen, geht nun ohne Schwierigkeiten in wenigen Schritten vor sich. Wir fassen diese Größen, soweit sie nicht auf dem Maxwell-Boltzmannschen Gasmodell, sondern auf den hydrodynamischen Vorstellungen und Überlegungen dieses Kapitels beruhen, zum Turbulenztensor Π mit den Komponenten π_{ik} zusammen und wollen dann die hydrodynamischen Gleichungen, die wir mit seiner Hilfe im nächsten Abschnitt gewinnen werden, zum Unterschied von den Gleichungen der idealen Flüssigkeit (Kap. III, Abschn. 3) und den Navier-Stokesschen Gleichungen (Kap. IV, Abschn. 4) als die Grundgleichungen der „statistischen Hydrodynamik" bezeichnen.

Nach der wiederholt angewendeten Schlußweise ergeben sich für die Streuungen der zum Zeitintervall von der Länge Δt gehörigen Übergangswahrscheinlichkeiten die beiden Darstellungen

$$(s^2\,(\Delta t)) = \frac{c^2}{3}\,\Delta t^2 \begin{pmatrix} 1 & 0 & 0 \\ 0 & 1 & 0 \\ 0 & 0 & 1 \end{pmatrix} \quad \text{für} \quad t \ll t^*$$

und

$$(s^2\,(\Delta t)) = \frac{2}{3}\,c^2\,\Delta t \begin{pmatrix} t_{11}^* & 0 & 0 \\ 0 & t_{22}^* & 0 \\ 0 & 0 & t_{33}^* \end{pmatrix} \quad \text{für} \quad t \gg t_{11}^*,\, t_{22}^*,\, t_{33}^*.$$

Der durch Gleichung (8), Kap. II, beschriebene Grenzübergang, der zu den Streuungsgrößen des Turbulenztensors führt, geschieht nun an der zweiten dieser Darstellungsarten, wobei wieder darauf hingewiesen sei, daß es sich nicht um einen abstrakten, mathematischen Grenzübergang handelt mit ideal verschwindendem Zeitintervall, sondern um die für die physikalische Statistik charakteristische Operation, die die ganze Problematik der statistischen Mechanik enthält und den Gültigkeitsbereich ihrer Ergebnisse festlegt.

Das Ergebnis lautet:

$$
\Pi = \frac{c^2}{3}\begin{pmatrix} t_{11}^{*} & 0 & 0 \\ 0 & t_{22}^{*} & 0 \\ 0 & 0 & t_{33}^{*} \end{pmatrix} = \text{const } c^4\, x_2^2 \begin{pmatrix} \dfrac{1}{\varkappa} & 0 & 0 \\ 0 & \dfrac{2}{\varkappa+1} & 0 \\ 0 & 0 & 1 \end{pmatrix} =
$$

$$
= \frac{1}{2}\, C^2\, |\operatorname{rot} \mathfrak{v}|\, x_2^2 \begin{pmatrix} \dfrac{1}{\varkappa} & 0 & 0 \\ 0 & \dfrac{2}{\varkappa+1} & 0 \\ 0 & 0 & 1 \end{pmatrix}
$$

$$\tag{19}$$

mit den beiden Konstanten $\varkappa$ und $\frac{1}{2}\,C^2 = \text{const } \varepsilon\,\tau\,s^2$. Diese ausführliche Formel für C gibt einen Begriff davon, wie komplexer Art die Wirkung der Wandrauhigkeit auf die Strömung ist.

Damit ist zunächst für ein erstes, einfaches Beispiel die Aufgabe der theoretischen Untersuchung vollständig zu Ende geführt und der Turbulenztensor explizit gewonnen. Nur die beiden Konstanten C und $\varkappa$ der Gleichung (19), zu denen bei der verfeinerten Untersuchung der Vorgänge in unmittelbarer Wandnähe noch eine dritte Konstante in Kap. VI, Abschn. 3, hinzukommt, sind noch unbekannt. Ihre Ermittlung geschieht im folgenden Kapitel aus dem experimentellen Befund.

Es möge dahingestellt bleiben, ob die zahlenmäßige Ermittlung dieser Größen allein mit Hilfe theoretischer Überlegungen möglich ist, so daß in dieser Richtung die Fortführung der Theorie zu suchen wäre. Gegen die Erfolgsmöglichkeit eines solchen Versuches spricht die Tatsache, daß auch die numerische Berechnung der in der Navier-Stokesschen Theorie vorkommenden kinematischen Zähigkeit ν auf rein theoretischem Wege nicht möglich ist, weder mit den Hilfsmitteln der kinetischen Gastheorie, die nur deren Zusammenhang mit anderen empirischen Daten, mittlerer freier Weglänge, Druck usw. aufklärt, und noch viel weniger mit der Theorie der idealen Flüssigkeit.

Die Aufgabe einer Erweiterung der Theorie des Turbulenztensors besteht dagegen in einer ganz anderen Richtung. Der Turbulenztensor, der in diesem Kapitel nur für die einfachste Anordnung, nämlich für den von einer Ebene begrenzten Halbraum und da unter der Bedingung, daß die Vorgänge an der die Flüssigkeit begrenzenden ebenen Wand vom Ort unabhängig sind, berechnet wurde, ist ein anderer und anderer für die verschiedenen hydrodynamischen Probleme. Während die Navier-Stokesschen Gleichungen nicht von der besonderen Anordnung der Strömung abhängen und die Wände nur bei ihrer Integration in Gestalt von Randbedingungen in die Rechnung eingehen, sind daher die Grundgleichungen der statistischen Hydrodynamik, die den Turbulenztensor

7*

enthalten, nicht die gleichen z. B. für die Strömung um einen Tragflügel und in einem Rohr von kreisförmigem Querschnitt.

Unsere Aufgabe besteht daher in der eingehenden Untersuchung der Abhängigkeit des Turbulenztensors von der Anordnung und den besonderen Bedingungen des Strömungsvorganges, ein Programm, das im Rahmen dieser Untersuchungen durchaus nicht erschöpfend behandelt werden kann. Wir werden zu diesem Zwecke in Kap. VI, Abschn. 1, den Turbulenztensor für das Kreisrohr und in Kap. VII, Abschn. 3, den Turbulenztensor für die unendlich ausgedehnte Halbebene als Wand berechnen und auch sonst wiederholt auf Fragen, die mit diesem Problemkreis in Zusammenhang stehen, zu sprechen kommen.

6. Die Grundgleichungen der statistischen Hydrodynamik.

Durch die Kenntnis des Turbulenztensors sind wir nun zum dritten Male in der Lage, die in Kap. III, Abschn. 2, entwickelte statistische Theorie der Strömungsvorgänge durch Angabe der Streuungen b_{ik} als Funktionen der übrigen in den Gleichungen vorkommenden Größen zu einer in sich geschlossenen Theorie zu machen. Die b_{ik} sind nach dem nunmehrigen Stand unserer Kenntnisse die Summe aus der kinematischen Zähigkeit ν und den betreffenden Komponenten des Turbulenztensors gemäß der Gleichung

$$(b_{ik}) = \begin{pmatrix} \nu & 0 & 0 \\ 0 & \nu & 0 \\ 0 & 0 & \nu \end{pmatrix} + \begin{pmatrix} \pi_{11} & \pi_{12} & \pi_{13} \\ \pi_{12} & \pi_{22} & \pi_{23} \\ \pi_{13} & \pi_{23} & \pi_{33} \end{pmatrix}. \tag{20}$$

In Kap. III wurden zwei Varianten der Theorie entwickelt, in bezug auf die sowohl die Theorie der idealen Flüssigkeit, wie auch die Navier-Stokessche Theorie noch keine Entscheidung fällen konnte, da bei diesen Spezialisierungen beide miteinander identisch werden. Nach der einen Auffassung betreffen die Diffusionsvorgänge mit den errechneten Übergangswahrscheinlichkeiten den Impuls, nach der anderen Auffassung die Rotation. Unsere nächste Aufgabe besteht nun darin, zwischen beiden Theorien die Entscheidung zu treffen.

Wir betrachten zu diesem Zweck ein besonders einfaches Beispiel, nämlich eine ebene Strömung entlang einer ebenen Wand, die die unendlich ausgedehnte Flüssigkeit begrenzt. Diese Strömung soll überdies von der Koordinate in Strömungsrichtung unabhängig und stationär sein. Druckgefälle sei in Strömungsrichtung nicht vorhanden. Dieser Strömungsvorgang ist zwar nicht rein realisierbar, aber als Grenzfall untersuchter Strömungen wohl bekannt.

Da der Vorgang von der Koordinate 3 unabhängig ist und außerdem $u_2 = 0$, $\dfrac{\partial u_1}{\partial y_1} = 0$, $\dfrac{\partial u_1}{\partial t} = 0$ und $\dfrac{\partial p}{\partial y_1} = 0$ werden, reduzieren sich die

Bewegungsgleichungen der klassischen Hydrodynamik [Gleichung (24), Kap. III] in diesem Fall mit $\tau_{12} = \tau$ auf

$$\frac{d\,\tau}{d\,y_2} = 0, \quad \tau = \tau_0 = \text{const.} \tag{21}$$

Ein Vergleich mit den Grundgleichungen (19), Kap. III, der ersten Theorie, die sich ebenfalls weitgehend vereinfachen, liefert für den betrachteten Vorgang

$$\frac{1}{\varrho}\frac{d\,\tau}{d\,y_2} = \frac{d^2}{d\,y_2^2}\left((\nu + \pi_{22})\,u_1\right), \tag{22}$$

während nach der zweiten Theorie [Gleichung (21), Kap. III]

$$\frac{1}{\varrho}\frac{d\,\tau}{d\,y_2} = \frac{d}{d\,y_2}\left((\nu + \pi_{22})\frac{d\,u_1}{d\,y^2}\right) \tag{23}$$

wird. Nach Gleichung (19) ist

$$\pi_{22} = \frac{C^2}{1+\varkappa}\,y_2^2\left|\frac{d\,u_1}{d\,y_2}\right|;$$

die kinematische Zähigkeit ν soll gegenüber π_{22} hier vernachlässigt werden.

Nun folgen durch Integration, da die Schubspannung $\tau = \tau_0$ konstant ist, nach den beiden Theorien die Gleichungen:

1. Theorie:
$$\frac{\tau_0}{\varrho}\,y_1 = \frac{C^2}{1+\varkappa}\,y_2^2\left|\frac{d\,u_1}{d\,y_2}\right|u_1$$

2. Theorie:
$$\frac{\tau_0}{\varrho} = \frac{C^2}{1+\varkappa}\left|\frac{d\,u_1}{d\,y_2}\right|\cdot\frac{d\,u_1}{d\,y_2}.$$

Endlich folgen für die Geschwindigkeitsprofile die beiden Gesetze

1. Theorie:
$$u_1\,(y_2) = \sqrt{\alpha + \beta \log y_2}$$

2. Theorie:
$$u_1\,(y_2) = \alpha + \beta \log y_2.$$

Damit fällt aber die Entscheidung für die zweite Theorie, denn wie in Kap. VI, Abschn. 3, eingehend dargelegt wird, ist das mit ihr, aber nicht mit der ersten Theorie in Einklang stehende logarithmische Wandgesetz eine der am besten experimentell bestätigten Gesetzmäßigkeiten turbulenter Strömungen. Wir erhalten damit den Satz, daß nicht der Impuls, sondern die Rotation bei den Turbulenzerscheinungen in der durch die Übergangswahrscheinlichkeiten beschriebenen Weise diffundiert, so daß die Gleichungen (21), Kap. III, die Grundgleichungen der statistischen Hydrodynamik sind, deren Inhalt man kurz als „Diffusion der Rotation" bezeichnen kann.

Das Gleichungensystem unserer Theorie der statistischen Hydrodynamik lautet also nach Gleichung (21), Kap. III, mit konstanter Dichte auf Grund der bekannten Umformung mit Hilfe der Kontinuitätsgleichung

$$\sum_i \frac{\partial u_i}{\partial y_i} = 0$$

$$\frac{\partial Y_1}{\partial t} + \sum_i u_i \frac{\partial Y_1}{\partial y_i} = \nu \sum_i \frac{\partial^2 Y_1}{\partial y_i^2} + \sum_{ik} \frac{\partial^2}{\partial y_i \partial y_k} (\pi_{ik} Y_1) +$$

$$+ \sum_i \frac{\partial}{\partial y_i} \left(u_2 \frac{\partial u_i}{\partial y_3} - u_3 \frac{\partial u_i}{\partial y_2} \right)$$

$$\frac{\partial Y_2}{\partial t} + \sum_i u_i \frac{\partial Y_2}{\partial y_i} = \nu \sum_i \frac{\partial^2 Y_2}{\partial y_i^2} + \sum_{ik} \frac{\partial^2}{\partial y_i \partial y_k} (\pi_{ik} Y_2) +$$

$$+ \sum_i \frac{\partial}{\partial y_i} \left(u_3 \frac{\partial u_i}{\partial y_1} - u_1 \frac{\partial u_i}{\partial y_3} \right)$$

$$\frac{\partial Y_3}{\partial t} + \sum_i u_i \frac{\partial Y_3}{\partial y_i} = \nu \sum_i \frac{\partial^2 Y_3}{\partial y_i^2} + \sum_{ik} \frac{\partial^2}{\partial y_i \partial y_k} (\pi_{ik} Y_3) +$$

$$+ \sum_i \frac{\partial}{\partial y_i} \left(u_1 \frac{\partial u_i}{\partial y_2} - u_2 \frac{\partial u_i}{\partial y_1} \right)$$

$$(24)$$

mit

$$Y_1 = \frac{\partial u_3}{\partial y_2} - \frac{\partial u_2}{\partial y_3}, \quad Y_2 = \frac{\partial u_1}{\partial y_3} - \frac{\partial u_3}{\partial y_1}, \quad Y_3 = \frac{\partial u_2}{\partial y_1} - \frac{\partial u_1}{\partial y_2}. \tag{25}$$

Dabei sind u_1, u_2, u_3, die drei Komponenten der mittleren Geschwindigkeit des Materietransportes, also identisch mit unserer makroskopischen turbulenten Geschwindigkeit $\mathfrak{v}$ und Y_1, Y_2, Y_3 sind daher die drei Komponenten der mittleren turbulenten Rotation $\mathfrak{Y}$.

Wir stellen an diesen Gleichungen vor allem fest, daß sie durch die Annahme $\mathfrak{Y} = 0$ befriedigt werden, daß also eine Potentialströmung im Mittel stets eine mögliche Lösung ist. Der im v. Misesschen Zitat der Einleitung hervorgehobene Sachverhalt, daß „bei Außerachtlassen der Pulsation das Verhalten der wirklichen Flüssigkeit annähernd das einer reibungsfreien wird", ist also in der Theorie der statistischen Hydrodynamik als einfacher Satz enthalten.

Zu diesem Gleichungensystem kommt nach Gleichung (22), Kap. III, noch die Beziehung

$$\sum_{ikl} \frac{\partial^3}{\partial y_i \partial y_k \partial y_l} (\pi_{ik} Y_l) = 0 \tag{26}$$

hinzu, die eine Bedingung für die Komponenten des Turbulenztensors darstellt. Diese Gleichung ist nämlich in der oben angegebenen Gestalt [Gleichung (22), Kap. III] für ideale Flüssigkeiten ($b_{ik} = 0$) und für zähe Flüssigkeiten ($b_{ik} = \nu =$ const) eine Trivialität. Es gibt daher zu ihr kein Analogon in der klassischen Hydrodynamik. Außerdem ist diese Gleichung auch für ebene Probleme der statistischen Hydrodynamik, mit denen wir uns vorwiegend zu befassen haben, wegen

$$Y_1 = Y_2 = \frac{\partial Y_3}{\partial y_3} = 0$$

eine Identität. Diese Beziehung kann also nur bei räumlichen turbulenten Strömungen, z. B. bei der turbulenten Strömung in einem Kanal von rechteckigem Querschnitt von Bedeutung werden. Es ist vielleicht zu vermuten, daß sie dort mit der sog. „Sekundärströmung" zusammenhängt.

Das Gleichungensystem der statistischen Hydrodynamik vereinfacht sich wesentlich für ebene Probleme. Da in diesem Fall für die mittlere Rotation nur die Richtung 3 in Frage kommt, verschwinden Y_1 und Y_2, so daß von den drei Diffusionsgleichungen der Rotation nur eine einzige übrig bleibt. Wir führen für diese einzige Komponente Y_3 der Rotation den Buchstaben Z ein. Außerdem verschwindet in dieser Gleichung der Ausdruck

$$\sum_i \frac{\partial}{\partial y_i}\left(u_1 \frac{\partial u_i}{\partial y_2} - u_2 \frac{\partial u_i}{\partial y_1}\right) \qquad i = 1,2$$

infolge der Kontinuitätsgleichung identisch. Das System der Gleichungen (24) und (25) reduziert sich daher auf

$$\left.\begin{aligned}
&\frac{\partial u_1}{\partial y_1} + \frac{\partial u_2}{\partial y_2} = 0 \\
&\frac{\partial Z}{\partial t} + u_1\frac{\partial Z}{\partial y_1} + u_2\frac{\partial Z}{\partial y_2} = \nu \triangle Z + \frac{\partial^2}{\partial y_1^2}(\pi_{11}Z) + 2\frac{\partial^2}{\partial y_1 \partial y_2}(\pi_{12}Z) + \frac{\partial^2}{\partial y_2^2}(\pi_{22}Z) \\
&Z = \frac{\partial u_2}{\partial y_1} - \frac{\partial u_1}{\partial y_2}
\end{aligned}\right\} \quad (27)$$

Es ist noch darauf hinzuweisen, daß infolge der Gleichung (26) an den drei Diffusionsgleichungen für die Rotation die Operation ausgeführt werden kann, die im Aufbau eines Vektorfeldes aus seinen Wirbeln besteht. Bei dieser Integration ist der Ausdruck $-\frac{1}{\varrho}\,\mathrm{grad}\,p$ als Integrationskonstante den entstehenden Gleichungen beizufügen. Das Resultat dieser Rechnung ist, wie schon in Kap. III, Abschn. 2, festgestellt wurde, ein System von Impulsgleichungen, die hier in der statistischen Hydrodynamik zum Unterschied von der Theorie der idealen Flüssigkeit und der Navier-Stokesschen Theorie nicht Differentialgleichungen sondern Integrodifferentialgleichungen sind.

Über den Gültigkeitsbereich der statistischen Hydrodynamik gibt die in der Theorie des Turbulenztensors vorkommende Verweilzeit Auskunft, über die wir hier vorgreifend mitteilen, daß sie von der Größenordnung Sekunden ist. In den hydrodynamischen Gleichungen, die auf Grund der statistischen Auffassung abgeleitet wurden, bedeuten die Geschwindigkeiten u_1, u_2, u_3 stets Mittelwerte über die Zeit. Entscheidend ist nun die Größe der zu diesen Mittelbildungen benutzten Zeitspanne. Zunächst ist sicher diese Zeit, die zur Beobachtung notwendig ist, größer als die Verweilzeit der Vorgänge am Gasmodell, die zur Entstehung der Streuungsgröße ν, der kinematischen Zähigkeit Anlaß geben, denn bei Luft ist jene Verweilzeit etwa 10^{-10} s.　Daher besteht die Alternative bei den wirklichen Strömungen nur zwischen statistischer und Navier-Stokesscher Hydrodynamik.

Ist nun die zur Mittelbildung verwendete Zeitspanne groß im Vergleich zur Verweilzeit t^* des Turbulenztensors, dann gelten die Gleichungen der statistischen Hydrodynamik in der angeschriebenen Gestalt. Ist dagegen diese Zeitspanne klein im Vergleich zur Verweilzeit t^*, dann verschwindet der Turbulenztensor nach den allgemeinen Ergebnissen über die Streuungsgröße b_{ik} (vgl. Kap. IV, Abschn. 3, besonders Abb. 10) mehr und mehr mit abnehmendem Zeitintervall und das Gleichungensystem der statistischen Hydrodynamik reduziert sich auf die Gleichungen der Navier-Stokesschen Theorie. Wir erhalten damit das Ergebnis, daß die Navier-Stokesschen Gleichungen der Hydrodynamik stets für die Flüssigkeitsbewegungen „im kleinen" gelten, und daß sie bei Verfeinerung der Beobachtung die hydrodynamischen Erscheinungen immer vollkommener wiedergeben müssen. Ebensowenig wie aber die Navier-Stokesschen Gleichungen durch Differentiation aus den Gleichungen der statistischen Hydrodynamik hervorgehen, sondern vielmehr durch einen für die physikalische Statistik charakteristischen Grenzübergang, der deren ganze Problematik enthält, ebensowenig entsteht die statistische Hydrodynamik aus der Navier-Stokesschen Theorie durch Integration. Das Turbulenzproblem ist daher nicht ein Integrationsproblem der klassischen Hydrodynamik, sondern die Frage nach einem mit ausgeprägten eigenen Gesetzen ausgestatteten Erscheinungsgebiet der Physik, dessen Theorie der statistischen Mechanik angehört.

VI. Turbulente Strömungen in Kreisrohren.

1. Der Turbulenztensor für das Kreisrohr.

Die umfassendsten und genauesten Meßergebnisse, die die experimentelle Turbulenzforschung bisher gewonnen hat, beziehen sich auf turbulente Strömungen in Kreisrohren. Dies rührt einerseits von der großen Bedeutung der Kreisrohre für die Technik her, wie ja überhaupt ein beträchtlicher Teil der grundlegenden Arbeiten zum Turbulenzproblem aus Ingenieurkreisen stammt, anderseits von der Tatsache, daß Kreisrohre mit besonders großer Genauigkeit angefertigt und vermessen werden können und daher den Versuchen an Kreisrohren auch wissenschaftlich eine besondere Bedeutung zukommt. Jedenfalls wurde der überwiegende Teil aller Messungen an turbulenten Strömungen in Kreisrohren vorgenommen und vor allem wurde das großartigste Versuchsmaterial zur Turbulenzforschung, das heute vorliegt, an Kreisrohren gewonnen, nämlich die Messungen Nikuradses an turbulenten Strömungen in glatten und rauhen Rohren, die im Kaiser Wilhelm-Institut für Strömungsforschung zu Göttingen bei Professor Prandtl in den letzten Jahren vorgenommen wurden.

Aus diesem Grund müssen unsere Ansätze beim gegenwärtigen Stand der Turbulenzforschung am Beispiel der gleichförmigen Strömung in einem geraden, kreiszylindrischen Rohr die sicherste und umfassendste Bestätigung finden. Zu diesem Zwecke ist zunächst die Theorie der Strömung im Kreisrohr zu entwickeln, d. h. es ist der Turbulenztensor für das gerade Kreisrohr zu berechnen. Diese Rechnung verläuft durchaus analog zur Berechnung des Turbulenztensors für den von einer Ebene begrenzten Halbraum, die in Kap. V durchgeführt worden ist.

Wir führen nun ein rechtwinkliges Koordinatensystem in der Weise ein, daß wir als x-Achse die Rohrachse wählen, während die y- und die z-Achse in derjenigen Lotebene zur Rohrachse liegen, die den Aufpunkt P enthält, für den der Turbulenztensor berechnet werden soll, und zwar wird als y-Achse das Lot von P auf die Rohrachse gewählt. Der Aufpunkt P besitzt demnach die Koordinaten

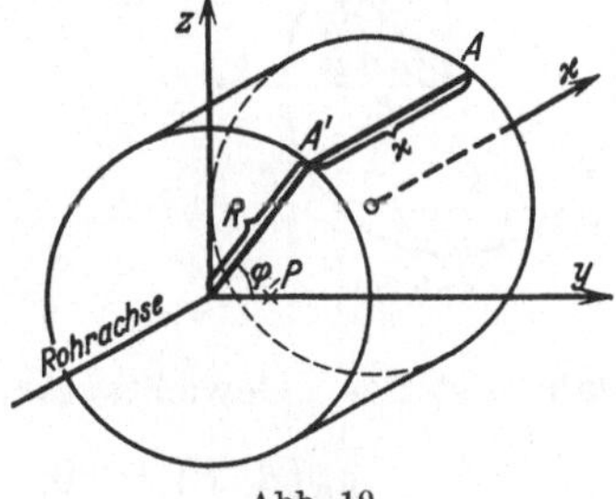

Abb. 19.

$$P\,(x, y, z) = P\,(0, y, 0).$$

Weiter werden in der y, z-Ebene Polarkoordinaten verwendet, bei denen das Argument φ der Winkel zwischen dem Fahrstrahl und der y-Achse ist. Ist R der Radius des Kreisrohres, so werden die Koordinaten für einen beliebigen Punkt A der Rohrwand im Abstand x von der y, z-Ebene $A\,(x, \varphi, R)$.

Wie oben ist nun die Berechnung des Kollektivs der infinitesimalen Zusatzgeschwindigkeiten $\varDelta K\,(P)$ im Aufpunkt aus den beiden Bestandteilen $K_p\,(A)$ und $K_q\,(A)$ der elementaren zweidimensionalen Wandkollektivs $K_w\,(A)$ getrennt zu führen. Dabei sind die Elemente von $K_p\,(A)$ neuentstehende Wirbelelemente parallel zu den Mantellinien des Kreisrohrs und die zugehörige Streuung sei wie oben $s^2\,(A)$. Entsprechend sind die Elemente von $K_q\,(A)$ Wirbelelemente mit der Streuung $\varkappa\,s^2\,(A)$. Das Kollektiv $K_q\,(A)$ besitzt im Gegensatz zum Kollektiv $K_p\,(A)$ einen nicht verschwindenden Erwartungswert; jedoch ist dieser für den Turbulenztensor ohne Belang.

Es wird nun zunächst die Rechnung für die Wirbelanteile in Richtung der Mantellinien durchgeführt. Wie oben besteht die erste Aufgabe in der Feststellung des Gewichtsvektors $\mathfrak{g}_p\,(A, P)$, mit dem ein Element von $K_p\,(A)$ im Aufpunkt P wirksam ist. Wir führen nun folgende aus Abb. 20 ersichtlichen Hilfsgrößen ein:

r: Radiusvektor PA, also

$$r^2 = (R \cos \varphi - y)^2 + R^2 \sin^2 \varphi + x^2 =$$
$$= R^2 + y^2 - 2\,R\,y \cos \varphi + x^2.$$

h: senkrechter Abstand Aufpunkt—Wirbelachse;
zugleich Projektion von r in die y, z-Ebene

$$h^2 = R^2 + y^2 - 2\,R\,y\cos\varphi.$$

α: Winkel zwischen dieser Projektion h in der y, z-Ebene und der y-Achse, also

$$\sin\alpha = \frac{R\sin\varphi}{h}; \qquad \cos\alpha = \frac{R\cos\varphi - y}{h};$$

Der durch das Wirbelelement Γ an der Stelle A im Aufpunkt P hervorgerufene Geschwindigkeitsvektor $\mathfrak{u}$ hat den Absolutwert

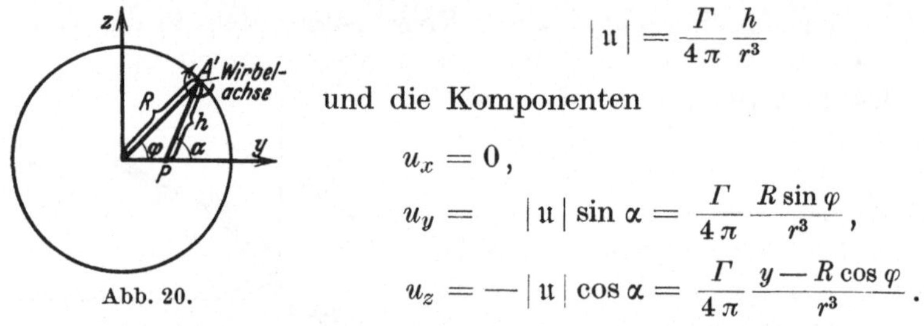

Abb. 20.

$$|\mathfrak{u}| = \frac{\Gamma}{4\,\pi}\,\frac{h}{r^3}$$

und die Komponenten

$$u_x = 0,$$

$$u_y = \quad |\mathfrak{u}|\sin\alpha = \frac{\Gamma}{4\,\pi}\,\frac{R\sin\varphi}{r^3},$$

$$u_z = -\,|\mathfrak{u}|\cos\alpha = \frac{\Gamma}{4\,\pi}\,\frac{y - R\cos\varphi}{r^3}.$$

Daher ist der „Gewichtsvektor" $\mathfrak{g}_p\,(A, P)$:

$$\mathfrak{g}_p\,(A, P) = \left(0,\ \frac{1}{4\,\pi}\,\frac{R\sin\varphi}{r^3},\ \frac{1}{4\,\pi}\,\frac{y - R\cos\varphi}{r^3}\right) \tag{1}$$

Nach der Methode von Kap. V erhält man bei Verwendung der dort eingeführten Größen ε und τ den Streuungstensor der infinitesimalen Zusatzgeschwindigkeiten im Aufpunkt, soweit sie von den Elementarkollektivs $K_p\,(A)$ herrühren, aus $\mathfrak{g}_p\,(A, P)$ durch

$$(\varDelta s_{p\,ik}^2\,(P)) = 2\,\varepsilon\,\tau\,s^2\,\varDelta\,t \iint (\mathfrak{g}_p\,(A, P)\,\mathfrak{g}_p\,(A, P))\,dF. \tag{2}$$

Dabei ist die Integration über die ganze Oberfläche des Kreisrohres zu erstrecken.

Auf Grund der Gleichung (1) ist

$$\varDelta s_{p\,xx}^2 = \varDelta s_{p\,xy}^2 = \varDelta s_{p\,xz}^2 = 0.$$

Außerdem verschwindet, wie eine einfache Rechnung zeigt, auch die Komponente $\varDelta s_{p\,yz}^2$, so daß nur zwei Komponenten dieses Tensors endlich sind. Fassen wir nun die konstanten Größen von (2) durch

$$\frac{2\,\varepsilon\,\tau\,s^2}{16\,\pi^2} = B \tag{2a}$$

zur Konstanten B zusammen, so wird also

$$(\varDelta s_{p\,ik}^2\,(P)) = B\,\varDelta\,t \begin{pmatrix} 0 & 0 & 0 \\ 0 & \psi_1 & 0 \\ 0 & 0 & \psi_2 \end{pmatrix} \tag{3}$$

mit

$$\psi_1 = \iint \frac{R^2\sin^2\varphi}{r^6}\,dF \quad\text{und}\quad \psi_2 = \iint \frac{(y - R\cos\varphi)^2}{r^6}\,dF. \tag{4}$$

Diese Integrale lauten mit

$$dF = R\,dx\,d\varphi \quad \text{und} \quad r^2 = R^2 + y^2 - 2\,R\,y\cos\varphi + x^2 = h^2 + x^2$$

ausführlich

$$\psi_1 = R^3 \int\limits_{-\infty}^{+\infty}\int\limits_0^{2\pi} \frac{\sin^2\varphi\,dx\,d\varphi}{(h^2+x^2)^3}\,; \qquad \psi_2 = R \int\limits_{-\infty}^{+\infty}\int\limits_0^{2\pi} \frac{(y - R\cos\varphi)^2\,dx\,d\varphi}{(h^2+x^2)^3}\,. \qquad (4\,\text{a})$$

Die Integration über x kann sofort erledigt werden. Es ist

$$\int\limits_{-\infty}^{+\infty} \frac{dx}{(h^2+x^2)^3} = \frac{3\,\pi}{8\,h^5}$$

und daher

$$\psi_1 = \frac{3\,\pi}{8}\,R^3 \int\limits_0^{2\pi} \frac{\sin^2\varphi\,d\varphi}{(R^2+y^2-2\,R\,y\cos\varphi)^{5/2}}\,; \qquad \psi_2 = \frac{3\,\pi}{8}\,R \int\limits_0^{2\pi} \frac{(y - R\cos\varphi)^2\,d\varphi}{(R^2+y^2-2\,R\,y\cos\varphi)^{5/2}}\,.$$

Die beiden Größen ψ_1 und ψ_2, die als Funktionen des Aufpunktes P eingeführt waren, hängen also nur vom Achsenabstand y des Aufpunktes ab, wie es wegen der Kreissymmetrie des Rohres auch zu erwarten war. Nun wird endlich noch der Rohrradius R als Längeneinheit gewählt und an Stelle von y die unabhängige Variable

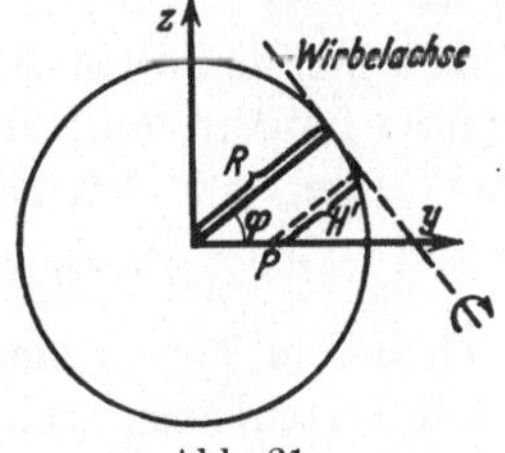

$$\eta = \frac{y}{R} \qquad (5)$$

eingeführt. Auf diese Weise entsteht das Resultat

$$\left.\begin{aligned}
\psi_1(\eta) &= \frac{3\,\pi}{8\,R^2} \int\limits_0^{2\pi} \frac{\sin^2\varphi\,d\varphi}{(1+\eta^2-2\,\eta\cos\varphi)^{5/2}} \\[2ex]
\psi_2(\eta) &= \frac{3\,\pi}{8\,R^2} \int\limits_0^{2\pi} \frac{(\eta-\cos\varphi)^2\,d\varphi}{(1+\eta^2-2\,\eta\cos\varphi)^{5/2}}
\end{aligned}\right\} \qquad (6)$$

Die entsprechende Rechnung ist nun auch für Wirbelelemente senkrecht zu den Mantellinien des Kreisrohres, wie sie als Elemente des Kollektivs $K_q(A)$ vorkommen, durchzuführen. Für diese Rechnung führen wir gemäß Abb. 21 noch folgende Hilfsgrößen ein:

r: Radiusvektor PA wie oben

$$r^2 = R^2 + y^2 - 2\,Ry\cos\varphi + x^2.$$

H: senkrechter Abstand Aufpunkt—Wirbelachse

$$H^2 = (R - y\cos\varphi)^2 + x^2.$$

H': Projektion von H auf die y,z-Ebene

$$H' = R - y\cos\varphi.$$

ϑ: Winkel zwischen H und H', also

$$\sin \vartheta = \frac{x}{H}, \qquad \cos \vartheta = \frac{R - y \cos \varphi}{H}.$$

Nun hat der durch das Wirbelelement Γ an der Stelle A im Aufpunkt P hervorgerufene Geschwindigkeitsvektor mit dem Absolutbetrag

$$|\mathfrak{u}| = \frac{\Gamma}{4\,\pi}\,\frac{H}{r^3}$$

die Komponenten

$$u_x = |\mathfrak{u}|\cos\vartheta \qquad\;\; = \frac{\Gamma}{4\,\pi}\,\frac{(R - y\cos\varphi)}{r^3},$$

$$u_y = |\mathfrak{u}|\sin\vartheta\cos\varphi = \frac{\Gamma}{4\,\pi}\,\frac{x\cos\varphi}{r^3},$$

$$u_z = |\mathfrak{u}|\sin\vartheta\sin\varphi = \frac{\Gamma}{4\,\pi}\,\frac{x\sin\varphi}{r^3}.$$

Daher ist der „Gewichtsvektor" $\mathfrak{g}_q\,(A,\,P)$:

$$\mathfrak{g}_q\,(A,\,P) = \left(\frac{1}{4\,\pi}\,\frac{R - y\cos\varphi}{r^3}, \quad \frac{1}{4\,\pi}\,\frac{x\cos\varphi}{r^3}, \quad \frac{1}{4\,\pi}\,\frac{x\sin\varphi}{r^3}\right). \tag{7}$$

Mit seiner Hilfe erhält man den Streuungstensor der Zusatzgeschwindigkeiten im Aufpunkt, die von den Kollektivs $K_q\,(A)$ mit der Streuung $\varkappa\,s^2$ herrühren, mit den Abkürzungen wie oben in der Form

$$(\varDelta\,s_{q\,ik}^2\,(P)) = \varkappa \cdot 2\,\varepsilon\,\tau\,s^2\,\varDelta\,t \int\!\!\int (\mathfrak{g}_q\,(A,\,P)\,\mathfrak{g}_q\,(A,\,P))\,dF. \tag{8}$$

Bei diesem Tensor sind die drei Komponenten der Hauptdiagonale von Null verschieden, während die gemischten Komponenten identisch verschwinden, wie eine einfache Rechnung zeigt. Mit B nach Gleichung (2a) wird

$$(\varDelta\,s_{q\,ik}^2\,(P)) = \varkappa\,B\,\varDelta\,t \begin{pmatrix} \psi_3 & 0 & 0 \\ 0 & \psi_4 & 0 \\ 0 & 0 & \psi_5 \end{pmatrix} \tag{9}$$

mit

$$\psi_3 = \int\!\!\int \frac{(R - y\cos\varphi)^2}{r^6}\,dF, \quad \psi_4 = \int\!\!\int \frac{x^2\cos^2\varphi}{r^6}\,dF, \quad \psi_5 = \int\!\!\int \frac{x^2\sin^2\varphi}{r^6}\,dF. \tag{9a}$$

In diesen Ausdrücken ist wiederum $dF = R\,dx\,d\varphi$ und $r^2 = h^2 + x^2$. Die Integration über dx wird sofort erledigt, denn es ist

$$\int\limits_{-\infty}^{+\infty} \frac{dx}{(h^2 + x^2)^3} = \frac{3\,\pi}{8\,h^5}; \qquad \int\limits_{-\infty}^{+\infty} \frac{x^2\,dx}{(h^2 + x^2)^3} = \frac{\pi}{8\,h^3}.$$

Wird endlich noch die Variable y wie oben durch $\eta = \dfrac{y}{R}$ ersetzt, so entsteht das Resultat

$$\left.\begin{aligned}
\psi_3\,(\eta) &= \frac{3\,\pi}{8\,R^2}\int\limits_0^{2\,\pi} \frac{(1 - \eta\cos\varphi)^2\,d\varphi}{(1 + \eta^2 - 2\,\eta\cos\varphi)^{5/2}} \\[2ex]
\psi_4\,(\eta) &= \frac{\pi}{8\,R^2}\int\limits_0^{2\,\pi} \frac{\cos^2\varphi\,d\varphi}{(1 + \eta^2 - 2\,\eta\cos\varphi)^{3/2}} \\[2ex]
\psi_5\,(\eta) &= \frac{\pi}{8\,R^2}\int\limits_0^{2\,\pi} \frac{\sin^2\varphi\,d\varphi}{(1 + \eta^2 - 2\,\eta\cos\varphi)^{3/2}}
\end{aligned}\right\} \tag{10}$$

Für die weiteren Untersuchungen von besonderem Interesse ist der Turbulenztensor des Kreisrohres in der Nähe der Wand und in der Rohrachse. Daher sollen auch die Werte der Funktionen ψ_1 bis ψ_5 für $\eta = 0$ und Näherungsformeln dieser Funktionen für η nahe an 1 bereitgestellt werden. Für $\eta = 0$ wird

$$\psi_1(0) = \psi_2(0) = \frac{3\pi^2}{8R^2}; \quad \psi_3(0) = \frac{6\pi^2}{8R^2}; \quad \psi_4(0) = \psi_5(0) = \frac{\pi^2}{8R^2}. \tag{11}$$

Für Werte der Veränderlichen nahe bei 1 ergibt sich z. B. für ψ_1 eine Näherungsformel auf folgende Weise. Es handelt sich um den Fall, daß der Aufpunkt sehr nahe der Wand liegt. In diesem Falle liefern nur jene Teile der Wand nennenswerte Beiträge, die nahe dem Aufpunkt und damit nahe der y-Achse liegen. Für diese ist das Argument φ klein. Daher können in den Integralen für die Funktionen ψ $\sin\varphi$ durch φ und $\cos\varphi$ durch $1 - \frac{1}{2}\varphi^2$ ersetzt werden. Gleichzeitig werden die Integrationsgrenzen 0 und 2π, oder was das gleiche ist, $-\pi$ und $+\pi$ für die Näherungsdarstellung durch die Grenzen $-\infty$ und $+\infty$ ersetzt. So erhält man für $\psi_1(\eta)$

$$\psi_1(\eta) = \frac{3\pi}{8R^2} \int\limits_{-\pi}^{+\pi} \frac{\sin^2\varphi\, d\varphi}{(1 + \eta^2 - 2\eta\cos\varphi)^{5/2}} = \frac{3\pi}{8R^2} \int\limits_{-\infty}^{+\infty} \frac{\varphi^2\, d\varphi}{[(1-\eta)^2 + \varphi^2 - (1-\eta)\varphi^2]^{5/2}} =$$

$$= \frac{3\pi}{8R^2} \int\limits_{-\infty}^{+\infty} \frac{\varphi^2\, d\varphi}{((1-\eta)^2 + \varphi^2)^{5/2}} \left(1 - \frac{(1-\eta)\varphi^2}{(1-\eta)^2 + \varphi^2}\right)^{-5/2} =$$

$$= \frac{3\pi}{8R^2} \left\{ \int\limits_{-\infty}^{+\infty} \frac{\varphi^2\, d\varphi}{((1-\eta)^2 + \varphi^2)^{5/2}} + \frac{5}{2} \int\limits_{-\infty}^{+\infty} \frac{(1-\eta)\varphi^4\, d\varphi}{((1-\eta)^2 + \varphi^2)^{7/2}} \right\} =$$

$$= \frac{3\pi}{8R^2} \frac{1}{(1-\eta)^2} \left\{ \int\limits_{-\infty}^{+\infty} \frac{z^2\, dz}{(1 + z^2)^{5/2}} + \frac{5}{2}(1-\eta) \int\limits_{-\infty}^{+\infty} \frac{z^4\, dz}{(1 + z^2)^{7/2}} \right\} =$$

$$= \frac{3\pi}{8R^2} \frac{1}{(1-\eta)^2} \left[\frac{2}{3} + \frac{5}{2}(1-\eta)\frac{2}{5} \right] = \frac{\pi}{4R^2} \left(\frac{1}{(1-\eta)^2} + \frac{3}{2}\frac{1}{1-\eta} \right).$$

Auf die gleiche Weise erhält man auch für die anderen Funktionen ψ entsprechende Näherungsformeln.

$$
\left.
\begin{aligned}
\psi_1(\eta) &= \frac{\pi}{4R^2}\left(\frac{1}{(1-\eta)^2} + \frac{3}{2}\frac{1}{1-\eta} + o(1)\right) \\[1ex]
\psi_2(\eta) &= \frac{\pi}{4R^2}\left(\frac{2}{(1-\eta)^2} + \qquad\quad + o(1)\right) \\[1ex]
\psi_3(\eta) &= \frac{\pi}{4R^2}\left(\frac{2}{(1-\eta)^2} + \frac{2}{1-\eta} + o(1)\right) \\[1ex]
\psi_4(\eta) &= \frac{\pi}{4R^2}\left(\frac{1}{(1-\eta)^2} + \frac{1}{2}\frac{1}{1-\eta} + o(1)\right) \\[1ex]
\psi_5(\eta) &= o(1)
\end{aligned}
\right\} \tag{12}
$$

Der Streuungstensor des vollständigen Kollektivs der infinitesimalen Zusatzgeschwindigkeiten im Aufpunkt entsteht durch Zusammenfassung der Gleichungen (3) und (9).

$$(\varDelta\, s_{ik}^2\,(P)) = B\,\varDelta\, t \begin{pmatrix} \varkappa\,\psi_3 & 0 & 0 \\ 0 & \psi_1 + \varkappa\,\psi_4 & 0 \\ 0 & 0 & \psi_2 + \varkappa\psi_5 \end{pmatrix}. \tag{13}$$

Mit seiner Hilfe kann nun nach den Ergebnissen von Kap. V der Turbulenztensor für das Kreisrohr unmittelbar hingeschrieben werden. Er lautet:

$$\varPi\,(P) = \frac{\pi}{4}\,C^2\,|\operatorname{rot}\mathfrak{v}| \begin{pmatrix} \dfrac{1}{\varkappa\,\psi_3} & 0 & 0 \\ 0 & \dfrac{1}{\psi_1 + \varkappa\,\psi_4} & 0 \\ 0 & 0 & \dfrac{1}{\psi_2 + \varkappa\,\psi_5} \end{pmatrix}. \tag{14}$$

Dabei ist für die Konstante die Schreibweise $\frac{\pi}{4}\,C^2$ gewählt worden, damit dieser Tensor sich bei Annäherung an die Wand auf den Turbulenztensor nach Gleichung (19), Kap. V, reduziert. Auf Grund der Gleichungen (12) nimmt nämlich der Turbulenztensor, wenn von diesen Näherungsformeln nur das erste Glied verwendet wird, die folgende Gestalt an:

$$\varPi\,(P) = \frac{C^2}{2}\,R^2\,(1 - \eta)^2\,|\operatorname{rot}\mathfrak{v}| \begin{pmatrix} \dfrac{1}{\varkappa} & 0 & 0 \\ 0 & \dfrac{2}{1 + \varkappa} & 0 \\ 0 & 0 & 1 \end{pmatrix}. \tag{15}$$

Da $R\,(1 - \eta) = R - y$ der Wandabstand ist, ist diese Form des Turbulenztensors identisch mit Gleichung (19), Kap. V, dem Ergebnis, das oben für den von einer ebenen Wand begrenzten Halbraum unmittelbar gefunden wurde.

Wichtig für die weiteren Untersuchungen ist außerdem der Turbulenztensor auf der Rohrachse. Er wird nach den Gleichungen (11):

$$\varPi\,(0) = \frac{2}{\pi}\,C^2\,R^2\,|\operatorname{rot}\mathfrak{v}| \begin{pmatrix} \dfrac{1}{6\varkappa} & 0 & 0 \\ 0 & \dfrac{1}{3+\varkappa} & 0 \\ 0 & 0 & \dfrac{1}{3+\varkappa} \end{pmatrix}. \tag{16}$$

Mit der Ermittlung des Turbulenztensors für das Kreisrohr sind nun die Grundlagen für die Theorie der turbulenten Strömung in kreisrunden Rohren gewonnen. In den nächsten Abschnitten wird diese Theorie in den Einzelheiten dargelegt und mit dem experimentellen Befund verglichen werden.

2. Analyse turbulenter Strömungen im Kreisrohr.

Mit der Herleitung des Turbulenztensors für das gerade Kreisrohr ist die Grundlage für die Theorie der turbulenten Strömung in solchen Rohren geschaffen. In den nächsten Abschnitten soll nun diese Theorie am Versuchsmaterial geprüft und der Zusammenhang mit der experimentellen Turbulenzforschung hergestellt werden. Wie in jedem Zweige der Physik sind auch beim Turbulenzproblem die experimentelle und die theoretische Forschung auf gegenseitige Ergänzung angewiesen. So enthält der Turbulenztensor in der aus der Theorie erschlossenen Gestalt noch die beiden Konstanten $\varkappa$ und C. Die Theorie macht weder über die Größe dieser Konstanten eine Aussage, noch läßt sie erkennen, ob diese Größen, die man wohl beim einzelnen Versuch als konstant zu betrachten berechtigt ist, so beschaffen sind, daß man sie mit ge-wissem Recht als universelle Konstante bezeichnen kann. Auf diese Frage liegt die Antwort bei den Experimenten. Sie soll für die beiden Größen $\varkappa$ und C in diesem Abschnitt gewonnen werden.

Als Versuchsmaterial stehen uns dabei die Messungen von Niku-radse zur Verfügung, die in den VDI-Forschungsheften 356 (Berlin 1932) und 361 (Berlin 1933) veröffentlicht sind. Diese Messungen be-ziehen sich alle auf die gleichförmige Strömung von Wasser in geraden kreisförmigen Rohren. Die Meßstelle war stets vom Einlauf so weit entfernt, daß die Messung sich nicht auf die Anlaufstrecke bezog, sondern auf die ausgebildete, stationäre Strömung. Die Messungen geschahen mit Wasser bei Temperaturen von 9—38⁰ C und dementsprechend ver-schiedener Zähigkeit in Rohren von 1—10 cm Durchmesser bei Ge-schwindigkeiten, die in der Rohrachse von 68,1 cm/s bis 2766 cm/s betrugen. Auf diese Weise wurde der Bereich von Reynoldsschen Zahlen zwischen $Re = 4 \cdot 10^3$ und $Re = 3240 \cdot 10^3$ untersucht. Es wurden eine große Anzahl von Geschwindigkeitsprofilen vermessen, und zwar sowohl in glatten als in rauhen Rohren. Für die Überlegungen, die in diesem Abschnitt angestellt werden, sind die Messungen in glatten Rohren von Belang.

Bei diesen Experimenten handelt es sich um den einfachsten Fall der Strömung im Kreisrohr, nämlich um stationäre Strömungen, bei denen die Geschwindigkeitsprofile überdies auch von der Koordinate x unabhängig sind. Wegen der Kreissymmetrie des Rohres sind auch diese mittleren Strömungen rotationssymmetrisch. Außerdem sind diese Strö-mungen im Mittel schichtartig, so daß die Geschwindigkeitsvektoren parallel zur Rohrachse liegen und nur die Geschwindigkeitskomponente u von Null verschieden ist. Wegen der Rotationssymmetrie genügt es, die Strömung nur in einer Ebene, die die Achse enthält, z. B. in der x, y-Ebene zu untersuchen. In dieser Ebene ist für den Impulsaustausch bei der vorliegenden stationären Strömung allein die Komponente τ_{xy} des Spannungstensors Φ maßgebend. Nach diesen Feststellungen reduzieren sich die Grundgleichungen für die hier zur Frage stehenden Strömungen auf die einfache Beziehung (mit $\tau = \tau_{xy}$):

$$\frac{\tau}{\varrho} = (\pi_{yy} + \nu)\frac{d\,u}{d\,y}. \qquad (17)$$

Es ist demnach für diese Strömungen nur die e i n z i g e Komponente

$$\pi_{yy} = \frac{\pi}{4}\,C^2\,\big|\,\mathrm{rot}\,\mathfrak{v}\,\big|\,\frac{1}{\psi_1 + \varkappa\,\psi_4} = \frac{\pi}{4}\,\frac{C^2}{\psi_1 + \varkappa\,\psi_4}\,\bigg|\frac{d\,u}{d\,y}\bigg| \qquad (18)$$

des Turbulenztensors (14) von Belang. Endlich gilt nach den bekannten Überlegungen für die Abhängigkeit der Schubspannung τ vom Aufpunkt P die Beziehung

$$\frac{\tau}{\varrho} = \frac{\tau_0}{\varrho}\frac{y}{R} = \frac{\tau_0}{\varrho}\,\eta\,, \qquad (19)$$

wo τ_0 den Wert der Schubspannung an der Wand bedeutet. Damit ist die Grundgleichung der stationären turbulenten Strömung im Kreisrohr

$$\frac{\tau}{\varrho} = \frac{\tau_0}{\varrho}\frac{y}{R} = \frac{\pi}{4}\,\frac{C^2}{\psi_1 + \varkappa\,\psi_4}\,\bigg|\frac{d\,u}{d\,y}\bigg|\frac{d\,u}{d\,y} + \nu\,\frac{d\,u}{d\,y} \qquad (20)$$

gewonnen.

Gleichungen, die dieser entsprechen, wurden in der Turbulenzforschung seit langer Zeit verwendet. Sie unterscheiden sich voneinander durch die Form, in der die rechte Seite dargestellt wird. Da der explizite Ausdruck für den Turbulenztensor noch nicht bekannt war, enthalten diese früheren Ansätze stets eine freie Funktion, die aus den Experimenten rückwärts ermittelt wurde.

In Analogie zur Gleichung für die laminare Strömung

$$\frac{\tau}{\varrho} = \nu\,\frac{d\,u}{d\,y} = \frac{\mu}{\varrho}\frac{d\,u}{d\,y}$$

wurde schon 1877 von B o u s s i n e s q für die bei turbulenter Strömung auftretende „scheinbare" Schubspannung der Ansatz

$$\frac{\tau}{\varrho} = \frac{A}{\varrho}\frac{d\,u}{d\,y} = \varepsilon\,\frac{d\,u}{d\,y} \qquad (21)$$

gemacht, wo die Austauschgröße A das turbulente Analogon zur Zähigkeitskonstanten μ darstellt. Die Größe $\varepsilon = \dfrac{A}{\varrho}$, die in derselben Weise der kinematischen Zähigkeit ν entspricht, wurde von N i k u r a d s e bei der Auswertung der Versuche angewendet. Die B o u s s i n e s q sche Austauschgröße A, für die Gleichung (20) den expliziten Ausdruck

$$\frac{A}{\varrho} = \varepsilon = \frac{\pi}{4}\,\frac{C^2}{\psi_1 + \varkappa\,\psi_4}\,\bigg|\frac{d\,u}{d\,y}\bigg| + \nu \qquad (22)$$

liefert, ist keine Konstante sondern eine Funktion des Ortes und der Geschwindigkeitsverteilung und ist daher unmittelbar für eine Diskussion sehr wenig geeignet.

Es war daher ein großer Fortschritt, als 1925 Prandtl auf Grund
anschaulicher Überlegungen seinen berühmten Mischungswegansatz fand

$$\frac{\tau}{\varrho} = l^2 \left| \frac{d\,u}{d\,y} \right| \frac{d\,u}{d\,y}, \tag{23}$$

durch den die Austauschgröße A mit der Geschwindigkeitsverteilung in
Zusammenhang gebracht wird. Für die charakteristische Länge l, den
sog. „Mischungsweg", liefert Gleichung (20) den Ausdruck

$$l = \sqrt{\frac{\pi}{4}\,C^2\,\frac{1}{\psi_1 + \varkappa\,\psi_4} + \frac{\nu}{\dfrac{d\,u}{d\,y}}}, \tag{24}$$

der für sehr große Reynoldssche Zahlen, bei denen das Zähigkeitsglied vernachlässigt werden kann, sich auf

$$l = C \sqrt{\frac{\pi}{4}\,\frac{1}{\psi_1 + \varkappa\,\psi_4}} \tag{24a}$$

reduziert. An dieser Gleichung ist zu ersehen, daß im Falle großer
Reynoldsscher Zahlen die Prandtlsche Länge l in der Tat von der
Geschwindigkeitsverteilung unabhängig ist und nur noch eine Funktion
des Ortes darstellt. Indem man versuchte, von dieser Länge eine anschauliche Vorstellung zu gewinnen und dabei Gedankengänge anwendete,
die durch die kinetische Gastheorie inspiriert waren, wurde sie in Analogie
zur freien Weglänge der Moleküle gesetzt und es bürgerte sich für sie
der Name „Mischungsweg" ein. Da der Mischungsweg im wesentlichen
allein vom Ort abhängt, und zwar in einer qualitativ recht übersichtlichen
Weise, erwies sich der Prandtlsche Mischungswegansatz als hervor-
ragendes Hilfsmittel beim Ordnen und bei der Diskussion des Erfahrungs-
materials.

Den Verlauf des Mischungsweges nach den Messungen von Nikuradse
zeigt Abb. 22, und zwar für $Re = 4 \cdot 10^3$, $Re = 1110 \cdot 10^3$ und $Re =
3240 \cdot 10^3$. Dabei ist wie üblich $Re = \dfrac{2\,r\,\bar{u}}{\nu}$ die Reynoldssche Zahl aus
mittlerer Geschwindigkeit über den Querschnitt, Rohrdurchmesser und
kinematischer Zähigkeit. Die Diagramme der Abb. 22 zeigen, daß der
Mischungsweg bei kleinen Reynoldsschen Zahlen höher liegt als bei
großen Reynoldsschen Zahlen, daß aber für große Reynoldssche
Zahlen der Mischungsweg von Re unabhängig wird und sich einer Grenz-
funktion nähert. Diese Tatsachen sind auch an den Gleichungen (24)
und (24a) abzulesen und damit wenigstens qualitativ auch Folgerungen
der Theorie.

Der Verlauf der Grenzkurve für große Re ist der Art, daß in unmittelbarer Wandnähe der Mischungsweg linear mit dem Wandabstand anwächst gemäß der Formel

$$\frac{l\,(\eta)}{R} = 0{,}38\,(1 - \eta).$$

Im weiteren Verlauf verbleibt der Mischungsweg dann unterhalb dieser Geraden und beschreibt eine parabelähnliche Kurve mit dem Scheitel auf der Rohrachse und dem zugehörigen Wert $\dfrac{l(0)}{R} = 0{,}14$. Wir bilden noch den Ausdruck $\dfrac{l(\eta)}{l(0)}$, für den der experimentelle Befund die in Wandnähe gültige Formel

$$\frac{l(\eta)}{l(0)} = \frac{0{,}38}{0{,}14}(1-\eta) = 2{,}72\,(1-\eta)$$

liefert.

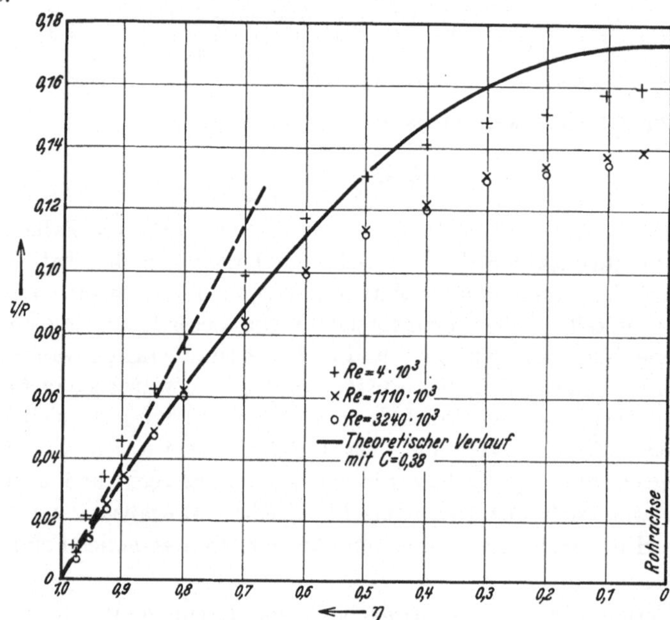

Abb. 22. Verlauf des Mischungswegs bei Strömungen im Kreisrohr.

Aus der Theorie folgen nach Gleichung (24a) mit Gleichung (15) und (16) für dieselben Größen die Ausdrücke:

<table>
<tr><td></td><td style="text-align:center">nach Theorie:</td><td style="text-align:center">nach Experiment:</td><td></td></tr>
</table>

$$
\begin{aligned}
\frac{l(\eta)}{R} &= C\,(1-\eta)\sqrt{\frac{1}{1+\varkappa}} &&= 0{,}38\,(1-\eta) \\[2mm]
\frac{l(0)}{R} &= C\sqrt{\frac{2}{\pi}\,\frac{1}{3+\varkappa}} &&= 0{,}14 \\[2mm]
\frac{l(\eta)}{l(0)} &= (1-\eta)\sqrt{\frac{\pi}{2}\,\frac{3+\varkappa}{1+\varkappa}} &&= 2{,}72\,(1-\eta)
\end{aligned}
\qquad (25)
$$

Aus der ersten dieser Gleichungen, die in derselben Weise auch für die ebene Wand gilt, folgt, daß die Theorie übereinstimmend mit dem Experiment ein lineares Gesetz für die Abhängigkeit des Mischungsweges vom Wandabstand liefert. Dieses Gesetz gilt bei unbegrenzter ebener

Wand nach Kap. V in beliebiger Entfernung von der Wand, beim Kreisrohr aber, auf das sich die vorliegenden Messungen beziehen, nur in der Nähe der Wand. Der Proportionalitätsfaktor, für den Nikuradse den Wert 0,38 angibt, hängt mit den beiden Konstanten der Theorie zusammen, so daß aus dem Wandgesetz allein es nicht möglich ist, Aufschluß über diese beiden Konstanten einzeln zu gewinnen.

Diesen Aufschluß gibt die Rohrströmung, denn die Gewichte, mit denen die beiden Kollektivs $K_p(A)$ und $K_q(A)$ der an der Wand dauernd neu entstehenden Wirbel mit Achsen parallel und quer zur Strömungsrichtung beim Aufbau des Turbulenztensors sich geltend machen, sind verschieden in der Nähe der Wand und in der Nähe der Rohrachse. Auf diese Weise ermöglicht die Gegenüberstellung des Mischungswegs in Wandnähe und auf der Rohrachse die Trennung der beiden Effekte und gibt Aufschluß über die Größen C und $\varkappa$ einzeln.

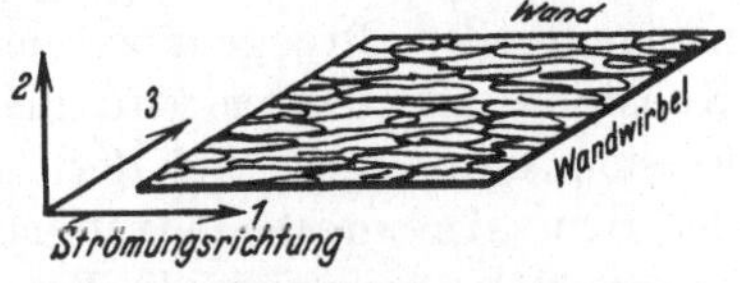

Abb. 23. Streuungsanteil der Wandwirbel nach dem experimentellen Befund.

Die dritte Gleichung (25) ist durch Elimination der Größe C aus den ersten beiden Gleichungen entstanden. Bei ihrer Herleitung geht daher die Annahme ein, daß die Größe C in aller Strenge konstant ist und Wandnähe und Rohrmitte denselben Wert besitzt. Trifft diese Annahme zu, so liefert die dritte Gleichung eine Bestimmungsgleichung für $\varkappa$. Nun ist $\varkappa$ nach Definition als Quotient zweier wesentlich positiver Streuungsgrößen nur positiver Werte fähig. Für solche nimmt $\sqrt{\dfrac{\pi}{2}\dfrac{3+\varkappa}{1+\varkappa}}$ von 2,17 für $\varkappa = 0$ bis 1,252 für $\varkappa = \infty$ monoton ab. Der experimentell ermittelte Wert 2,72 wird also nicht angenommen. Die zugehörigen Werte für den Mischungsweg auf der Rohrachse liegen zwischen $\dfrac{l(0)}{R} = 0,175$ für $\varkappa = 0$ und $\dfrac{l(0)}{R} = 0,303$ für $\varkappa = \infty$ (unter der Annahme $C = \text{const} = 0,38$), während das Experiment hierfür den Wert 0,14 liefert.

Dieser Befund gibt Anlaß zur Annahme, daß der wirkliche Wert von $\varkappa$ nahezu Null ist. Dies bedeutet, daß die Streuung der Elementarkollektivs $K_w(A)$ an der Wand neu entstehender Wirbel, die als die Ursache der Turbulenzerscheinungen erkannt wurden, im wesentlichen von den Wirbelanteilen parallel zur Wand herrührt. Das heißt, daß die Wirbel der Abb. 17, die sich an den Wandrauhigkeiten bilden und der gleichförmigen Wirbelschicht nach Abb. 16, die einer Laminarströmung entspricht, überlagern, in Strömungsrichtung im Mittel eine sehr viel größere Ausdehnung haben als quer zur Strömungsrichtung. Das Wirbelbild entspricht also etwa der Darstellung Abb. 23. Diese Annahme steht auch durchaus in Einklang mit der Auffassung Prof. Prandtls, die dieser dem Verfasser in einem Brief noch vor Entwicklung dieser Theorie mitgeteilt hat. Prandtl schließt aus der Erfahrung, daß bei Wandturbulenz, um die es sich hier handelt, die vorherrschende Richtung des schwankenden Anteils der Rotation die Richtung parallel zur Strömung ist und äußert die Vermutung, daß die Annahme eines Wirbelsystems, bei dem je ein Wirbelpaar von einer Wandrauhigkeit ausgeht, der Wirklichkeit am besten gerecht wird. Dies ist aber genau der Befund, der dem Werte $\varkappa = 0$ enspricht und den wir auf neue Weise aus dem Verlauf des Mischungswegs im Kreisrohr folgern.

Wir erhalten damit als Ergebnis dieser Diskussion des Mischungswegs im Kreisrohr, daß die Konstante $\varkappa$ der Theorie mit gutem Grunde gleich Null gesetzt werden darf, und weiter, daß eine kleine Unstimmigkeit zwischen Theorie und Experiment auch bei dieser Annahme noch bestehen bleibt, die zur Folgerung Anlaß gibt, daß die Größe C der Theorie nicht in aller Strenge über den ganzen Querschnitt des Rohres eine Konstante ist. Daher wird die Größe C noch einer eingehenden Diskussion unterzogen, bei der die Messungen Nikuradses in Gestalt der Boussinesqschen Austauschgröße A bzw. der Größe ε nach Gleichung (21) Anwendung finden. Zunächst aber erhalten wir mit $\varkappa = 0$ eine neue Darstellung für den Turbulenztensor (14) im Kreisrohr.

$$\Pi(\eta) = \frac{\pi}{4}\, C^2\, |\operatorname{rot} \mathfrak{v}| \begin{pmatrix} 0 & 0 & 0 \\ 0 & \dfrac{1}{\psi_1} & 0 \\ 0 & 0 & \dfrac{1}{\psi_2} \end{pmatrix}. \tag{26}$$

Dabei ist zu beachten, daß die Komponente π_{11} mit $\varkappa = 0$ nicht, wie es der Anschein lehrt, ∞ wird, sondern verschwindet, weil mit $\varkappa = 0$ die zugehörige Streuungsgröße nach (13) verschwindet, infolgedessen die Verweilzeit unendlich wird und daher nicht mit Zeiten operiert werden kann, die oberhalb der Verweilzeit liegen. Für Zeitintervalle, die kurz sind im Vergleich zur Verweilzeit, verschwinden aber nach den allgemeinen Prinzipien der physikalischen Statistik die Streuungsgrößen b_{ik}, also hier die betreffende Komponente des Turbulenztensors.

In Wandnähe reduziert sich der Turbulenztensor (26) auf

$$\Pi(\eta) = C^2 R^2 (1 - \eta)^2\, |\operatorname{rot} \mathfrak{v}| \begin{pmatrix} 0 & 0 & 0 \\ 0 & 1 & 0 \\ 0 & 0 & \dfrac{1}{2} \end{pmatrix}, \tag{27}$$

auf der Rohrachse aber auf

$$\Pi(0) = \frac{2}{3\pi}\, C^2 R^2 |\operatorname{rot} \mathfrak{v}| \begin{pmatrix} 0 & 0 & 0 \\ 0 & 1 & 0 \\ 0 & 0 & 1 \end{pmatrix}. \tag{28}$$

Der Mischungsweg wird mit $\varkappa = 0$ bei großen Re

$$l(\eta) = C \sqrt{\frac{\pi}{4}\frac{1}{\psi_1}} \tag{29}$$

und speziell in Wandnähe

$$\frac{l(\eta)}{R} = C\,(1 - \eta)$$

und auf der Achse

$$\frac{l(0)}{R} = C\,\sqrt{\frac{2}{3\,\pi}} = 0,461\,C.$$

In Abb. 22 ist der theoretische Verlauf des Mischungswegs nach Gleichung (29) mit $C = 0,38$ eingetragen. Die theoretische Kurve stimmt in ihrem Verlauf recht gut mit dem experimentellen Befund überein. Quantitativ bestehen Abweichungen, die mit der nicht vollkommenen Konstanz der Größe C zu erklären sind.

Um theoretisch ein Urteil darüber zu gewinnen, ob und in welchem Grade C eine Konstante ist, müssen wir uns vergegenwärtigen, welche Effekte am Aufbau dieser Größe beteiligt sind. Das sind nach der Theorie des Turbulenztensors zunächst Größen, die die Wand und die Kollektivs der an der Wand neu entstehenden Wirbel betreffen, nämlich die Streuung $s^2\,(A)$ der Kollektivs $K_p\,(A)$ und die Größen ε und τ, die die räumlichen und zeitlichen Korrelationen zwischen diesen Kollektivs kennzeichnen. Diese Größen bewirken eine Ortsabhängigkeit des Streuungstensors der infinitesimalen Zusatzgeschwindigkeiten und damit des Turbulenztensors, die von der Theorie vollkommen erfaßt wird und geben daher keinen Anlaß zur Nichtkonstanz der Größe C. Weiter ist in die Theorie die Annahme eingegangen, daß die zeitliche Abhängigkeit der Korrelationen zwischen den Übergangswahrscheinlichkeiten zu auseinanderliegenden Zeitelementen an den verschiedenen Stellen der Strömung durch gleichartigen Funktionsverlauf dargestellt wird. Nur unter dieser Voraussetzung ist C eine Konstante. Doch es ist kein Grund ersichtlich, diese nach dem physikalischen Befund naheliegende These zu verlassen. Endlich hängt der Turbulenztensor von den Streuungsgeschwindigkeiten c ab, und zwar ist er proportional c^4. Die Streuungsgeschwindigkeiten c sind nach der Theorie (Kap. V, Abschn. 1) proportional der vierten Wurzel aus dem Erwartungswert der Rotation an der betreffenden Stelle. Diese Beziehung ist gut begründet, solange die Turbulenzelemente, wie dies bei den Nikuradseschen Versuchen der Fall ist, erst während des Versuches von der Wand her erzeugt werden. Dagegen sind die Voraussetzungen dieser Überlegungen nicht erfüllt, wenn die Turbulenzelemente bereits fertig an die Beobachtungsstelle herangetragen werden, was z. B. in böigem Wind, im Propellerstrahl usw. der Fall ist. In solchen Fällen darf die Größe c^4 des Turbulenztensors nicht durch $|\operatorname{rot}\mathfrak{v}|$ ersetzt werden, sondern es ist für c^4 der gemessene Wert einzusetzen. Doch auch in dem vorliegenden Fall, in dem die Voraussetzungen für die Beziehung

$$c = \operatorname{const}\sqrt[4]{|\operatorname{rot}\mathfrak{v}|}$$

erfüllt sind, sagt die Theorie nicht aus, daß diese Konstante, deren vierte Potenz in die Größe C^2 eingeht, an allen Stellen der Strömung genau dieselbe ist. Vielmehr ist zu erwarten, daß in größerer Entfernung von den Wänden, von denen die Turbulenzwirkung ausgeht, die Turbulenzelemente sich infolge der Zähigkeit in der Zeit, in der sie an den Aufpunkt gelangen, glätten. Dies hat zur Folge, daß die Größe c dort kleiner ausfällt als in unmittelbarer Nähe der Wand. Ein Maß für die Konstante der Streuungsgeschwindigkeit gemäß der angegebenen Formel ist die Größe $\sqrt{C}$. Wir erwarten nach diesen Überlegungen, daß C über den

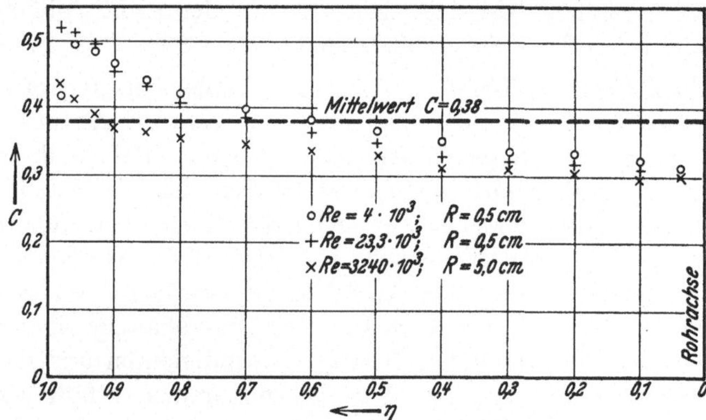

Abb. 24. Verlauf der Größe C bei Strömungen im Kreisrohr.

Rohrquerschnitt nicht vollkommen konstant ist, sondern einen vermutlich schwachen Gang mit der Entfernung von der Wand aufweist, indem C mit wachsendem Wandabstand abnimmt.

Wir prüfen diese Vermutungen an den Messungen von Nikuradse nach und zwar verwenden wir dabei seine Meßergebnisse für die Boussinesqsche Austauschgröße A bzw. die Größe $\varepsilon = \dfrac{A}{\varrho}$. Für diese Größe gilt nach (22) die Gleichung

$$\varepsilon = \frac{\pi}{4} \frac{C^2}{\psi_1} \frac{d\,u}{d\,y} + \nu = \frac{\tau}{\varrho} \left(\frac{d\,u}{d\,y} \right)^{-1}. \tag{30}$$

Von den Größen, die in dieser Gleichung vorkommen, sind zusammengehörige Werte $\dfrac{\tau}{\varrho}$ und $\dfrac{d\,u}{d\,y}$ aus dem Versuch bekannt, ebenso die für die einzelnen Meßreihen als Konstante festliegenden Werte ν und R. Damit ist alles für die Berechnung von C bereitgestellt.

In Abb. 24 sind die C dargestellt, die sich aus drei Meßreihen von Nikuradse (VDI 356, S. 20) errechnen lassen. Es handelt sich dabei um Strömungen im Kreisrohr bei den Reynoldsschen Zahlen $Re = 4 \cdot 10^3$, $Re = 23{,}3 \cdot 10^3$ und $Re = 3240 \cdot 10^3$. Die ersten beiden Versuche wurden in Rohren mit dem Radius $R = 0{,}5$ cm vorgenommen, der dritte Versuch in einem solchen mit $R = 5{,}0$ cm. Die kinematische Zähigkeit ν betrug in den ersten beiden Fällen $\nu = 0{,}0135$ cm²/s, im dritten Fall $\nu = 0{,}0075$ cm²/s. Alle Versuche wurden in glatten Rohren durchgeführt. Es zeigt sich, daß in der Tat die Größe C keine genaue Konstante ist, sondern mit zunehmender Entfernung von der Wand langsam abfällt, wie es nach der Theorie zu erwarten ist.

Die Werte C, die in Abb. 24 in Abhängigkeit von η aufgetragen sind, fallen für die drei Versuchsreihen nicht zusammen. Vielmehr gehört zu größerer Reynoldsscher Zahl stets ein kleinerer Wert C. Es hat

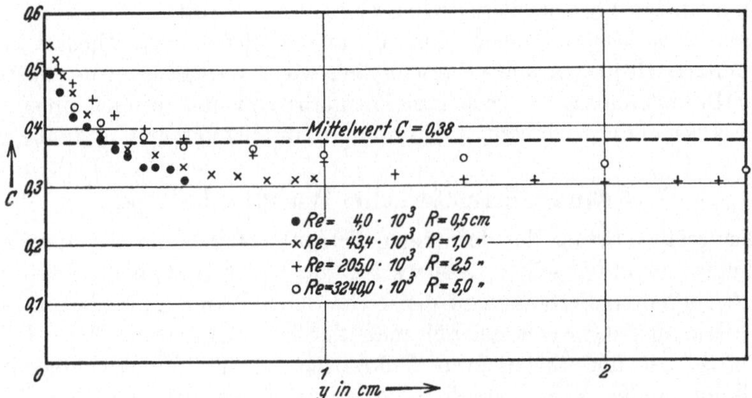

Abb. 25. Verlauf der Größe C in Abhängigkeit vom Wandabstand bei Kreisrohren.

jedoch gar nicht den Anschein, als ob die Reynoldssche Zahl für den Verlauf von C überhaupt ausschlaggebend ist. Vielmehr ist auffallend, daß die ersten beiden Meßreihen, die in Rohren mit dem Rohrradius 0,5 cm gewonnen sind, sich recht gut decken, während die dritte Meßreihe mit $R = 5$ cm wesentlich abweichende Werte C liefert.

Auch nach der Theorie der Streuungsgeschwindigkeiten, die erkennen läßt, daß für die Größe von C die Unausgeglichenheit der Turbulenzelemente maßgebend ist, ist nicht anzunehmen, daß die Reynoldssche Zahl den wesentlichen Einfluß hat. Dagegen liegt es nahe, zu vermuten, daß der von den Turbulenzelementen zurückgelegte Weg, d. h. der Wandabstand entscheidend ist. Es wurde daher C in Abhängigkeit vom Wandabstand y für 4 Meßreihen in Abb. 25 eingetragen. Die Meßreihen fügen sich hier wesentlich besser aneinander, wenn sie auch nicht vollständig zusammenfallen, was jedoch bei den Versuchen in Kreisrohren aus geometrischen Gründen auch nicht zu erwarten ist. Wir vermuten daher, daß für den funktionalen Verlauf von C der Wandabstand besonders maßgebend ist. Weiteres Material zu dieser Frage liefern die in Kap. VII, Abschn. 1, behandelten Versuche in konvergenten und divergenten Kanälen.

Es soll jedoch im Rahmen dieser Arbeit nicht der Versuch unternommen werden, für diese Zusammenhänge eine Theorie zu entwickeln. Wir werden vielmehr bei den weiteren Untersuchungen mit konstantem C rechnen und für diese Größe jeweils einen brauchbaren Erfahrungswert verwenden, sind uns aber bewußt, daß C nicht eine strenge universelle Konstante ist, vergleichbar mit der Elementarladung oder der Lichtgeschwindigkeit, sondern viel treffender sich z. B. mit der mittleren freien Weglänge der Moleküle eines Gases vergleichen läßt, die auch im bestimmten Fall festliegt, in Wirklichkeit aber eine außerordentlich komplizierte Größe darstellt, deren Abhängigkeit von allen sie beeinflussenden Daten von der Theorie nicht vollkommen erfaßt wird.

Mit diesen Feststellungen über die in der allgemeinen Theorie vorkommenden Größen $\varkappa$ und C beschließen wir die Diskussion der turbulenten Rohrströmung in größerem Wandabstand und wenden uns nun der Diskussion der turbulenten Strömung in unmittelbarer Wandnähe zu.

3. Prandtl-Kármánsche Wandturbulenz.

Der größte Erfolg der bisherigen Turbulenzforschung ist die Entdeckung eines universellen Gesetzes für die Geschwindigkeitsverteilung einer turbulenten Strömung in der Nähe einer Wand. Zur Vermutung eines derartigen Gesetzes gelangt man durch die Annahme Prandtls, daß z. B. bei der turbulenten Rohrströmung die Geschwindigkeitsverteilung in der Nähe der einen Wand nur von den physikalischen Größen, die in der Nähe dieser Wand gelten, abhängen könne, nicht aber von den übrigen Größen, wie z. B. dem Abstand der gegenüberliegenden Wand und der mittleren oder der maximalen Geschwindigkeit. Für die Geschwindigkeit $u\,(y)$ im Abstand y von der Wand soll demnach neben der Dichte ϱ und der kinematischen Zähigkeit ν, die für die ganze Strömung maßgebend sind, nur die an der Wand übertragene Schubspannung τ_0 von Belang sein. Prandtl und v. Kármán führten daher an Stelle von $u\,(y)$ und y mit Hilfe der Größen τ_0, ϱ und ν dimensionslose Parameter in die Rechnung ein. Dies kann in einfacher Weise geschehen, indem man als Einheit der Geschwindigkeit die „Schubspannungsgeschwindigkeit"

$$v^* = \sqrt{\frac{\tau_0}{\varrho}} \tag{31}$$

wählt und aus der Länge y mit Hilfe dieser Geschwindigkeit und der kinematischen Zähigkeit ν eine Dimensionslose nach Art der Reynoldsschen Zahl bildet. Dann ist nach der Prandtlschen Hypothese zu erwarten, daß der Zusammenhang zwischen den Größen

$$\omega = \frac{u}{v^*} \quad \text{und} \quad \eta = \frac{y\,v^*}{\nu}, \tag{32}$$

der dimensionslosen Geschwindigkeit ω und dem dimensionslosen Wandabstand η ein allgemeingültiges Naturgesetz darstellt.

Diese Vermutung wurde durch die Meßergebnisse von Nikuradse an Kreisrohren in ausgezeichneter Weise bestätigt. Es zeigte sich, daß dieser Ansatz geeignet ist, die Resultate der Messungen im weiten Bereich Reynoldsscher Zahlen von $Re = 4 \cdot 10^3$ bis $Re = 3240 \cdot 10^3$, auf den sich die Untersuchungen Nikuradses erstreckten, zusammenzufassen und daß demnach das Gesetz $\omega = \omega(\eta)$ in der Tat ein fundamentales Gesetz der Turbulenzerscheinungen ist.

Der Verlauf des auf diese Weise empirisch gefundenen Zusammenhangs zwischen der dimensionslosen Geschwindigkeit ω und dem dimensionslosen Wandabstand η entspricht für nicht zu kleine η einem logarithmischen Gesetz $\omega(\eta) = A + B \log \eta$ mit zwei Konstanten A und B. Für sehr kleine Werte η kann diese Beziehung natürlich nicht mehr gelten, da ω wesentlich positiv ist. In der Tat geht für solche η, die der oft genannten „laminaren Grenzschicht der turbulenten Strömung" angehören, der beobachtete Zusammenhang vom logarithmischen Gesetz in die Proportionalität $\omega = \eta$ über, die nach der klassischen Theorie für die laminare Strömung folgt. Die Konstanten A und B sind dem Versuchsmaterial zu entnehmen. Nikuradse gibt für glatte Rohre, auf die sich diese Überlegungen zunächst allein beziehen, zwei empirische Formeln an,

$$\omega = 5{,}5 + 5{,}75 \log \eta \quad \text{und} \quad \omega = 5{,}84 + 5{,}52 \log \eta,$$

von denen die erste unter stärkerer Betonung der wandfernen Meßpunkte, die zweite unter Bevorzugung der wandnahen Meßpunkte gewonnen wurde. Auch für rauhe Rohre gelten Gesetze dieser Art, bei denen Nikuradse für B den Wert 5,75 angibt. Jedoch ist die Größe A bei rauhen Rohren zwar für die einzelne Versuchsreihe eine Konstante, sonst aber von Fall zu Fall verschieden, indem sie noch von der sog. relativen Rauhigkeit und der Reynoldsschen Zahl abhängt. Wir kommen hierauf im nächsten Abschnitt zurück und beschränken uns zunächst auf die Strömung in glatten Rohren.

Das beschriebene turbulente Wandgesetz sollte eigentlich nur die Verhältnisse in allernächster Wandnähe darstellen, wo für die Schubspannung näherungsweise der Wert τ_0 der Wand in Rechnung zu setzen ist und wo zu erwarten ist, daß die gegenüberliegende Wand noch ohne Einfluß auf das Geschwindigkeitsprofil ist. Bei der Strömung in Kreisrohren zeigte sich nun ein Befund, der von vornherein nicht zu erwarten war, daß nämlich auch die Meßpunkte in größerem Wandabstand, ja bis zur Rohrmitte recht genau auf der empirischen Kurve $w(\eta)$ liegen. Allerdings zeigt sich nach den neueren Messungen von Nikuradse eine systematische Abweichung, indem die Versuchspunkte, welche zu einer bestimmten Reynoldsschen Zahl gehören, nicht genau auf die logarithmische Kurve fallen, sondern einen Gang von unten nach oben zeigen. Jedoch liegt dieser Effekt nahezu an der Grenze der Beobachtbarkeit, so daß man beim Kreisrohr eine gute Annäherung des wirklichen

Geschwindigkeitsprofils erhält, wenn man das universelle Wandgesetz
bis zur Rohrmitte fortsetzt. Nur in allernächster Nähe der Rohrachse,
wo das auf diese Weise ermittelte Geschwindigkeitsprofil einen Knick
aufweist, in Wirklichkeit aber eine waagerechte Tangente vorliegt,
entsteht auf diese Weise ein kleiner Fehler. Wir werden aus der Theorie
den Grund für diese Eigenschaft der turbulenten Rohrströmung erkennen,
der darin besteht, daß beim Kreisrohr die Änderung des Turbulenztensors gegenüber dem Turbulenztensor der ebenen Wand bei Annäherung

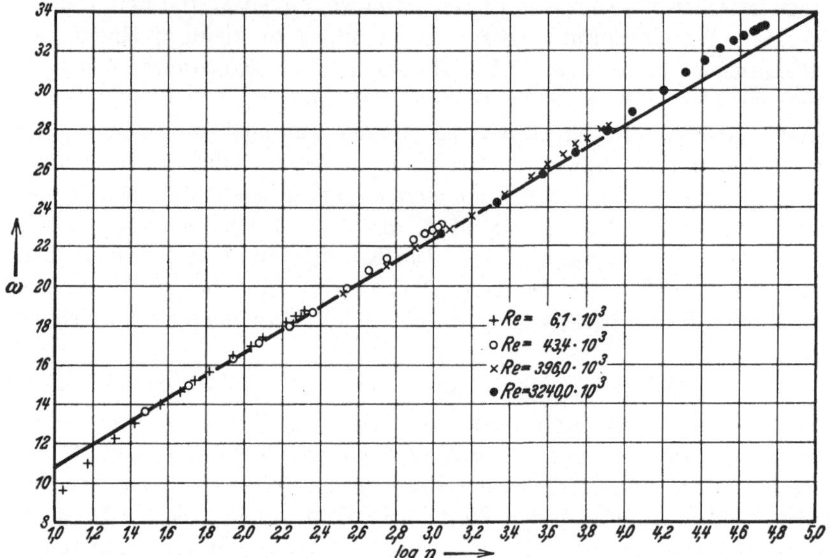

Abb. 26. Geschwindigkeitsverteilung im Kreisrohr in logarithmischer Auftragung.

an die Rohrmitte, und der gleichzeitig auftretende lineare Abfall der
Schubspannung einander näherungsweise aufwiegen.

In Abb. 26 sind die Werte ω und η für vier Meßreihen Nikuradses
in logarithmischer Auftragung eingezeichnet. An diesen Meßresultaten,
die sich auf den ganzen Bereich erforschter Reynoldsscher Zahlen
erstrecken, ist die Gültigkeit des logarithmischen Gesetzes zu ersehen.
Um empirisch Werte für A und B zu erhalten, die den weiteren Untersuchungen zugrunde liegen sollen, verwendeten wir nur die ersten wandnahen Punkte jeder Meßreihe. Außerdem wurden die Meßreihen, die
zu kleinen Re gehören, für diesen Zweck außer acht gelassen, da bei
ihnen die Zähigkeit noch von zu großem Einfluß ist. Die auf diese
Weise gewonnene Formel, die das turbulente Wandgesetz für große η
ohne Verfälschung durch wandferne Meßpunkte darstellt, lautet

$$\omega\,(\eta) = 5{,}10 + 5{,}76 \log \eta\,. \tag{33}$$

Die ihr entsprechende Gerade ist in Abb. 26 eingetragen. Ein Vergleich
der einzelnen Meßreihen in ihrem weiteren Verlauf mit diesem reinen

Wandgesetz zeigt, daß innerhalb jeder Meßreihe der Anstieg der Geschwindigkeit mit dem Wandabstand zunächst rascher, bei Annäherung an die Rohrmitte aber langsamer erfolgt, als es dem logarithmischen Wandgesetz entspricht.

Um die Theorie des universellen turbulenten Wandgesetzes zu entwickeln, gehen wir von Gleichung

$$\frac{\tau}{\varrho} = (\pi_{yy} + \nu)\,\frac{d\,u}{d\,y} \tag{17}$$

aus. Die Funktion π_{yy} entnehmen wir der Gleichung für den Turbulenztensor der unendlich ausgedehnten ebenen Wand und für τ setzen wir den konstanten Wert τ_0 der an der Wand übertragenen Schubspannung. Auf diese Weise entsteht die Gleichung des turbulenten Wandgesetzes

$$\frac{\tau_0}{\varrho} = C^2\,y^2 \left(\frac{d\,u}{d\,y}\right)^2 + \nu\,\frac{d\,u}{d\,y}\,. \tag{34}$$

Diese Gleichung nimmt bei Einführung der Größen ω und η nach (32) die dimensionslose Form

$$C^2\,\eta^2 \left(\frac{d\,\omega}{d\,\eta}\right)^2 + \frac{d\,\omega}{d\,\eta} - 1 = 0 \tag{35}$$

an, die die Grundlage der weiteren Untersuchungen darstellt. Sie läßt sich geschlossen integrieren. Ihr Integral, das sich für $\eta = 0$ auf Null reduziert, lautet

$$\left.\begin{aligned}
\omega\,(\eta) &= \frac{1}{2\,C^2} \int_0^{\eta} \left(\sqrt{1 + 4\,C^2\,\eta^2} - 1\right) \frac{d\,\eta}{\eta^2} = \\
&= \frac{1}{C}\,\ln\left(2\,C\,\eta + \sqrt{1 + 4\,C^2\,\eta^2}\right) - \frac{1}{2\,C^2\,\eta}\left(\sqrt{1 + 4\,C^2\,\eta^2} - 1\right).
\end{aligned}\right\} \tag{36}$$

Die weiteren Untersuchungen zeigen, was schon bei Kenntnis der Differentialgleichung (35) zu vermuten ist, daß deren Integral (36) die grundlegende Funktion für das Erscheinungsgebiet der Prandtl-Kármánschen Wandturbulenz darstellt. Die Funktion $\omega\,(\eta)$ nach Gleichung (36) enthält noch die empirische Größe C. Dagegen ist $C\,\omega\,(\eta)$ eine Funktion von $C\,\eta$ allein. Hiervon machen wir Gebrauch, indem wir $x = C\,\eta$ als neue Variable einführen und eine Funktion $F\,(x)$ durch die Gleichung

$$F\,(x) = F\,(C\,\eta) = C\,\omega\,(\eta) \tag{37}$$

definieren, wo $\omega\,(\eta)$ nach (36) erklärt ist. Für die Funktion $F\,(x)$ folgen aus Gleichung (35) bis (37) die Beziehungen:

$$\left.\begin{aligned}
x^2\,F'^2 &+ F' - 1 = 0, \\
F\,(x) &= \frac{1}{2} \int_0^{x} \left(\sqrt{1 + 4\,x^2} - 1\right) \frac{d\,x}{x^2} = \\
&= \ln\left(2\,x + \sqrt{1 + 4\,x^2}\right) - \frac{1}{2\,x}\left(\sqrt{1 + 4\,x^2} - 1\right) \\
F'\,(x) &= \frac{1}{2\,x^2}\left(\sqrt{1 + 4\,x^2} - 1\right).
\end{aligned}\right\} \tag{38}$$

Wir führen noch für die Funktionen $F(x)$ und $F'(x)$ folgende Näherungsformeln an:

a) für große x:

$$F(x) = \ln\left(\frac{4\,x}{e}\right) + \frac{1}{2\,x} = 0{,}3863 + \ln x + \frac{1}{2\,x}; \quad F'(x) = \frac{1}{x} - \frac{1}{2\,x^2}, \qquad (39)$$

b) für kleine x:

$$F(x) = x - \frac{1}{12}\,x^3, \qquad F'(x) = 1 - \frac{1}{4}\,x^2. \qquad (40)$$

Die Differentialgleichung (34) für das turbulente Wandgesetz stellt noch nicht die allgemeinste Folgerung aus der statistischen Theorie des Turbulenztensors dar und ist daher auch noch nicht zur Beschreibung des ganzen experimentellen Befunds aus dem Problemkreis der Wandturbulenz geeignet. Es wurde nämlich bei ihrer Herleitung der Turbulenztensor in einer Form verwendet, die wohl für das Innere der Strömung richtig ist, in unmittelbarer Wandnähe aber nicht mehr zutreffen kann. Um dies einzusehen, müssen wir uns an die Ableitung des Streuungstensors der infinitesimalen Zusatzgeschwindigkeiten erinnern, die in Kap. V dargestellt ist. Bei der Berechnung dieser Streuungsgrößen muß eine Summation über die zweidimensionale Mannigfaltigkeit von Wandkollektivs $K_w(A)$ vorgenommen werden. Diese Summation führt auf ein vierfaches Integral, das durch Einführung der für die Korrelationen zwischen den Wandkollektivs maßgebenden Größe ε sich auf ein Doppelintegral reduziert. In Kap. V, Abschn. 4, wurde darauf aufmerksam gemacht, daß die dort durchgeführte Rechnung ein Näherungsverfahren darstellt, das nur bei hinreichend großem Abstand des Aufpunktes von der Wand zulässig ist. Das Ergebnis dieser Rechnung waren Streuungen der Zusatzgeschwindigkeiten umgekehrt proportional dem Quadrat des Wandabstandes. Bei Annäherung an die Wand müßten also diese Streuungsgrößen unbegrenzt große Werte annehmen. Das ist natürlich nicht der Fall, d. h. in unmittelbarer Wandnähe versagt die verwendete Nährungsrechnung. Die exakte Rechnung aber liefert auch an der Wand endliche Streuungswerte des Kollektivs der Zusatzgeschwindigkeiten.

Diesem Befund tragen wir Rechnung, indem wir den Faktor $\frac{1}{y^2}$ dieser Streuungsgrößen durch $\frac{1}{(y + a)^2}$ näherungsweise ersetzen. Entsprechend tritt dann beim Turbulenztensor an die Stelle von y^2 der Faktor $(y + a)^2$. Die Größe a ist dabei eine die Wandbeschaffenheit kennzeichnende Länge.

Es ist noch eine zweite Verfeinerung der Theorie des Turbulenztensors notwendig, damit die Vorgänge an der Wand in voller Allgemeinheit erfaßt werden können. Bisher wurde für den Abstand der an der Wand dauernd neu entstehenden Wirbel von der Wand der Wert Null in Rechnung gesetzt. Dies ist angängig, solange es sich um den Turbulenz-

tensor für solche Aufpunkte handelt, die nicht allzu nahe der Wand
sind. Hier bei der Betrachtung der Vorgänge in unmittelbarer Wandnähe ist zu berücksichtigen, daß die mittlere Entfernung der neu entstehenden Wirbel von der Wand einen zwar kleinen aber durchaus
endlichen Betrag b besitzt. Wir tragen diesem Umstand Rechnung,
indem wir im expliziten Ausdruck des Turbulenztensors den Wandabstand y durch den Abstand $y-b$ von der wirksamen Wirbelschicht
ersetzen.

Die beiden Ergänzungen der Theorie berücksichtigen wir, indem
wir an Stelle von y^2 beim Turbulenztensor $(y + a - b)^2$ setzen. Es ist
nicht von vornherein zu übersehen, welche von den beiden, die Wandbeschaffenheit kennzeichnenden Größen a und b überwiegt. Falls $a > b$
ist, erreicht der in dieser Weise modifizierte Turbulenztensor bei Annäherung an die Wand den Wert Null überhaupt nicht. Ist dagegen
$a < b$, so wird der Wert Null schon im Abstand $b - a$ von der Wand
erreicht. In diesem Falle liegt kein Grund zur Annahme vor, daß der
Turbulenztensor in größerer Wandnähe wieder anwächst. Wir nehmen
daher an, daß dann in der ganzen Zone von der Breite $b - a$ der Turbulenztensor verschwindet.

Die Gleichung (34) des turbulenten Wandgesetzes erfährt durch
diesen Ansatz die Modifikation

$$\frac{\tau_0}{\varrho} = C^2 (y + a - b)^2 \left(\frac{d u}{d y} \right)^2 + v \frac{d u}{d y} \quad \text{für} \quad y \geqslant b - a$$

und

$$\frac{\tau_0}{\varrho} = v \frac{d u}{d y} \qquad \qquad \text{für} \quad y \leqslant b - a. \tag{41}$$

In dimensionsloser Schreibweise lautet diese Gleichung mit dem dimensionslosen Parameter

$$\beta = (b - a) \frac{v^*}{v}$$

$$C^2 (\eta - \beta)^2 \left(\frac{d \omega}{d \eta} \right)^2 + \frac{d \omega}{d \eta} - 1 = 0 \quad \text{für} \quad \eta > \beta, \qquad \frac{d \omega}{d \eta} = 1 \quad \text{für} \quad \eta < \beta. \tag{42}$$

Das Integral dieser Gleichung, das sich für $\eta = 0$ auf Null reduziert, ist

$$\omega(\eta) = \int_0^\eta \frac{d \omega}{d \eta} \, d\eta = \int_0^\beta \frac{d \omega}{d \eta} \, d\eta + \int_\beta^\eta \frac{d \omega}{d \eta} \, d\eta = \beta + \int_\beta^\eta \frac{\sqrt{1 + 4 C^2 (\eta - \beta)^2} - 1}{2 C^2 (\eta - \beta)^2} \, d\eta =$$

$$= \beta + \frac{1}{C} \int_0^{C(\eta - \beta)} \frac{\sqrt{1 + 4 x^2} - 1}{2 x^2} \, dx = \beta + \frac{1}{C} \int_0^{C(\eta - \beta)} F'(x) \, dx =$$

$$= \beta + \frac{1}{C} \int_0^{C \eta} F'(x) \, dx - \frac{1}{C} \int_{C(\eta - \beta)}^{C \eta} F'(x) \, dx = \beta + \frac{1}{C} F(C \eta) - \frac{C \beta}{C} F'(C \eta) =$$

$$= \frac{1}{C} F(C \eta) + \beta [1 - F'(C \eta)].$$

Wir erhalten also nach der Theorie für das universelle turbulente Wandgesetz den expliziten Ausdruck

$$\omega\,(\eta) = \frac{1}{C}\,F\,(C\,\eta) + \beta\,[1 - F'\,(C\,\eta)] \qquad (43)$$

mit $F\,(C\,\eta)$ nach Gleichung (38).

Nach Gleichung (39) und (40) lauten hierfür die Reihenentwicklungen

a) für große η:

$$\omega\,(\eta) = \frac{1}{C}\,(0{,}3863 + \ln C) + \beta + \frac{1}{C}\,\ln \eta + \left(\frac{1}{2\,C^2} - \frac{\beta}{C}\right)\frac{1}{\eta} + \ldots \qquad (43\,\mathrm{a})$$

b) für kleine η:

$$\omega\,(\eta) = \eta + \frac{1}{4}\,\beta\,C^2\,\eta^2 - \frac{1}{12}\,C^2\,\eta^3 + \ldots \qquad (43\,\mathrm{b})$$

Dieses Ergebnis enthält noch die beiden Konstanten C und β, über die die Theorie keine Aussage macht. Oben wurde bereits empirisch für das glatte Rohr die Formel

$$\omega\,(\eta) = 5{,}10 + 5{,}76 \log \eta = 5{,}10 + 2{,}50 \ln \eta \qquad (33)$$

aufgestellt. Vergleich mit (43 a) lehrt, daß

$$C = 0{,}40$$

einen brauchbaren Mittelwert für die Größe C darstellt, die nach den Ausführungen von Abschn. 2 nicht in aller Strenge eine Konstante ist. Mit $C = 0{,}4$ wird·

$$\omega\,(\eta) = 2{,}50\,F\,(0{,}40\,\eta) + \beta\,[1 - F'\,(0{,}40\,\eta)] \qquad (44)$$

und näherungsweise für große η:

$$\omega\,(\eta) = \beta - 1{,}325 + 2{,}50 \ln \eta = \beta - 1{,}325 + 5{,}76 \log \eta. \qquad (45)$$

Diese Näherungsformel genügt bei den weiteren Untersuchungen vollständig zur Ordnung des Versuchsmaterials für Rohre verschiedener Rauhigkeit. Die Wandbeschaffenheit ist nämlich für den Wert der Konstanten β im einzelnen Fall maßgebend. Die Abhängigkeit der Größe β von der Wandrauhigkeit ist jedoch der eben vorgetragenen Theorie nicht mehr zugänglich, sondern durchaus eine Frage der Experimentalphysik. Diese Frage soll im nächsten Abschnitt auf Grund des Versuchsmaterials von Nikuradse behandelt werden, wo das Ergebnis auch zur Ableitung der Widerstandsgesetze für glatte und rauhe Rohre verwendet wird.

Wir beschließen die Untersuchungen dieses Abschnittes über das turbulente Wandgesetz, indem wir die theoretische Erklärung für den oben beschriebenen Sachverhalt geben, daß beim Kreisrohr das Geschwindigkeitsprofil nicht nur in der Nähe der Wand, sondern bis zur Rohrmitte recht gut mit dem logarithmischen Wandgesetz übereinstimmt. Wir erhalten dabei gleichzeitig Aufschluß über die Abweichungen der Meßreihen im Kreisrohr vom universellen Gesetz, die zwar nahezu an der Grenze der Beobachtung liegen, aber nach Abb. 26 vor allem bei den Meßreihen für große Reynoldssche Zahlen doch deutlich zu erkennen sind.

Wir gehen nochmals von der allgemeinen Gleichung (17) für die stationäre turbulente Strömung im Kreisrohr aus.

$$\frac{\tau}{\varrho} = \frac{\tau_0}{\varrho}\left(1 - \frac{y}{R}\right) = (\pi_{yy} + \nu)\frac{du}{dy} = \frac{\pi}{4}\frac{C^2}{\psi_1}\left|\frac{du}{dy}\right|\frac{du}{dy} + \nu\frac{du}{dy}.$$

Dabei ist ψ_1 nach Gleichung (6) mit dem Argumentwert $\eta = 1 - \frac{y}{R}$ zu verwenden, wenn unter y der Abstand von der Rohrwand verstanden wird. Nach Gleichung (12) ist insbesondere näherungsweise in Wandnähe

$$\psi_1\left(1 - \frac{y}{R}\right) = \frac{\pi}{4}\frac{1}{y^2}\left(1 + \frac{3}{2}\frac{y}{R}\right).$$

Die Theorie des turbulenten Wandgesetzes stellt für dieses Problem eine erste Näherung für kleine y dar, die entsteht, wenn $\frac{\tau_0}{\varrho}\frac{y}{R}$ gegen $\frac{\tau_0}{\varrho}$ vernachlässigt wird und näherungsweise $\psi_1 = \frac{\pi}{4\,y^2}$ gesetzt wird. Es soll nun diese Näherung zur exakten Lösung vervollständigt werden.

Die Untersuchung soll sich jedoch nur auf große Reynoldssche Zahlen beziehen, bei denen die Zähigkeit außer acht gelassen werden kann. Unter dieser Bedingung reduziert sich die Gleichung für das Kreisrohr mit $\omega = \frac{u}{v^*}$ auf

$$\left(1 - \frac{y}{R}\right) = \frac{\pi}{4}\frac{C^2}{\psi_1}\left(\frac{d\omega}{dy}\right)^2 \qquad \text{oder} \qquad 1 = \frac{C^2\,y^2}{\xi^2\left(\frac{y}{R}\right)}\cdot\left(\frac{d\omega}{dy}\right)^2,$$

wo die Korrekturfunktion

$$\xi\left(\frac{y}{R}\right) = \sqrt{\frac{4}{\pi}\left(1 - \frac{y}{R}\right)\psi_1\left(1 - \frac{y}{R}\right)y^2} = 1 + \frac{1}{4}\frac{y}{R} + \ldots \tag{46}$$

den Unterschied zwischen turbulentem Gesetz an der ebenen Wand und im Kreisrohr erfaßt. Es ist allgemein für das Kreisrohr

$$\frac{d\omega}{dy} = \frac{1}{C}\frac{1}{y}\xi\left(\frac{y}{R}\right) \qquad \text{und} \qquad \omega(y) = \frac{1}{C}\int_0^y \xi\left(\frac{y}{R}\right)\frac{dy}{y}. \tag{47}$$

In Abb. 26 sind zusammengehörige Werte von ω und $\log\eta$ eingetragen, wo $\eta = \frac{yv^*}{v}$ ist. Für die Neigung $\frac{d\omega}{d(\log\eta)}$ innerhalb der einzelnen Meßreihe gilt nach (47)

$$\frac{d\omega}{d(\log\eta)} = \frac{d\omega}{dy}\left(\frac{d(\log\eta)}{dy}\right)^{-1} = \frac{d\omega}{dy}\frac{y}{\log e} = 2{,}3026\frac{1}{C}\xi\left(\frac{y}{R}\right) = 5{,}76\,\xi\left(\frac{y}{R}\right).$$

Der Verlauf der Korrekturfunktion ist also in Abb. 26 unmittelbar durch die Beziehung

$$\xi\left(\frac{y}{R}\right) = \frac{1}{5{,}76}\frac{d\omega}{d(\log\eta)} \tag{48}$$

abzulesen. Sie stellt nämlich an jeder Stelle den Quotienten der Neigungen des betreffenden Geschwindigkeitsprofils im Rohr und des Geschwindigkeitsprofils bei ebener Wand dar.

Andererseits kann die Funktion $\xi\left(\dfrac{y}{R}\right)$ nach (46) berechnet werden. Ihr Verlauf ist in Abb. 27 zu ersehen. Sie beginnt an der Wand mit dem Wert $\xi\,(0) = 1$, steigt zunächst gemäß der Näherungsformel

$$\xi\left(\frac{y}{R}\right) = 1 + \frac{1}{4}\,\frac{y}{R}$$

unter schwacher Neigung linear an, erreicht bei $\dfrac{y}{R}$ etwa 0,4 ein flaches Maximum, zu dem der Funktionswert 1,04 gehört und fällt bei An

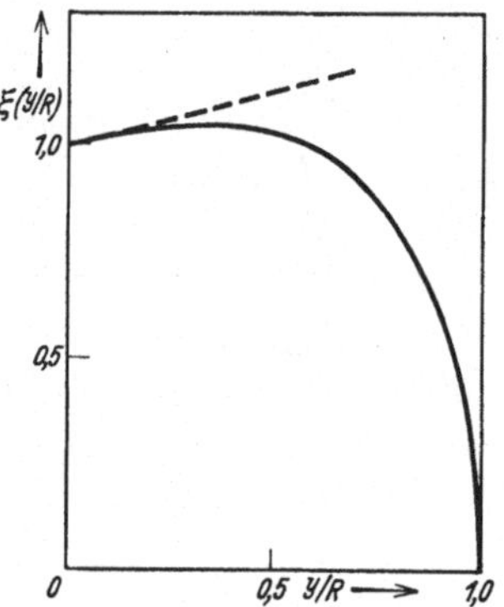

Abb. 27. Die Korrekturfunktion $\xi\,(y/R)$ für das Kreisrohr.

näherung an die Rohrachse auf den Wert Null ab. In der Rohrmitte wird $\xi\left(\dfrac{y}{R}\right)$ näherungsweise durch die Parabel

$$\xi\left(\frac{y}{R}\right) = 2{,}17\,\sqrt{1-\frac{y}{R}}$$

wiedergegeben.

Diese Folgerung der Theorie steht in vollkommener Übereinstimmung mit dem experimentellen Befund, der in Abb. 26 dargestellt ist. Da $\xi\left(\dfrac{y}{R}\right)$ zunächst anwächst, zeigen die Meßreihen gegenüber dem Wandgesetz einen systematischen Gang von unten nach oben. Bei Annäherung an die Rohrachse wird zwar die Neigung der gemessenen Profile geringer, doch reicht dies nicht aus, um die Abweichung vom Wandgesetz vollständig rückgängig zu machen. Da jedoch die größte Neigung bei den Messungen im Kreisrohr nur etwa 4% über dem entsprechenden Wert des Wandgesetzes liegt, stellt das logarithmische Wandgesetz für das Kreisrohr eine gute Annäherung dar.

4. Einfluß der Wandrauhigkeit.

In diesem Abschnitt soll die letzte Aufgabe aus dem Problemkreis der turbulenten Strömung im Kreisrohr behandelt werden, die darin besteht, aus dem experimentellen Material über die turbulente Strömung bei verschiedenen Rauhigkeiten Aufschluß über den Einfluß der Wandrauhigkeit zu erhalten. Das Ergebnis ist ein empirisches Gesetz für die einzige Größe β, die die Theorie noch unbestimmt läßt. Aus diesem Zusammenhang wird dann im nächsten Abschnitt das Widerstandsgesetz für Kreisrohre abgeleitet.

Die beiden für diese wesentlich experimentellen Untersuchungen notwendigen Ergebnisse aus der Theorie der Wandturbulenz sind erstens die Gleichung für das universelle Geschwindigkeitsprofil

$$\omega\,(\eta) = 2{,}50\,F\,(0{,}40\,\eta) + \beta\,[1 - F'\,(0{,}40\,\eta)], \qquad (44)$$

von der jedoch die Näherungsformel für große η in der Form

$$\omega\,(\eta) = \beta - 1{,}325 + 2{,}50\ln\eta = \beta - 1{,}325 + 5{,}76\log\eta \qquad (45)$$

für das folgende ausreicht, und zweitens das Ergebnis, daß das Geschwindigkeitsprofil im Kreisrohr bis zur Rohrmitte mit guter Annäherung mit diesem logarithmischen Geschwindigkeitsprofil an der ebenen Wand übereinstimmt.

Als experimentelle Grundlage steht uns das ausgezeichnete Versuchsmaterial von Nikuradse über die Strömungsgesetze in rauhen Rohren zur Verfügung, das im VDI-Forschungsheft 361 (Berlin 1933) niedergelegt ist. Diese Messungen wurden bei Reynoldsschen Zahlen im Bereich von 600 bis 10^6 in Rohren mit sechs verschiedenen relativen Rauhigkeiten vorgenommen. Dabei ist unter „relativer Rauhigkeit" der Quotient $\dfrac{k}{R}$ von der mittleren Rauhigkeitserhebung k und dem Rohrradius R zu verstehen. Aus Ähnlichkeitsgründen ist nämlich anzunehmen, daß für die Strömung in rauhen Rohren nicht das absolute Maß der Rauhigkeitselemente maßgebend ist, sondern das Verhältnis dieser Größe zum Rohrradius. Nikuradse arbeitete mit sechs relativen Rauhigkeiten, deren Reziproke $\dfrac{R}{k}$ gleich 507, 252, 126, 60, 30,6 und 15 waren. Dazu kommen noch die Messungen in glatten Rohren im VDI-Forschungsheft 356, von dessen Ergebnissen schon in den beiden vorhergehenden Abschnitten Gebrauch gemacht wurde.

Die Aussage, die diese Experimente den Ergebnissen der Theorie hinzufügen und sie damit vervollständigen, ist die Angabe der einzigen noch unbestimmten Konstanten β in Gleichung (44). Es zeigt sich, daß β für die Strömungen in glatten Rohren eine Konstante ist, deren Wert durch Vergleich mit der empirischen Gleichung (33) folgt. Es ist bei glatter Wand $\beta = 6{,}43$. Dagegen ist bei rauhen Rohren β eine Funktion der relativen Rauhigkeit und der Reynoldsschen Zahl. In Abb. 28 ist der Zusammenhang $\beta\left(Re,\,\dfrac{k}{R}\right)$ nach den Meßergebnissen von Nikuradse zusammengestellt. Aus diesem Diagramm ist zu ersehen, daß bei jeder relativen Rauhigkeit das Rohr sich bei hinreichend kleiner Reynoldsscher Zahl wie ein glattes Rohr verhält. Bei jeder relativen Rauhigkeit findet dann bei einem zugehörigen, bestimmten Wert von Re der Übergang zu einem andersartigen Zusammenhange zwischen β und Re statt, der für das rauhe Rohr charakteristisch ist. Es hat den Anschein, als ob die Kurven $\beta\,(Re)$, die zu den verschiedenen Rauhigkeiten gehören, durch eine horizontale Parallelverschiebung miteinander zur Deckung gebracht werden können. Dieser Befund gibt zur Vermutung Anlaß, daß bei geeigneter Wahl der Parameter der ganze experimentelle Befund sich durch eine einzige empirische Kurve darstellen läßt.

Um zu erkennen, welche Größen der Strömung für die Konstante β
unmittelbar maßgebend sind, knüpfen wir nochmals an den Gedankengang Prandtls an, der zu Beginn des Abschn. 3 entwickelt wurde.
Der Kern jener Überlegungen ist die plausible Hypothese, daß die turbulente Strömung in der Nähe der Wand nur von den physikalischen Größen
abhängt, die sich auf diese Wand beziehen oder in der Nähe dieser Wand
gelten. Diese sind beim glatten Rohr, von dem oben die Rede war,
die an der Wand übertragene Schubspannung τ_0 und die für die ganze
Strömung wesentlichen Größen ϱ und ν. Hier bei der
Betrachtung rauher Wände
kommt noch die die Wandbeschaffenheit charakterisierende mittlere Höhe k der
Rauhigkeitselemente hinzu.
Wenn schon das ganze
Geschwindigkeitsprofil beim
glatten Rohr von anderen
Größen, die sich auf das
ganze Rohr beziehen, wie
Rohrdurchmesser, mittlerer
Geschwindigkeit und der aus
beiden gebildeten Reynoldsschen Zahl unabhängig ist,
so gilt dies erst recht für die
Größe β, bei deren Zustandekommen nach der Theorie

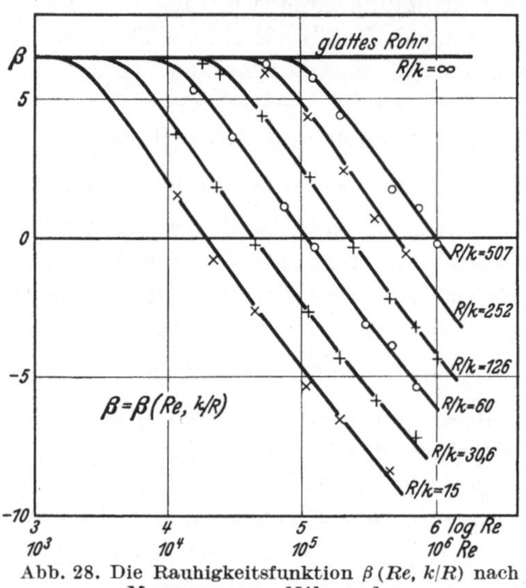

Abb. 28. Die Rauhigkeitsfunktion $\beta\,(Re,\ k/R)$ nach
Messungen von Nikuradse.

nur Wandgrößen beteiligt sind, insbesondere die Rauhigkeit. Es ist
daher zu erwarten, daß β eine Funktion eines dimensionslosen Rauhigkeitsmaßes $\varkappa$ ist, das aus der mittleren Höhe k der Zacken mit Hilfe
der Schubspannungsgeschwindigkeit und der kinematischen Zähigkeit
zu bilden ist.

$$\beta = \beta\,(\varkappa) = \beta\left(\frac{k\,v^{*}}{\nu}\right). \tag{49}$$

Hiermit wäre die aus dem experimentellen Befund der Abb. 28 vermutete Darstellung von β als empirische Funktion eines einzigen
Parameters an Stelle der beiden Parameter $\dfrac{k}{R}$ und Re gewonnen. Außerdem ist eine Darstellung dieser Art grundsätzlich befriedigender als die
Darstellung von β in Abhängigkeit von der relativen Rauhigkeit und der
auf das ganze Rohr sich beziehenden Reynoldsschen Zahl, die beide von
den für die Wandvorgänge unmaßgeblichen Rohrabmessungen abhängen.

Die experimentelle Bestätigung der Beziehung (49) und die empirische Ermittlung dieser Funktion $\beta(\varkappa)$ ist nun in der Tat das Hauptergebnis der Untersuchungen Nikuradses über turbulente Strömungen in rauhen Rohren. Nikuradse verwendet für dieses Ergebnis eine etwas abweichende Darstellung, die wir auf folgende Weise erhalten. Nach (45) ist

$$\omega = \beta - 1{,}325 + 5{,}76 \log \eta = \beta - 1{,}325 + 5{,}76 \log \frac{y}{k} + 5{,}76 \log \varkappa.$$

Daher ist zugleich mit $\beta(\varkappa)$ auch

$$\omega - 5{,}76 \log \frac{y}{k} = \beta - 1{,}325 + 5{,}76 \log \varkappa = \Theta(\varkappa) \tag{50}$$

eine Funktion von $\varkappa$ allein. In Abb. 29 sind Meßpunkte für $\Theta(\varkappa)$ in Abhängigkeit von $\log \varkappa$ aufgetragen. Aus diesem Diagramm ist zu ersehen,

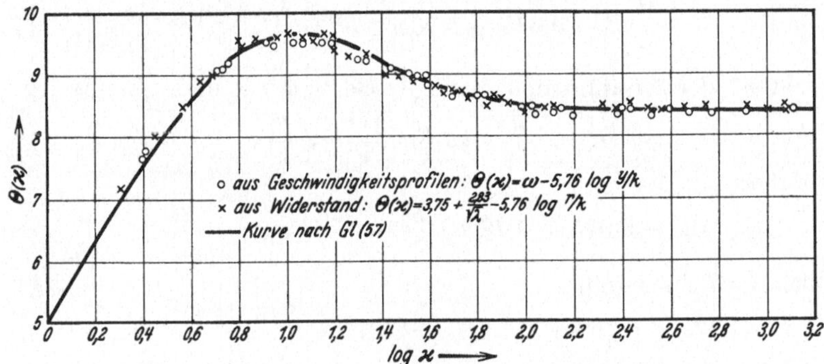

Abb. 29. Experimentelle Bestätigung des Rauhigkeitsgesetzes.

daß in der Tat innerhalb der Meßgenauigkeit die experimentell ermittelten Punkte $\Theta(\varkappa)$ auf einer Kurve liegen.

Für die Funktion $\Theta(k)$ läßt sich aber noch eine zweite Darstellung gewinnen, die die Ermittlung der Funktionswerte aus dem Widerstand ermöglicht und da die Meßpunkte beider Art, die in Abb. 29 eingetragen sind, die gleiche Kurve $\Theta(k)$ liefern, zu einem neuen Beweis des Nikuradseschen Ergebnisses führt. Zu diesem Zweck ist die Funktion $\beta(\varkappa)$ in Zusammenhang mit der relativen Rauhigkeit $\frac{k}{R}$ und der in der Hydraulik üblichen Widerstandsziffer λ zu bringen. Die Widerstandsziffer ist definiert durch

$$\lambda = \frac{dp}{dx} \cdot \frac{2R}{q} = \frac{dp}{dx} \frac{4R}{\varrho \bar{u}^2}. \tag{51}$$

Der Druckabfall $\frac{dp}{dx}$ längs des Rohrs hängt unmittelbar mit der an der Wand übertragenen Schubspannung τ_0 zusammen, denn aus der Gleichgewichtsbedingung für einen flüssigen Zylinder von der Länge dx und dem Radius R folgt.

$$\frac{dp}{dx} = 2\frac{\tau_0}{R}.$$

Diese Beziehung liefert zusammen mit (51):

$$\sqrt{\lambda} = \sqrt{8 \frac{\tau_0}{\varrho} \frac{1}{\bar{u}}} = 2{,}83 \left(\frac{v^*}{\bar{u}} \right). \tag{51a}$$

Es ist nun die mittlere Geschwindigkeit $\bar{u}$ über den Rohrquerschnitt zu ermitteln. Gleichung (44) liefert durch eine Integration hierfür mit

$$R^* = \frac{R v^*}{\nu}$$

den Wert

$$\left. \begin{aligned} \bar{\omega} = \frac{\bar{u}}{v^*} &= \beta - 1{,}325 + 2{,}50 \ln R^* - 3{,}750 + o\left(\frac{1}{R^*} \right) = \\ &= \beta - 5{,}075 + 5{,}76 \log R^*. \end{aligned} \right\} \tag{52}$$

Die beiden Gleichungen (51a) und (52) liefern zusammen

$$\beta - 5{,}075 + 5{,}76 \log R^* = \sqrt{\frac{8}{\lambda}}. \tag{53}$$

Gesucht ist der Zusammenhang der Größe β mit λ und $\frac{k}{R}$. Es ist

$$R^* = \frac{R v^*}{\nu} = \frac{R}{k} \cdot \frac{k v^*}{\nu} = \frac{R}{k} \varkappa$$

und daher

$$\beta - 5{,}075 + 5{,}76 \log \frac{R}{k} + 5{,}76 \log \varkappa = \frac{2{,}83}{\sqrt{\lambda}}.$$

Endlich wird nach (50)

$$\beta - 1{,}325 + 5{,}76 \log \varkappa = \Theta(\varkappa) = 3{,}75 + \frac{2{,}83}{\sqrt{\lambda}} - 5{,}76 \log \frac{R}{k}. \tag{54}$$

Nach dieser Formel sind die Meßpunkte zweiter Art, die in Abb. 29 eingetragen sind, aus dem Widerstand gewonnen worden. Beide Serien von Messungen fallen in eine Kurve zusammen. Dies ist das Hauptergebnis Nikuradses, das formelmäßig lautet:

$$\left. \begin{aligned} \Theta(\varkappa) = \beta(\varkappa) - 1{,}325 + 5{,}76 \log \varkappa &= \omega - 5{,}76 \log \frac{y}{k} = \\ = 3{,}75 + \frac{2{,}83}{\sqrt{\lambda}} &- 5{,}76 \log \frac{R}{k} \end{aligned} \right\} \tag{55}$$

Die Funktion $\Theta(\varkappa)$ bzw. die Funktion $\beta(\varkappa)$ ist hiermit empirisch bekannt. Sie stellt den Schlußstein der Theorie der Wandturbulenz dar, die gleichzeitig mit der Theorie der turbulenten Rohrströmung mit den Hilfsmitteln der statistischen Hydrodynamik entwickelt wurde. Jedoch gehört das Gesetz $\beta(\varkappa)$ in seinen Einzelheiten methodisch nicht mehr der statistischen Turbulenztheorie an. Der Verlauf dieser Funktion läßt sich nämlich, wie Nikuradse (VDI-Forschungsheft 361, S. 6) ausführt, qualitativ erklären, indem man annimmt, daß zunächst für kleine Reynoldssche Zahlen und demnach kleine Werte $\varkappa$ die Rauhigkeitserhebungen noch vollständig von einer laminaren Grenzschicht eingehüllt werden, so daß sich in diesem Bereich jede Wand wie eine glatte Wand verhält. In diesem Bereich, der sich bis etwa $\varkappa = 3{,}5$ erstreckt, ist die

Widerstandszahl λ, wie wir unten ableiten, nur von Re und nicht von der relativen Rauhigkeit abhängig. Für größere Reynoldssche Zahlen wird die Dicke der laminaren Schicht kleiner und es tritt immer häufiger der Fall ein, daß einzelne Erhebungen aus dieser Schicht hervorragen und direkt die Strömung beeinflussen, indem sie zur Wirbelbildung Anlaß geben. Diese Erscheinung tritt im Bereich $3,5 < \varkappa < 65$ immer mehr in den Vordergrund. Dieser Bereich, in dem beim Rohr λ von Re und $\frac{k}{R}$ abhängt, stellt einen Übergangsbereich dar zu einem Gebiet, in dem das quadratische Widerstandsgesetz herrscht, und daher λ von Re unabhängig ist und nur noch von $\frac{k}{R}$ abhängt. Dieses Gebiet ist das Gebiet großer Reynoldsscher Zahlen und erstreckt sich von $\varkappa = 65$ an aufwärts.

Diese Theorie, die den Einfluß der Wandrauhigkeit, der im empirischen Gesetz $\beta\,(\varkappa)$ zum Ausdruck kommt, erklärt, hat also die einzelnen Wirbelablösungen an den Rauhigkeitselementen als Gegenstand der Betrachtung. Da es dabei auf das Zusammenwirken mit der laminaren Grenzschicht ankommt, handelt es sich hier um einen Fragenkomplex, der der exakten theoretischen Behandlung nur sehr schwer zugänglich sein dürfte und der methodisch nicht mehr ausschließlich der statistischen Turbulenztheorie angehört, sondern ein Grenzgebiet dieses Wissenszweiges darstellt. Daher unternehmen wir hier keinen Versuch, das Gesetz $\beta\,(\varkappa)$ theoretisch herzuleiten, sondern betrachten diesen Zusammenhang durchaus als ein empirisches Gesetz, als ein Ergebnis der Experimentalphysik, die auf diese Weise zur Theorie der Wandturbulenz eine letzte, wesentliche Ergänzung beiträgt.

Aber auch, wenn wir nicht das Bildungsgesetz der Funktion $\beta\,(\varkappa)$ kennen, ist es doch nützlich, für die Rauhigkeitsfunktion $\Theta\,(\varkappa)$, die in Abb. 29 empirisch vorliegt und ebenso für die Funktion $\beta\,(\varkappa)$ analytische Ausdrücke zu besitzen, die den Rechnungen zugrunde gelegt werden können. Eine Darstellung dieser Funktionen in Abhängigkeit vom Parameter $\log \varkappa$ muß durch einen Ansatz geschehen, bei dem für sehr große positive und negative Argumentwerte Asymptoten vorliegen, denn im Gebiet des quadratischen Widerstandsgesetzes sowohl wie im Bereich der glatten Strömung wird die Abhängigkeit der Funktionen Θ nach Abb. 29 und β vom Argument $\log \varkappa$ durch Gerade dargestellt. Dem trägt eine Hyperbel mit den richtigen Asymptoten Rechnung. Aber der Übergang zwischen diesen beiden Grenzgebieten wird durch eine Hyperbel allein nicht richtig dargestellt, indem die in Abb. 29 ersichtliche, charakteristische Ausbuchtung durch sie nicht erfaßt wird. Daher ist der Hyperbel noch eine Funktion zu überlagern, die für sehr große positive und negative Argumentwerte asymptotisch verschwindet und im übrigen die Gestalt einer Glockenkurve besitzt. Eine brauchbare

Darstellung der Funktionen Θ ($\varkappa$) und β ($\varkappa$), die nach diesen Gesichtspunkten gewonnen wurde, lautet:

$$\Theta(\varkappa) = 8{,}50 + 2{,}88 \left(\log \frac{\varkappa}{3{,}9} - \sqrt{0{,}1 + \left(\log \frac{\varkappa}{3{,}9} \right)^2} \right) + \left. + \frac{1{,}5}{\left(1 + \left(\log \frac{\varkappa}{10} \right)^2 \right)^3} \right\} \tag{56}$$

$$\beta(\varkappa) = 6{,}43 - 2{,}88 \left(\log \frac{\varkappa}{3{,}9} + \sqrt{0{,}1 + \left(\log \frac{\varkappa}{3{,}9} \right)^2} \right) + \left. + \frac{1{,}5}{\left(1 + \left(\log \frac{\varkappa}{10} \right)^2 \right)^3} \right\} \tag{57}$$

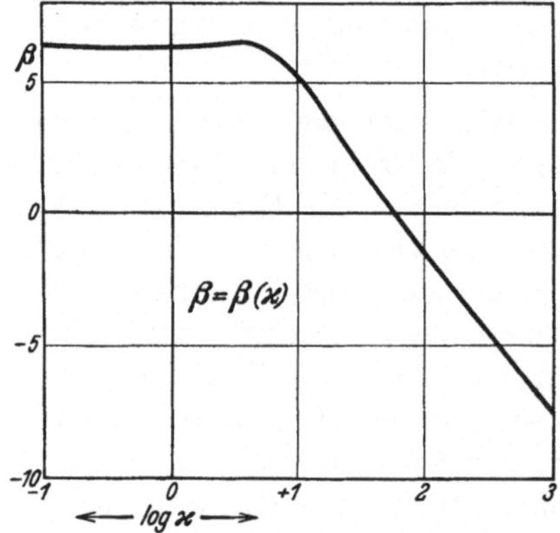

Abb. 30. Die Rauhigkeitsfunktion β ($\varkappa$) nach Gleichung (57).

Die Funktion Θ ist nach dieser empirischen Formel berechnet in Abb. 29 als ausgezogene Kurve eingetragen. Man ersieht, daß diese Formel die Versuchswerte einwandfrei wiedergibt. Abb. 30 zeigt den Verlauf der Funktion β ($\varkappa$) nach (57). Diese Kurve ist kongruent mit den Kurven der Schar in Abb. 28, die durch die Wahl des Parameters $\varkappa$ an Stelle von Re und $\frac{k}{R}$ zu einer einzigen Kurve vereinigt werden.

5. Das Widerstandsgesetz.

Wir beschließen die Untersuchungen über die stationäre turbulente Strömung im Kreisrohr mit einer wichtigen Anwendung, indem wir die Ergebnisse in bekannter Weise noch zur Berechnung des Widerstandsgesetzes im Kreisrohr verwenden. Zu diesem Zweck greifen wir auf Gleichung (53)

$$\beta(\varkappa) - 5{,}075 + 5{,}76 \log R^* = \sqrt{\frac{8}{\lambda}} \tag{53}$$

zurück. Das gesuchte Widerstandsgesetz ist eine Aussage über die Abhängigkeit der Widerstandszahl λ von der Reynoldsschen Zahl Re und der relativen Rauhigkeit $\frac{k}{R}$. Wenn es gelingt, R^* und $\varkappa$ durch die Größen $Re, \frac{k}{R}$ und λ auszudrücken, ist unsere Aufgabe gelöst. Nun ist nach Gleichung (51a)

$$\frac{v^*}{\bar{u}} = \sqrt{\frac{\lambda}{8}} \text{ und nach Definition } Re = \frac{2R\bar{u}}{\nu}.$$

Daher ist

$$R^* = \frac{R\,v^*}{\nu} = \frac{2\,R\,\bar{u}}{\nu}\,\frac{1}{2}\,\frac{v^*}{\bar{u}} = Re\,\sqrt{\frac{\lambda}{32}} \quad \text{und} \quad \varkappa = \frac{k\,v^*}{\nu} = \frac{k}{R}\,Re\,\sqrt{\frac{\lambda}{32}}.$$

Die erste Beziehung ergibt logarithmiert

$$\log R^* = \log\left(Re\,\sqrt{\lambda}\right) - 0{,}7526$$

und dies liefert in (53) eingesetzt das Widerstandsgesetz:

$$\log\left(Re\,\sqrt{\lambda}\right) = 1{,}633 - \frac{\beta\,(\varkappa)}{5{,}76} + \frac{0{,}491}{\sqrt{\lambda}}$$

mit

$$\varkappa = 0{,}177\,\frac{k}{R}\,Re\,\sqrt{\lambda} \tag{58}$$

Diese allgemeine Darstellung verknüpft Re und λ mit der Rauhigkeitsfunktion $\beta\,(\varkappa)$, die von Nikuradse vermessen wurde und nach diesen Messungen empirisch durch die Formel (57) dargestellt wird. (57) und (58) liefern zusammen für das Widerstandsgesetz die allgemeingültige Darstellung:

$$\log\left(Re\,\sqrt{\lambda}\right) = 0{,}52 + \frac{0{,}491}{\sqrt{\lambda}} -$$

$$- \frac{1}{2}\left\{\left(\log\left(Re\,\sqrt{\lambda}\right) - \log\frac{R}{k} - 1{,}34\right) + \sqrt{0{,}1 + \left(\log\left(Re\,\sqrt{\lambda}\right) - \log\frac{R}{k} - 1{,}34\right)^2}\right\} +$$

$$+ \frac{0{,}26}{\left[1 + \left(\log\left(Re\,\sqrt{\lambda}\right) - \log\frac{R}{k} - 1{,}75\right)^2\right]^3} \tag{59}$$

Von besonderem Interesse sind die beiden Grenzfälle, die den Asymptoten der Funktion $\beta\,(\log\varkappa)$ entsprechen. In diesen Fällen vereinfacht sich Gleichung (59) wesentlich. Es handelt sich mit $\log\frac{R}{k} \to \infty$ bei endlichem $\log\left(Re\,\sqrt{\lambda}\right)$ um das Widerstandsgesetz des glatten Rohres und mit $\log\left(Re\,\sqrt{\lambda}\right) \to \infty$ bei festgehaltenem $\log\frac{R}{k}$ um das Widerstandsgesetz des rauhen Rohres bei sehr großen Reynoldsschen Zahlen. Die beiden Gesetze lauten:

a) Widerstandsgesetz des glatten Rohres:

$$\log\left(Re\,\sqrt{\lambda}\right) = 0{,}52 + \frac{0{,}491}{\sqrt{\lambda}}\,; \tag{60}$$

b) Widerstandsgesetz des rauhen Rohres bei sehr großen Re:

$$\frac{1}{\sqrt{\lambda}} = 1{,}69 + 2{,}04\,\log\frac{R}{k}\,. \tag{61}$$

Im Gültigkeitsbereich des Widerstandsgesetzes (60) ist demnach der Widerstand allein eine Funktion der Reynoldsschen Zahl. Dieses Gesetz gilt bei sehr glatten Rohren bis zu hohen Reynoldsschen Zahlen (beobachtet bis $Re = 3 \cdot 10^6$), aber auch für rauhe Rohre in einem dementsprechend weniger großen Bereich kleiner Re. Diese Funktion

$\lambda\,(Re)$ stellt für die Kurvenschar der Widerstandsgesetze $\lambda\left(\dfrac{k}{R}\,;\,Re\right)$, die zu fester relativer Rauhigkeit $\dfrac{k}{R}$ gehören, die **Enveloppe** dar. In Abb. 31 ist der Zusammenhang zwischen $\log\lambda$ und $\log Re$ zusammen mit einigen Meßpunkten, die von **Nikuradse** mitgeteilt sind, eingetragen. Die Übereinstimmung der theoretischen Kurve mit den Meßergebnissen ist einwandfrei. Das ist um so bemerkenswerter, da in das Gesetz der Gleichung (60) das empirische Rauhigkeitsgesetz $\beta\,(\varkappa)$ noch nicht eingeht, so daß bei der Herleitung dieser Beziehung **nur** unsere theoretischen

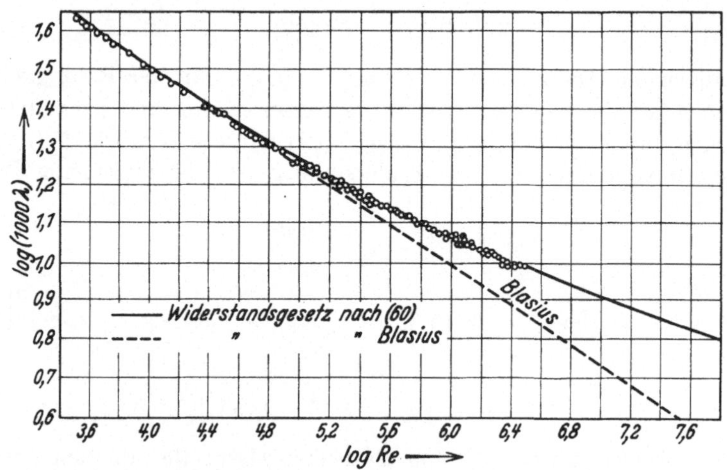

Abb. 31. Das Widerstandsgesetz des glatten Kreisrohrs.

Ergebnisse und die bereits in Abschn. 3 aus dem Versuchsmaterial ermittelten Konstanten $C = 0{,}40$ und $\beta = 6{,}43$ verwendet wurden.

Das andere einfache Widerstandsgesetz (61) gilt bei sehr großen **Reynolds**schen Zahlen und zwar beginnt sein Gültigkeitsbereich bei um so größeren Re, je geringer die relative Rauhigkeit des betreffenden Rohres ist. Bei diesem Gesetz ist die Widerstandszahl λ allein eine Funktion der relativen Rauhigkeit. Dem entspricht ein Widerstand proportional dem Quadrat der Geschwindigkeit. Der Bereich des Gesetzes (61) ist also der Bereich des quadratischen Widerstandsgesetzes. Die Funktion $\lambda\left(\dfrac{k}{R}\right)$ nach (61) stellt für die Kurvenschar der Widerstandsgesetze $\lambda\left(Re\,;\,\dfrac{k}{R}\right)$, die zu festgehaltener **Reynolds**scher Zahl gehören, die **gemeinsame Asymptote** dar. In der kurzen Tabelle sind für die sechs relativen Rauhigkeiten, auf die sich die Messungen **Nikuradses** in rauhen Rohren bezogen, die nach (61) errechneten Werte von λ mit den Meßergebnissen verglichen. Da die λ Grenzwerte für unendliche **Reynolds**sche Zahlen darstellen, wurde in die Tabelle aus jeder der umfangreichen Meßreihen, bei denen $\dfrac{k}{R}$ fest und Re veränderlich war, der größte beobachtete Wert eingetragen. Es ist daher zu erwarten, daß dieser Beobachtungswert wegen der unvermeidlichen Meßfehler regelmäßig etwas zu hoch liegt. Nur bei recht glatten Rohren kann das Gegenteil eintreten, daß der höchste beobachtete Wert noch zu klein ist, da bei diesen der Grenzwert λ erst bei ganz außerordentlich großen Re näherungsweise erreicht wird.

Auch bei diesem Widerstandsgesetz ist die Übereinstimmung zwischen den Ergebnissen der Theorie und des Experiments voll befriedigend.

Die hier entwickelte Theorie der turbulenten Strömung führt also bei der Anwendung auf das Kreisrohr zu Folgerungen für die Geschwindigkeitsverteilung und für den Widerstand, die mit der Erfahrung vollkommen übereinstimmen. Damit ist es gelungen, die turbulente Rohrströmung in allen Einzelheiten theoretisch zu beherrschen und gleichzeitig ist damit der stärkste heute mögliche Nachweis für die Richtigkeit der Theorie des Turbulenztensors erbracht.

Tabelle 3.

$\dfrac{R}{k}$	λ (berechnet)	λ (gemessen) maximal
507	0,0192	0,0190
252	0,0230	0,0236
126	0,0281	0,0282
60	0,0355	0,0363
30,6	0,0446	0,0455
15	0,0596	0,0604

6. Die Grenze der Turbulenz — kritische Reynoldssche Zahl.

Die Theorie des Turbulenztensors beherrscht nach den Ergebnissen der letzten Abschnitte die turbulente Rohrströmung, die sich bei größeren Reynoldsschen Zahlen einstellt. Bei kleinen Reynoldsschen Zahlen jedoch beobachtet man bekanntlich keine turbulente, sondern laminare Strömung. Nach den Vorstellungen unserer Theorie bedeutet dies, daß die Erscheinungen, die durch den Turbulenztensor beschrieben werden, nicht auftreten. Die Grenze zwischen diesen beiden Gebieten wird durch eine kritische Reynoldssche Zahl gekennzeichnet. Allerdings ist diese kritische Reynoldssche Zahl auch bei einer und derselben Anordnung nicht festliegend. Durch vorsichtiges Experimentieren kann man noch bei recht hohen Reynoldsschen Zahlen laminare Strömungen erzeugen, so daß keine obere Grenze für die Reynoldssche Zahl des Umschlages angegeben werden kann. Die höchsten Reynoldsschen Zahlen, bei denen laminare Strömungen in Kreisrohren beobachtet wurden, sind von der Größenordnung $Re = 50000$. Dagegen gibt es eine untere Grenze der kritischen Reynoldsschen Zahl, die für Kreisrohre bei $Re = 2000$ liegt. Strömungen mit kleinerer Kennzahl als dieser beruhigen sich auch nach starken Störungen und zeigen wieder laminares Verhalten.

Der Übergang zur laminaren Strömungsform bedeutet die Grenze für die Überlegungen der statistischen Hydrodynamik ebenso wie der Kondensationsvorgang die kinetische Gastheorie abgrenzt, indem er ihr die Voraussetzungen entzieht. Die theoretische Ermittlung des Siedepunktes ist keine Aufgabe der kinetischen Gastheorie, sondern ein Problem, zu dessen Lösung Kenntnisse über die Moleküle erforderlich sind. Ebenso kann nur die im kleinen gültige Navier-Stokessche Theorie die Mittel für die theoretische Behandlung der kritischen Reynoldsschen Zahl liefern.

Es handelt sich dabei um schwierige mathematische Untersuchungen, die unter dem Stichwort „Stabilitätsproblem" bekannt sind und den größten Teil der bisherigen theoretischen Turbulenzforschung ausmachen. Die Behandlung dieses Problemkreises hat in jüngster Zeit durch die Arbeiten der Prandtlschen Schule, insbesondere von Tietjens, Tollmien und Schlichting zu Erfolgen geführt und tiefe Einblicke in die Voraussetzungen für die Entstehung der Turbulenz eröffnet. Tollmien gelang es, zwar nicht für das Kreisrohr, wohl aber für die Grenzschicht strömung an der ebenen Platte die kritische Reynoldssche Zahl zu errechnen, bei der das Blasiussche Geschwindigkeitsprofil[1] unstabil wird.

Strömt eine Flüssigkeit in der Weise, daß die Reynoldssche Zahl der Grenzschicht unterhalb dieser kritischen Reynoldsschen Zahl liegt, so ist das laminare Profil unter allen Umständen stabil, d. h. kleine Störungen veranlassen keine wesentliche Änderung der laminaren Strömungsverhältnisse. Solche Störungen finden dauernd infolge der Wandrauhigkeiten statt, aber sie geben in diesem Falle keinen Anlaß zur Umbildung der laminaren Strömung, zu Wirbelablösungen u. dgl. Elementarvorgänge, die in ihrer tausendfachen Wiederholung Gegenstand der physikalischen Statistik sind und die Grundlage der Theorie des Turbulenztensors darstellen. Damit kommt die Voraussetzung der Turbulenz in Wegfall und die Strömungsvorgänge müssen nicht nur „im kleinen" sondern auch „im großen" den Navier-Stokesschen Gleichungen gehorchen. Also ist Labilität der laminaren Strömung Voraussetzung für die Turbulenzerscheinungen.

Tollmien errechnete für die kritische Reynoldssche Zahl der Grenzschicht den Wert $Re^* = 420$. Dabei ist diese Reynoldssche Zahl aus der Höchstgeschwindigkeit, der kinematischen Zähigkeit und der sog. Verdrängungsdicke der Grenzschicht

$$\delta = \int\limits_0^\infty \left(1 - \frac{u(y)}{u_{max}} \right) d y$$

gebildet. Dieser theoretische Wert steht auch in guter Übereinstimmung mit Beobachtungen von van der Hegge Zijnen und Hansen, die

---

[1] Siehe z. B. Handbuch der Experimentalphysik IV/1, S. 262.

experimentell für diese kritische Reynoldssche Zahl als niedrigsten Wert $Re^* = 500$ erhielten.

Dieser Befund erlaubt einen Schluß auf die untere Grenze der kritischen Reynoldsschen Zahl im Kreisrohr. Das stationäre laminare Geschwindigkeitsprofil im Kreisrohr ist die Parabel

$$u = \frac{v^{*2}}{2\,v\,R}\,(R - y)^2\,.$$

Die mittlere Geschwindigkeit ist demnach die halbe Höchstgeschwindigkeit und daher

$$Re = \frac{2\,R\,\bar{u}}{v} = \frac{R\,u_{\max}}{v}\,.$$

Bevor dieses stationäre Profil sich ausbildet, lösen sich in der Anlaufstrecke eine Reihe Geschwindigkeitsprofile einander ab, die näherungsweise durch Blasiussche Grenzschichtprofile dargestellt werden können. Erreichen diese Profile in der Anlaufstrecke die kritische Reynoldssche Zahl Re^*, so können schon ganz kleine Störungen bewirken, daß die laminare Strömung turbulent wird, so daß es nicht mehr zur Ausbildung des stationären laminaren Geschwindigkeitsprofils kommt.

Ein solcher Umschlag zur turbulenten Strömung ist nicht mehr möglich, wenn die Verdrängungsdicke der vollausgebildeten laminaren Strömung einer Reynoldsschen Zahl entspricht, die unterhalb der kritischen Zahl $Re^* = 420$ bzw. 500 liegt. Die Verdrängungsdicke ist nach Definition die Breite, um die man die Strömung einengen muß, um mit konstanter Maximalgeschwindigkeit die gleiche Durchflußmenge zu erhalten. Diese Erklärung liefert für δ die Gleichung

$$R^2\,\pi\,\bar{u} = (R - \delta)^2\,\pi\,u_{\max}\,.$$

Daraus folgt mit

$$2\,\bar{u} = u_{\max} \qquad \frac{\delta}{R} = 1 - \frac{1}{\sqrt{2}} = 0{,}292$$

und daher

$$Re^* = 0{,}292\,Re.$$

Mit dem von Tollmien errechneten kritischen Wert $Re^* = 420$ ergibt sich theoretisch als niedrigste kritische Reynoldssche Zahl für das Kreisrohr $Re = 1440$, mit dem experimentellen Wert $Re^* = 500$ folgt $Re = 1710$. Daß diese Werte etwas niedriger liegen als der am Rohr beobachtete Wert $Re = 2000$ ist vielleicht damit zu erklären, daß die geschlossene Rundung des Rohres gegenüber der Platte auf die Strömung stabilisierend wirkt, ähnlich wie ein Wirbelring ungleich stabiler ist als ein gerader Wirbelfaden. In diesem Sinne stehen die Ergebnisse der Stabilitätstheorie für die Strömung an der ebenen Platte in recht gutem Einklang mit der Beobachtung im Kreisrohr.

VII. Spezielle Probleme turbulenter Strömungen.

1. Turbulente Strömungen in konvergenten und divergenten Kanälen.

Das umfassendste Versuchsmaterial zur Turbulenzforschung bezieht sich auf die turbulenten Strömungen in Kreisrohren, von denen im letzten Kapitel die Rede war. Weniger umfangreiche und exakte Messungen liegen aber auch für einige andere spezielle Probleme vor. Als Beispiele erwähnen wir Messungen in konvergenten und divergenten Kanälen und turbulenten Grenzschichten, sowie experimentelle Beiträge zum Problem des Windschattens und des turbulenten Freistrahles. Von derartigen Sonderproblemen soll dieses Kapitel handeln. Dabei kann im Rahmen dieses Werkes eine einigermaßen erschöpfende Behandlung dieser Fragen nicht unsere Aufgabe sein. Die betreffenden Untersuchungen bestünden nämlich in Integrationsaufgaben auf der Grundlage unserer allgemeinen Gleichungen. Solche Integrationstheorien, für deren Ergebnisse erst wenige Messungen vorliegen, würden aber über den Rahmen dieses Buches hinausgehen, dessen Aufgabe es sein soll, der theoretischen Behandlung turbulenter Strömungen die Grundlagen zu schaffen. Daher beschränken wir uns darauf, unsere allgemeinen Gleichungen der Turbulenztheorie an dem Versuchsmaterial zu diesen Problemen zu bestätigen und daraus noch einige Ergänzungen zur allgemeinen Theorie zu erschließen.

Wir beginnen mit der Behandlung turbulenter Strömungen in konvergenten und divergenten Kanälen. Als Versuchsmaterial stehen uns hierzu neben anderen Arbeiten die Messungen Nikuradses, die im VDI-Forschungsheft 289 niedergelegt sind, zur Verfügung. Diese Messungen wurden in divergenten Kanälen mit halbem Öffnungswinkel bis 4^0 und in konvergenten Kanälen mit halbem Öffnungswinkel bis -8^0 bei sehr großen Reynoldsschen Zahlen vorgenommen. Der Einfluß der Zähigkeit ist bei diesen Versuchen durchweg zu vernachlässigen. Die konstante Tiefe der im Querschnitt rechteckigen Kanäle betrug 30 cm, die variable Breite war an der Meßstelle zwischen $2\,b = 1{,}2$ cm und $2\,b = 5{,}4$ cm. Durch Kontrollmessungen wurde bestätigt, was bei diesem großen Seitenverhältnis zu erwarten war, daß die gemessenen Strömungen als zweidimensional betrachtet werden können. Die Geschwindigkeit betrug an der Meßstelle in Kanalmitte zwischen 173 cm/s und 720 cm/s.

Es ergab sich, daß die Geschwindigkeitsprofile sich längs des Kanals affin ändern, so daß bei festem Öffnungswinkel $2\,\alpha$ für alle Kanalquerschnitte $\dfrac{u}{u_{\max}}$ durch die gleiche Funktion von $\dfrac{y}{b}$ (b = halbe Kanalbreite) dargestellt wird. Die gemessenen Geschwindigkeitsprofile sind für die verschiedenen Öffnungswinkel in Abb. 32 wiedergegeben.

Aus diesen Meßergebnissen ermittelte Nikuradse die Schubspannung in ihrer Verteilung über den Querschnitt. Indem man von der Gleichung für die erste Komponente des Impulses ausgeht, kann man die Schubspannung durch die Geschwindigkeit und das Druckgefälle ausdrücken. Als Anfangspunkt des Koordinatensystems wird der Schnittpunkt der Kanalwände gewählt, als x-Achse die Symmetrieachse der Strömung

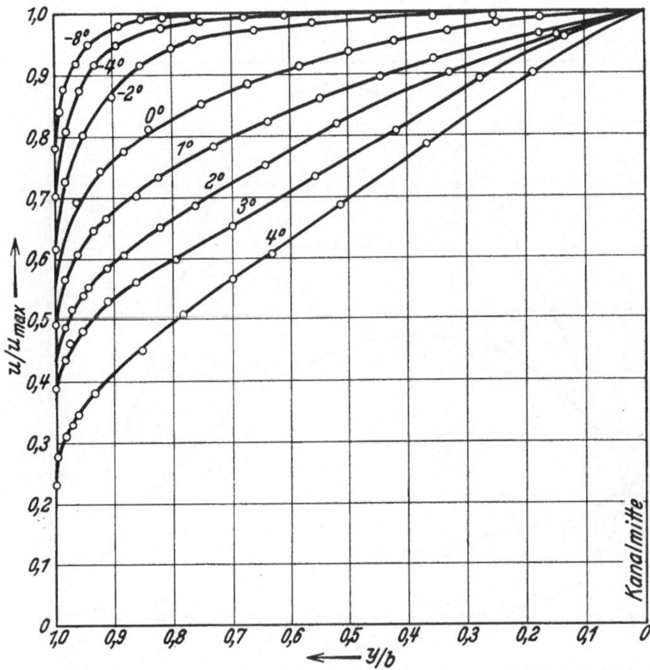

Abb. 32. Geschwindigkeitsverteilungen in konvergenten und divergenten Kanälen.

und als y-Achse das Lot hierzu durch den Ursprung. Infolge des geringen Öffnungswinkels kann die v-Komponente der Geschwindigkeit gegenüber der u-Komponente in x-Richtung vernachlässigt werden. Die Bewegungsgleichung der stationären Strömung lautet daher

$$\varrho\, u\, \frac{\partial u}{\partial x} = -\frac{dp}{dx} - \frac{\partial \tau}{\partial y}, \tag{1}$$

wobei $\dfrac{\partial u}{\partial x}$ auf einem Strahl durch den Koordinatenanfangspunkt genommen werden soll.

Indem angenommen wird, daß der Druck p nur eine Funktion von x ist, über den Kanalquerschnitt aber in hinreichender Näherung konstant ist, folgt durch Integration nach y

$$\tau = -y\, \frac{dp}{dx} - \frac{\varrho}{2} \int\limits_{0}^{y} \frac{d(u^2)}{dx}\, dy.$$

Nun wird von der Tatsache Gebrauch gemacht, daß die Geschwindigkeitsprofile sich längs des Kanals affin ändern, so daß $\dfrac{u}{u_{\max}}$ nur von $\dfrac{y}{b}$, nicht aber von x abhängt, und außerdem, daß aus Kontinuitätsgründen $x \cdot u_{\max} = $ const sein muß. Durch eine einfache Rechnung folgt

$$\int\limits_0^y \frac{d\,(u^2)}{d\,x}\,d\,y = -\frac{2}{x}\int\limits_0^y u^2\,d\,y,$$

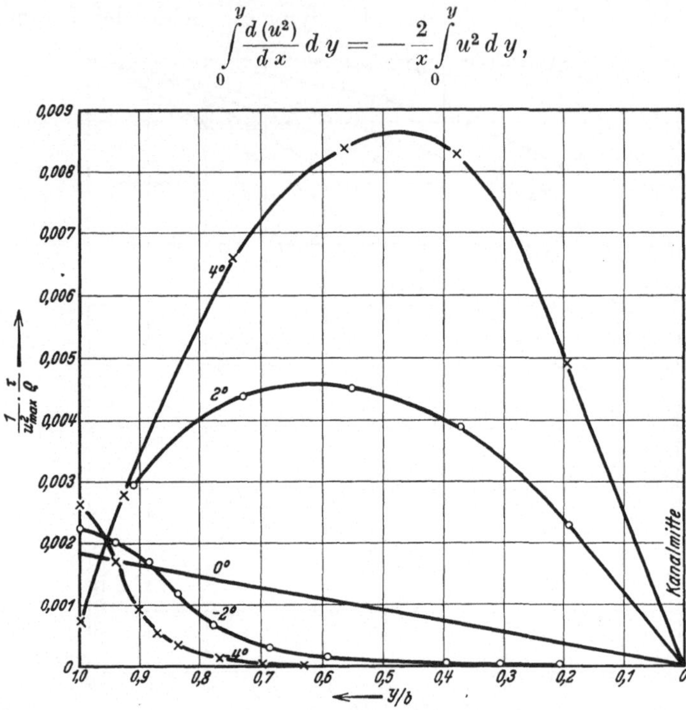

Abb. 33. Verteilung der Schubspannung in konvergenten und divergenten Kanälen.

so daß für die Schubspannung τ der Ausdruck

$$\tau = -y\,\frac{d\,p}{d\,x} + \frac{\varrho}{x}\int\limits_0^y u^2\,d\,y \tag{2}$$

entsteht.

In dieser Gleichung sind alle Größen der rechten Seite durch die Messung bekannt, so daß τ experimentell ermittelt werden kann. In Abb. 33 ist $\dfrac{1}{u_{\max}^2}\,\dfrac{\tau}{\varrho}$ als Funktion von $\dfrac{y}{b}$ für verschiedene Öffnungswinkel des Kanals aufgetragen. Bei verengten Kanälen nimmt die Schubspannung von ihrem größten Wert an der Wand rasch auf den Wert Null in der Kanalmitte ab. Verschwindende Schubspannung bedeutet konstante Geschwindigkeit, die in einem mehr oder weniger breiten Bereich in der Mitte des Kanals herrscht. Im Falle paralleler Wände nimmt die Schubspannung von ihrem Maximalwert an der Wand zum

Wert Null in der Kanalmitte linear ab. Bei erweiterten Kanälen dagegen rückt der Höchstwert der Schubspannung von der Wand weg, während die Schubspannung an der Wand bei wachsendem Öffnungswinkel immer mehr absinkt. Verschwindende Schubspannung an der Wand ist das Kriterium für das Ablösen der Strömung.

Für die Theorie der hier in Frage stehenden Strömungsvorgänge ist vor allem die Kenntnis des zugehörigen Turbulenztensors erforderlich. Da die Wände hier so groß sind im Vergleich zum Kanalquerschnitt, daß die Strömung näherungsweise als zweidimensional betrachtet werden kann, darf bei der Herleitung des Turbulenztensors mit zwei unendlich ausgedehnten Ebenen gerechnet werden. Weiter wird wegen der Kleinheit des Öffnungswinkels des Kanals die Rechnung näherungsweise mit zwei parallelen Ebenen geführt.

Die Berechnung des Turbulenztensors für den Raum zwischen zwei unendlich ausgedehnten parallelen Ebenen im Abstand $2\,b$ erfordert lediglich eine geringfügige Änderung des Rechnungsganges bei der Herleitung des Turbulenztensors für den von einer unendlichen Ebene begrenzten Halbraum, die in Kap. V durchgeführt wurde. In Gleichung (13a), Kap. V, für den Streuungstensor der Zusatzgeschwindigkeiten tritt an Stelle von

$$\frac{1}{x_2^2} \quad \text{hier} \quad \left(\frac{1}{(y-b)^2} + \frac{1}{(y+b)^2} \right)$$

und entsprechend in der Gleichung (19), Kap. V, für den Turbulenztensor an Stelle von x_2^2

$$\left(\frac{1}{(y-b)^2} + \frac{1}{(y+b)^2} \right)^{-1} = \frac{(y^2-b^2)^2}{2\,(y^2+b^2)}.$$

Der Turbulenztensor für das vorliegende Problem lautet also mit $\varkappa = 0$

$$\varPi\,(P) = C^2\,|\,\text{rot}\,\mathfrak{v}\,|\,\frac{(y^2-b^2)^2}{2\,(y^2+b^2)} \begin{pmatrix} 0 & 0 & 0 \\ 0 & 1 & 0 \\ 0 & 0 & 1/2 \end{pmatrix}. \tag{3}$$

Für die Theorie eines ebenen Strömungsvorgangs ist von diesem Tensor nur die Komponente π_{yy} von Belang, die mit dem Prandtlschen Mischungsweg l durch die Beziehung

$$\pi_{yy} = l^2\left|\frac{d\,u}{d\,y}\right| \tag{4}$$

zusammenhängt. Es ist mit $\eta = \dfrac{y}{b}$

$$\pi_{yy} = C^2\,b^2\,\frac{(1-\eta^2)^2}{2\,(1+\eta^2)}\,|\,\text{rot}\,\mathfrak{v}\,| \tag{5}$$

und daher gilt für den Mischungsweg

$$\frac{l}{C\,b} = \frac{1-\eta^2}{\sqrt{2\,(1+\eta^2)}}. \tag{6}$$

Diese aus der Theorie des Turbulenztensors für den Mischungsweg bei unendlicher Reynoldsscher Zahl folgende Beziehung ist in Abb. 34 dargestellt.

Die erste Impulsgleichung für ein ebenes Problem, die für die vorliegende Aufgabe maßgebend ist, lautet näherungsweise

$$\frac{\partial u}{\partial t} + u\,\frac{\partial u}{\partial x} + v\,\frac{\partial u}{\partial y} = -\frac{1}{\varrho}\frac{\partial p}{\partial x} + v\left(\frac{\partial^2 u}{\partial x^2} + \frac{\partial^2 u}{\partial y^2}\right) + \frac{\partial}{\partial y}\left(\pi_{yy}\frac{\partial u}{\partial y}\right). \tag{7}$$

Diese Gleichung vereinfacht sich, da das Glied $\frac{\partial u}{\partial t}$ verschwindet, da die Zähigkeitsglieder wegen der großen Reynoldsschen Zahl vernachlässigt

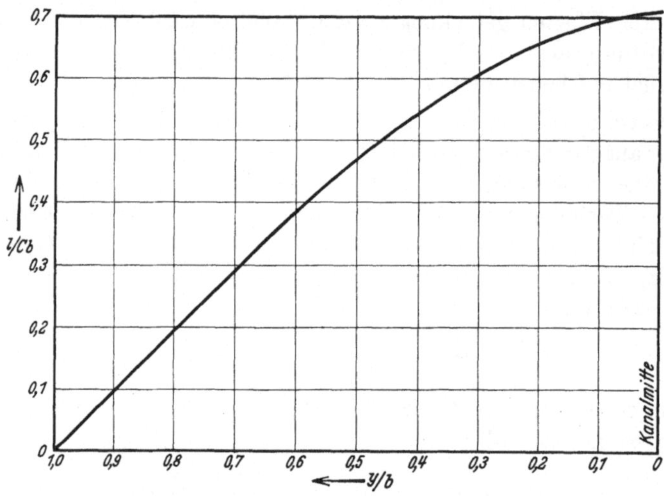

Abb. 34. Theoretischer Verlauf des Mischungswegs zwischen zwei parallelen Wänden.

werden dürfen und da wegen des kleinen Öffnungswinkels die Quergeschwindigkeit v außer acht gelassen werden darf, zu

$$u\,\frac{\partial u}{\partial x} = -\frac{1}{\varrho}\frac{dp}{dx} + \frac{\partial}{\partial y}\left(\pi_{yy}\frac{\partial u}{\partial y}\right). \tag{8}$$

Aus dieser Gleichung folgt durch Vergleich mit (1)

$$\frac{\tau}{\varrho} = \pi_{yy}\frac{\partial u}{\partial y} = C^2\,b^2\,\frac{(1-\eta^2)^2}{2\,(1+\eta^2)}\left|\frac{\partial u}{\partial y}\right|\frac{\partial u}{\partial y}. \tag{9}$$

Diese Gleichung enthält außer C^2 nur Größen, die durch die Messungen bekannt sind. Sie kann daher zur Ermittlung der Größe C dienen. In Abb. 35 ist C als Funktion des Wandabstands für verschiedene Öffnungswinkel aufgetragen. Die Größe C zeigt den bereits in Kap. VI, Abschn. 2, diskutierten Verlauf, indem sie mit wachsendem Wandabstand monoton abfällt. Dieser Abfall ist jedoch hier viel stärker ausgeprägt als beim Kreisrohr (s. Abb. 25). Außerdem ist der Verlauf ein verschiedener bei verschieden konvergenten und divergenten Kanälen, indem C in konvergenten Kanälen rascher mit wachsendem Wandabstand absinkt als in divergenten Kanälen.

Dieser Befund ist eine Stütze für die oben angestellten theoretischen Überlegungen, nach denen für die Größe von C der Weg, den die Turbulenzelemente von der Wand bis zum betrachteten Aufpunkt zurücklegen müssen, maßgebend sein dürfte. Ist dieser Weg kurz, so haben die fehlerhaften Wirbelelemente, die die Ursache der Streuungsgeschwindigkeiten sind, wenig Gelegenheit, sich infolge der Zähigkeit

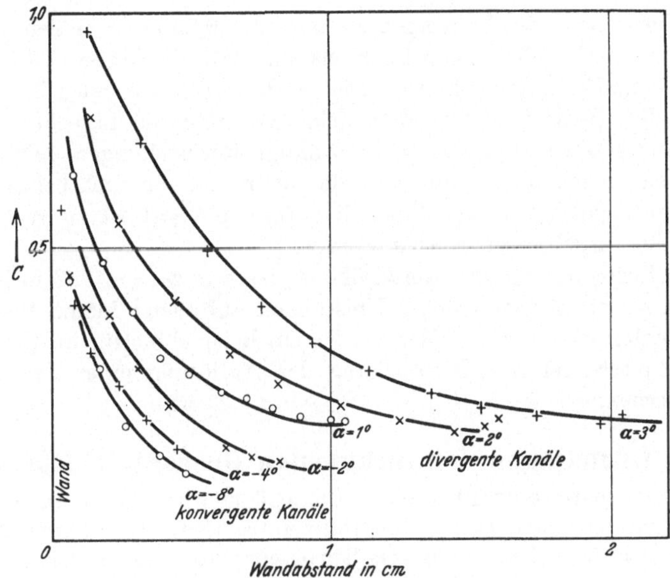

Abb. 35. Verlauf der Größe C in Abhängigkeit vom Wandabstand bei konvergenten und divergenten Kanälen.

zu glätten, bis sie an den Aufpunkt gelangen, und die Konstante des Gesetzes für die Streuungsgeschwindigkeit c

$$c = \text{const} \sqrt[4]{|\operatorname{rot} \mathfrak{v}|}$$

muß groß ausfallen; ist dieser Weg dagegen länger, so sind infolge der Zähigkeit die fehlerhaften Wirbelelemente bereits weitgehend verteilt und geglättet, wenn sie im Aufpunkt wirksam werden, und die Konstante der Streuungsgeschwindigkeit c nimmt einen kleineren Wert an.

Nun ist in gleichem Abstand von der Wandung eines Kreisrohrs und von der ebenen Wand der Weg zu dem betreffenden Aufpunkt im ersten Fall im Mittel kleiner als im zweiten Fall, so daß es erklärlich ist, daß im Kreisrohr die Größe C weniger stark absinkt als an der ebenen Wand. Außerdem ist dieser Weg beim konvergenten Kanal länger als bei einem divergenten Kanal, weil beim konvergenten Kanal die einzelnen Flüssigkeitsteilchen durch die Strömung immer wieder in Richtung zur Wand zurückgedrängt werden, während beim divergenten Kanal die Strömung das Vordringen einzelner Flüssigkeitsteilchen in größeren Wandabstand um so leichter macht, je größer der Öffnungswinkel ist und daher der Weg des Teilchens bis zum Aufpunkt im Durchschnitt weniger lang ist. Daher ist zu erwarten, daß in konvergenten Kanälen die Größe C rascher absinkt als in divergenten und daß bei gegebenem Wandabstand die Größe C monoton mit dem Öffnungswinkel anwächst. Diese qualitativen Aussagen über die Größe C werden durch die Diagramme der Abb. 35 bestätigt.

Die Messungen in konvergenten und divergenten Kanälen zeigen also wie schon die Messungen im Kreisrohr, daß die Größe C durchaus keine universelle Konstante ist. Dies ändert nichts an der Tatsache, daß mit dem Mittelwert $C = 0{,}40$ beim Kreisrohr die Berechnung der Widerstandsgesetze und der Geschwindigkeitsverteilungen mit recht großer Genauigkeit durchgeführt werden kann und daß auch bei anderen Aufgaben Rechnungen mit dieser Konstanten $C = 0{,}40$ zu recht befriedigenden Ergebnissen führen werden.

Diese Erkenntnisse über die Größe C lassen erwarten, daß in großer Entfernung von Wänden unter Umständen auffallend kleine Werte C zu beobachten sein werden. Wir werden ein Beispiel hierfür in Abschn. 3 dieses Kapitels bei der Besprechung der Auflösung eines Freistrahls kennen lernen.

2. Die Grundlagen der turbulenten Grenzschichttheorie.

Die turbulente Bewegung einer Flüssigkeit wird durch die Grundgleichungen der statistischen Hydrodynamik (Kap. V, Abschn. 6) beschrieben, die bei Abwesenheit des Turbulenztensors in die Differentialgleichungen der Navier-Stokesschen Theorie übergehen.

Oben, in Kap. V, Abschn. 6, wurde die wichtige Tatsache festgestellt, daß im Falle einer inkompressiblen Flüssigkeit durch eine Potentialströmung in $\mathfrak{v}$ (rot $\mathfrak{v} = 0$) diese Gleichungen erfüllt sind, so daß diese Strömung eine mögliche Bewegung der Flüssigkeit darstellt. Dieser Satz ist der theoretische Ausdruck des stets mit Verwunderung festgestellten Befundes, daß bei aller Unregelmäßigkeit der turbulenten Strömungen die Grundströmung im großen ganzen den Bewegungsgesetzen der idealen Flüssigkeit folgt.

Eine Potentialströmung kann jedoch nicht den Randbedingungen, die dem Haften der Flüssigkeit an den sie begrenzenden Wänden entsprechen, vollständig Genüge leisten. Zur Erfüllung dieser Bedingungen sind die Zähigkeitsglieder erforderlich und daher ist es notwendig, in der Nähe der Wand Zähigkeitswirkungen und Trägheitswirkungen in Rechnung zu setzen. Den Weg zur Bewältigung dieser Aufgabe im Bereich der laminaren Strömungen hat Prandtl im Jahre 1904 entdeckt; das Ergebnis ist die Prandtlsche Grenzschichttheorie.

Auch bei turbulenten Strömungen ist zu erwarten, daß die Wirkungen der Turbulenztensoren sich auf die Nähe der Wände beschränken, und zwar erstens, weil ebenso wie in der klassischen Theorie der zähen Flüssigkeiten die Potentialströmung eine mögliche Strömungsform ist und die Ursache der Abweichungen von dieser also mit wachsendem Wandabstand immer mehr in Wegfall kommt, zweitens aber noch, weil der Turbulenztensor selbst durch Wirkungen der Wand zustande kommt, die mit wachsender Entfernung von dieser immer mehr zurücktreten müssen. Es liegt daher nahe, die Leitgedanken Prandtls bei der Entwicklung seiner Grenzschichttheorie auch auf die Grundgleichungen der statistischen Hydrodynamik anzuwenden.

Die Vorgänge, von denen die Grenzschichttheorie handelt, spielen sich in nächster Wandnähe ab. Wir machen die Annahme, daß die vorkommenden Wandabstände klein seien im Vergleich zum Krümmungsradius der Wand. Die Wand erscheint dann in bezug auf die in Frage stehenden Aufpunkte als unendliche Ebene, für die der Turbulenztensor lautet:

$$\varPi(y) = C^2\, y^2\, |\operatorname{rot} \mathfrak{v}| \begin{pmatrix} 0 & 0 & 0 \\ 0 & 1 & 0 \\ 0 & 0 & \dfrac{1}{2} \end{pmatrix}. \tag{1}$$

Bei der Grenzschichttheorie wird eine ebene Strömung den Untersuchungen zugrunde gelegt. Die drei unbekannten Funktionen der hydrodynamischen Gleichungen sind die Geschwindigkeiten $u\,(x, y)$ und $v\,(x, y)$ und der Druck $p\,(x, y)$. An der Wand, die als gerade und in der x-Achse liegend angenommen wird, ist $u = v = 0$. In der Prandtlschen Grenzschichttheorie werden nun für diese Größen eine Reihe von Abschätzungen vorgenommen, die zu einer wesentlichen Vereinfachung der Grundgleichung führen.

Die Gestalt der Geschwindigkeitsprofile, die in der Grenzschichttheorie vorkommen, ist ganz allgemein gekennzeichnet durch einen im allgemeinen monotonen Anstieg von der Geschwindigkeit $u = 0$ an der Wand zum Wert $u = U$ der Potentialströmung, der in größerem Wandabstand asymptotisch erreicht wird. Die Dicke der Schicht, in der dieser rasche Anstieg von 0 auf U erfolgt, sei von der Größenordnung $o\,(\varepsilon)$, während die Geschwindigkeit $u\,(y)$ von der Größenordnung $o\,(1)$ ist. Nun wird die Annahme gemacht, daß $\dfrac{\partial u}{\partial x}$ von der Größenordnung $o\,(1)$ sei, woraus dann auf Grund der Kontinuitätsgleichung folgt, daß auch $\dfrac{\partial v}{\partial y}$ von der gleichen Größenordnung ist. Durch die bekannten einfachen Schlüsse folgt nun die Größenordnung der übrigen in den Gleichungen vorkommenden Ableitungen, nämlich

$$\begin{aligned} &o\,(1) \text{ für } u, \frac{\partial u}{\partial x},\ \frac{\partial^2 u}{\partial x^2},\ \frac{\partial v}{\partial y};\quad o\,(\varepsilon) \text{ für } v, \frac{\partial v}{\partial x},\ \frac{\partial^2 v}{\partial x^2}\\[2mm] &o\left(\frac{1}{\varepsilon}\right) \text{für } \frac{\partial u}{\partial y},\ \frac{\partial^2 u}{\partial x\,\partial y},\ \frac{\partial^2 v}{\partial y^2}\quad \text{und}\quad o\left(\frac{1}{\varepsilon^2}\right) \text{für } \frac{\partial^2 u}{\partial y^2} \end{aligned} \right\} \tag{2}$$

Es soll nun gezeigt werden, welche Vereinfachungen diese Abschätzungen an den Differentialgleichungen der in Frage stehenden Probleme sowohl in der Navier-Stokesschen Theorie wie in der Theorie der statistischen Hydrodynamik nach sich ziehen. Die Grundgleichungen lauten bekanntlich nach der klassischen Theorie

$$\frac{\partial u}{\partial x} + \frac{\partial v}{\partial y} = 0$$

$$\frac{\partial u}{\partial t} + u\frac{\partial u}{\partial x} + v\frac{\partial u}{\partial y} = -\frac{1}{\varrho}\frac{\partial p}{\partial x} + \nu\left(\frac{\partial^2 u}{\partial x^2} + \frac{\partial^2 u}{\partial y^2}\right)$$

$$\frac{\partial v}{\partial t} + u\frac{\partial v}{\partial x} + v\frac{\partial v}{\partial y} = -\frac{1}{\varrho}\frac{\partial p}{\partial y} + \nu\left(\frac{\partial^2 v}{\partial x^2} + \frac{\partial^2 v}{\partial y^2}\right)$$

$$(3)$$

Hier wird beim Zähigkeitsglied $\frac{\partial^2 u}{\partial x^2} = o\,(1)$ gegenüber $\frac{\partial^2 u}{\partial y^2} = o\left(\frac{1}{\varepsilon^2}\right)$ vernachlässigt, wodurch die erste Impulsgleichung ihre endgültige Gestalt annimmt. Die zweite Impulsgleichung aber enthält auf der linken Seite nur Glieder von der Größenordnung $o\,(\varepsilon)$ und von derselben Größenordnung ist nach den bekannten Überlegungen auch das Zähigkeitsglied. In der Grenzschichttheorie der laminaren Strömungen wird auf Grund dieser Abschätzung geschlossen, daß die Schwankung des Druckes p auf einer Geraden $x = $ const von der Größenordnung $o\,(\varepsilon^2)$ ist und daher gegenüber $p = o\,(1)$ vernachlässigt werden darf. Dieser Befund ist für die Rechnung von außerordentlicher Wichtigkeit, denn durch diese Näherung wird der Druck innerhalb der Grenzschicht in der Querrichtung als konstant und als durch die „äußere Potentialströmung eingeprägt" angesehen. Diese Feststellung ist die einzige Folgerung, die in der Prandtlschen Grenzschichttheorie aus der zweiten Impulsgleichung gezogen wird. Nachdem sie getroffen ist, kommt diese Gleichung für die Theorie in Wegfall. Damit entsteht für die laminare Grenzschichttheorie das System von Grundgleichungen

$$\frac{\partial u}{\partial x} + \frac{\partial v}{\partial y} = 0$$

$$\frac{\partial u}{\partial t} + u\frac{\partial u}{\partial x} + v\frac{\partial u}{\partial y} = -\frac{1}{\varrho}\frac{dp}{dx} + \nu\frac{\partial^2 u}{\partial y^2}$$

$$(4)$$

mit den beiden unbekannten Funktionen u und v, denn der Verlauf des Druckes $p\,(x)$ ist durch die äußere Strömung vorgegeben.

Um die entsprechenden Grundgleichungen der turbulenten Grenzschichttheorie herzuleiten, haben wir von den Gleichungen der statistischen Hydrodynamik für das ebene Problem [Gleichung (27), Kap. V] auszugehen. Wegen Gleichung (1) für den Turbulenztensor wird

$$\frac{\partial u}{\partial x} + \frac{\partial v}{\partial y} = 0$$

$$\frac{\partial Z}{\partial t} + u\frac{\partial Z}{\partial x} + v\frac{\partial Z}{\partial y} = \nu\,\triangle Z + \frac{\partial^2}{\partial y^2}\left(C^2 y^2\,|\,Z\,|\,Z\right)$$

$$Z = \frac{\partial v}{\partial x} - \frac{\partial u}{\partial y}.$$

$$(5)$$

Bei der Vereinfachung auf Grund der Abschätzungen (2) kommt nun bei Z das Glied $\dfrac{\partial v}{\partial x} = o\,(\varepsilon)$ gegen $\dfrac{\partial u}{\partial y} = o\left(\dfrac{1}{\varepsilon}\right)$ in Wegfall und weiter tritt an die Stelle von $\triangle Z$ der Ausdruck $-\dfrac{\partial^3 u}{\partial y^3}$. Die Transportgleichung der Rotation wird daher näherungsweise

$$\frac{\partial^2 u}{\partial y\,\partial t} + u\,\frac{\partial^2 u}{\partial x\,\partial y} + v\,\frac{\partial^2 u}{\partial y^2} = v\,\frac{\partial^3 u}{\partial y^3} + \frac{\partial^2}{\partial y^2}\left(C^2\,y^2\left|\frac{\partial u}{\partial y}\right|\frac{\partial u}{\partial y}\right) \qquad (6)$$

und aus dieser Gleichung folgt durch eine Integration nach $d\,y$

$$\frac{\partial u}{\partial t} + u\,\frac{\partial u}{\partial x} + v\,\frac{\partial u}{\partial y} = -\frac{1}{\varrho}\,\frac{\partial p}{\partial x} + v\,\frac{\partial^2 u}{\partial y^2} + \frac{\partial}{\partial y}\left(C^2\,y^2\left(\frac{\partial u}{\partial y}\right)^2\right).$$

Um endlich noch Aufschluß darüber zu erhalten, wie der Druck $p\,(x,y)$ in der turbulenten Grenzschicht vom Wandabstand y abhängt, entnehmen wir der zweiten Impulsgleichung [Gleichung (24), Kap. III], daß jedenfalls $\dfrac{\partial p}{\partial y}$ und $\dfrac{\partial \tau}{\partial x}$ von der gleichen Größenordnung sind. Nun ist aber

$$\tau = C^2\,y^2\left(\frac{\partial u}{\partial y}\right)^2 = o\,(1)$$

und daher auch

$$\frac{\partial \tau}{\partial x} = o\,(1)$$

und

$$\triangle\,p = \frac{\partial \tau}{\partial x}\,\triangle\,y = o\,(\varepsilon).$$

Die Schwankungen des Druckes innerhalb der Grenzschicht in der Querrichtung sind daher von der Größenordnung $o\,(\varepsilon)$. Also darf auch bei turbulenten Strömungen ebenso wie bei laminaren Strömungen der Druck in der Grenzschicht näherungsweise als in der Querrichtung konstant und „durch die äußere Strömung eingeprägt" angesehen werden, wozu allerdings zu bemerken ist, daß bei dieser Näherung nicht wie bei der laminaren Theorie Glieder von der Größenordnung $o\,(\varepsilon^2)$ gegen $o\,(1)$ vernachlässigt werden, sondern Glieder von der Größenordnung $o\,(\varepsilon)$. Diese Näherungstheorie ist also bei turbulenten Grenzschichten weniger exakt als bei laminaren. Mit dieser Feststellung, daß der Druck p in der Grenzschicht eine Funktion $p\,(x)$ von x allein ist, kommt auch hier die zweite Impulsgleichung in Wegfall.

Die Grundgleichungen der turbulenten Grenzschichttheorie lauten also

$$\left.\begin{aligned}\frac{\partial u}{\partial t} + u\,\frac{\partial u}{\partial x} + v\,\frac{\partial u}{\partial y} &= -\frac{1}{\varrho}\,\frac{d\,p}{d\,x} + \frac{\partial}{\partial y}\left(C^2\,y^2\left(\frac{\partial u}{\partial y}\right)^2\right) + v\,\frac{\partial^2 u}{\partial y^2}\\[2mm]\frac{\partial u}{\partial x} + \frac{\partial v}{\partial y} &= 0\,.\end{aligned}\right\} \qquad (4)$$

Diese Gleichungen enthalten die beiden unbekannten Funktionen $u\,(x,y)$ und $v\,(x,y)$. Die Funktion $p\,(x)$ ist durch die äußere Strömung vorgegeben, denn ist $U(x, t)$ die Geschwindigkeit der äußeren Strömung in x-Richtung in der Nähe der Wand, also die Geschwindigkeit, die das Grenzschichtprofil an der Stelle x als Asymptote besitzt, so ist wegen $V(x) = 0$ an der Wand

$$-\frac{1}{\varrho}\frac{dp}{dx} = \frac{\partial U}{\partial t} + U\frac{\partial U}{\partial x}. \tag{5}$$

Die Ergebnisse der bisherigen Untersuchungen lassen sich in folgende Sätze zusammenfassen, die für laminare und turbulente Strömungen in gleicher Weise gelten:

1. In einer sehr dünnen Schicht am Körper, der Grenzschicht, geht die Geschwindigkeit vom Werte Null auf den Wert über, den die Potentialströmung in der Nähe der Wand ergeben würde.

2. Der Druck in der Grenzschicht ist praktisch unabhängig von der Koordinate senkrecht zur Wand und also gleich dem Druck, den die Potentialströmung längs der Wand hat.

3. In der Grenzschicht braucht von den Zähigkeitsgliedern nur das Glied $\dfrac{\partial^2 u}{\partial y^2}$ und von den Turbulenzgliedern nur das vereinfachte Glied $\dfrac{\partial}{\partial y}\left(C\,y\,\dfrac{\partial u}{\partial y}\right)^2$ berücksichtigt zu werden.

4. Die zu entwickelnde Grenzschichttheorie mit dem Turbulenztensor der ebenen, unbegrenzten Wand gilt eigentlich nur für ebene Begrenzung. Jedoch bleibt sie ebenso wie die entsprechende laminare Grenzschichttheorie als Näherung anwendbar, solange der Krümmungsradius nicht sehr klein wird und sich nicht sprunghaft mit der Bogenlänge der Wand ändert.

In die bisherigen Gleichungen wurde der Turbulenztensor der ebenen Wand nach Gleichung (1) eingetragen. Durch die Untersuchungen Kap. VI, Abschn. 3—4, wissen wir, daß diese Gleichung in allernächster Wandnähe nicht mehr zutrifft und der verschiedenen Rauhigkeit der Wände nicht gerecht wird. Um dem Rechnung zu tragen, ist, wie dort dargelegt wurde, y durch $y - a$ zu ersetzen, wo a eine von der mittleren Zackenhöhe der Wandrauhigkeiten, von der an der Wand übertragenen Schubspannung und von der kinematischen Zähigkeit abhängige Konstante ist. Die Einführung dieser Konstanten kommt auf eine Verschiebung des Ursprungs der y-Koordinate hinaus, die durch das Rauhigkeitsgesetz von Kap. VI, Abschn. 4, beherrscht wird. In einer eingehenden turbulenten Grenzschichttheorie muß natürlich auch dieser Einfluß der Wandrauhigkeiten erfaßt werden.

3. Freie Turbulenz.

In den bisherigen Untersuchungen wurden eine Reihe spezieller Turbulenztensoren berechnet; nämlich der Turbulenztensor für den von einer unendlichen Ebene begrenzten Halbraum, der Turbulenztensor für den Zwischenraum zwischen zwei parallelen unbegrenzten Ebenen

im Abstand $2b$, sowie der Turbulenztensor für den kreiszylindrischen
Flüssigkeitsbereich eines Kreisrohrs. In allen diesen Fällen handelt es
sich um turbulente Strömungen in der Nähe von festen Wänden, also
um die Erscheinung der sog. Wandturbulenz im weiteren Sinn. In der
Literatur ist aber vielfach auch die Rede von sog. freier Turbulenz, von
Turbulenzerscheinungen, die weit von festen Wänden entfernt sich
abspielen. Die nächsten beiden Abschnitte sollen von diesen Vorgängen
handeln.

Wir betrachten zunächst ein Beispiel, das als Problem der freien
Strahlgrenze bereits von Prandtl und Tollmien untersucht worden
ist. Dabei handelt es sich um die Vermischung eines breiten gleichförmigen
Luftstroms, der aus einer Öffnung kommt, mit der angrenzenden ruhenden Luft. Zum Zwecke der Berechnung des zugehörigen Turbulenztensors denken wir uns diesen Fall, der beispielsweise am Versuchsstand
eines großen Windkanals praktisch vorliegt, in folgender Weise idealisiert.
Auf der einen Seite einer von einer geraden Kante begrenzten Halbebene
sei die Luft in Ruhe, auf der anderen Seite besitze sie die Geschwindigkeit U in der Richtung senkrecht zur Vorderkante. Vor der Vorderkante
grenzen die bewegte und die ruhende Luft aneinander und vermischen
sich. Der Turbulenztensor für dieses Problem der Auflösung der Strahlgrenze ist demnach der Turbulenztensor einer unendlich ausgedehnten
Halbebene, der mit dem Verfahren von Kap. V zu berechnen ist.

Wir führen ein rechtwinkliges Koordinatensystem in der Weise ein,
daß wir als Richtung 1 die Strömungsrichtung, als Richtung 2 die
Richtung des Lotes auf die Ebene und als Richtung 3 die Richtung der
Vorderkante wählen. Die Vorderkante selbst ist die Achse 3, so daß
$x_1 = x_2 = 0$ ihre Gleichung ist. Die an der Wand zufallsartig neuentstehenden Wirbelelemente, die zur Entstehung des Turbulenztensors Anlaß
geben, besitzen nach dem Ergebnis $(\varkappa = 0)$ von Kap. VI, Abschn. 2,
die Richtung 1 parallel zur Strömung. Der Streuungstensor der infinitesimalen Zusatzgeschwindigkeiten lautet nach Kap. V, Gleichung (9)

$$(\varDelta s_{ik}^2(P)) = 2\,\varepsilon\,\tau\,s^2\,\varDelta\,t\!\int\limits_{-\infty}^{0}\int\limits_{-\infty}^{+\infty}(\mathfrak{g}\,(A,\,P)\,\mathfrak{g}\,(A,\,P))\,dF\,.$$

Da dort bei Aufstellung des Gewichtsvektors $\mathfrak{g}\,(A,\,P)$ mit Wirbelelementen in Richtung 3 gerechnet wurde, sind in jener Gleichung die
Indizes 1 und 3 für das vorliegende Beispiel zu vertauschen. Die Ermittlung der Komponenten des Streuungstensors verläuft im übrigen
genau analog zur dort durchgeführten Rechnung (s. S. 92).

Zunächst ergibt sich sofort, daß

$$\varDelta s_{11}^2(P) = \varDelta s_{12}^2(P) = \varDelta s_{13}^2(P) = 0\,.$$

Führen wir weiter wie oben zur Abkürzung die Konstante B durch die
Gleichung

$$B = \frac{2\,\varepsilon\,\tau\,s^2}{16\,\pi^2} \tag{1}$$

ein, so wird

$$\Delta s_{22}^2 (P) = 2\,\varepsilon\,\tau\,s^2\,\Delta t \int\limits_{-\infty}^{0} \int\limits_{-\infty}^{+\infty} \left(\frac{h}{4\,\pi\,r^3}\right)^2 \cos^2 \delta\, d\,y_1\, d\,y_3 =$$

$$= B\,\Delta t \int\limits_{0}^{+\infty} \int\limits_{-\infty}^{+\infty} \frac{(x_3 - y_3)^2\, d\,y_1\, d\,y_3}{((x_1 - y_1)^2 + x_2^2 + (x_3 - y_3)^2)^3}$$

$$\Delta s_{23}^2 (P) = -\,2\,\varepsilon\,\tau\,s^2\,\Delta t \int\limits_{-\infty}^{0} \int\limits_{-\infty}^{+\infty} \left(\frac{h}{4\,\pi\,r^3}\right)^2 \sin\delta \cos\delta\, d\,y_1\, d\,y_3 =$$

$$= -\,B\,\Delta t \int\limits_{0}^{+\infty} \int\limits_{-\infty}^{+\infty} \frac{x_2\,(x_3 - y_3)\, d\,y_1\, d\,y_3}{((x_1 - y_1)^2 + x_2^2 + (x_3 - y_3)^2)^3}$$

$$\Delta s_{33}^2 (P) = 2\,\varepsilon\,\tau\,s^2\,\Delta t \int\limits_{-\infty}^{0} \int\limits_{-\infty}^{+\infty} \left(\frac{h}{4\,\pi\,r^3}\right)^2 \sin^2 \delta\, d\,y_1\, d\,y_3 =$$

$$= B\,\Delta t \int\limits_{0}^{+\infty} \int\limits_{-\infty}^{+\infty} \frac{x_2^2\, d\,y_1\, d\,y_3}{((x_1 - y_1)^2 + x_2^2 + (x_3 - y_3)^2)^3}$$

Für die vorliegende Aufgabe ist der Turbulenztensor nur in der Ebene 1, 3 und in deren Nähe von Interesse, denn dort grenzen die ruhende und die bewegte Luft aneinander und findet die Vermengung der Luftmassen statt. Wir führen daher eine Näherungsrechnung für solche Aufpunkte P durch, für die der Abstand x_2 von der Ebene 1, 3 klein ist gegen die Entfernung x_1 von der Vorderkante. In diesem Fall kann im Nenner der Integranden x_2^2 gegen $(x_1 - y_1)^2$ vernachlässigt werden und die Integrale reduzieren sich auf

$$\int\limits_{0}^{+\infty} \int\limits_{-\infty}^{+\infty} \frac{(x_3 - y_3)^2\, d\,y_1\, d\,y_3}{((x_1 - y_1)^2 + (x_3 - y_3)^2)^3} = \frac{\pi}{8} \int\limits_{0}^{\infty} \frac{d\,y_1}{(y_1 - x_1)^3} = \frac{\pi}{16}\,\frac{1}{x_1^2}$$

$$\int\limits_{0}^{+\infty} \int\limits_{-\infty}^{+\infty} \frac{x_2\,(x_3 - y_3)\, d\,y_1\, d\,y_3}{((x_1 - y_1)^2 + (x_3 - y_3)^2)^3} = 0$$

$$\int\limits_{0}^{+\infty} \int\limits_{-\infty}^{+\infty} \frac{x_2^2\, d\,y_1\, d\,y_3}{((x_1 - y_1)^2 + (x_3 - y_3)^2)^3} = \frac{3\,\pi}{8}\, x_2^2 \int\limits_{0}^{\infty} \frac{d\,y_1}{(y_1 - x_1)^5} = \frac{3\,\pi}{32}\,\frac{x_2^2}{x_1^4}\,.$$

Die fraglichen Komponenten des Streuungstensors der infinitesimalen Zusatzgeschwindigkeiten lauten also:

$$\Delta s_{22}^2 (P) = B\,\Delta t\,\frac{\pi}{16}\,\frac{1}{x_1^2}$$

$$\Delta s_{23}^2 (P) = 0$$

$$\Delta s_{33}^2 (P) = B\,\Delta t\,\frac{3\,\pi}{32}\,\frac{x_2^2}{x_1^4}$$

und der Streuungstensor wird

$$(\Delta s_{ik}^2\,(P)) = B\,\Delta t\,\frac{\pi}{16}\,\frac{1}{x_1^2}\begin{pmatrix} 0 & 0 & 0 \\ 0 & 1 & 0 \\ 0 & 0 & \dfrac{3}{2}\,\dfrac{x_2^2}{x_1^2} \end{pmatrix}. \tag{2}$$

In Kap. V wurde aus dem Streuungstensor der Zusatzgeschwindigkeiten

$$(\Delta s_{ik}^2\,(P)) = B\,\Delta t\,\frac{\pi}{4}\,\frac{1}{x_2^2}\begin{pmatrix} 0 & 0 & 0 \\ 0 & 1 & 0 \\ 0 & 0 & 2 \end{pmatrix}$$

der Turbulenztensor

$$\varPi\,(P) = C^2\,x_2^2\begin{pmatrix} 0 & 0 & 0 \\ 0 & 1 & 0 \\ 0 & 0 & 1/2 \end{pmatrix}|\,\mathrm{rot}\,\mathfrak{v}\,|$$

abgeleitet. Ebenso folgt aus (2) für den Turbulenztensor des vorliegenden Problems der Ausdruck

$$\varPi\,(P) = 4\,C^2\,x_1^2\begin{pmatrix} 0 & 0 & 0 \\ 0 & 1 & 0 \\ 0 & 0 & \dfrac{2}{3}\,\dfrac{x_1^2}{x_2^2} \end{pmatrix}|\,\mathrm{rot}\,\mathfrak{v}\,|. \tag{3}$$

Nach dieser Rechnung im Anschluß an Kap. V führen wir für die Koordinaten an Stelle der Numerierung 1, 2, 3 wieder die Bezeichnungen x, y, z ein und nennen die Achse 1 die x-Achse und die Achse 2 die y-Achse; die Achse 3, die z-Achse, ist für unser ebenes Problem ohne Belang. Der Turbulenztensor (3) lautet in dieser Schreibweise:

$$\varPi\,(P) = 4\,C^2\,x^2\begin{pmatrix} 0 & 0 & 0 \\ 0 & 1 & 0 \\ 0 & 0 & \dfrac{2}{3}\,\dfrac{x^2}{y^2} \end{pmatrix}|\,\mathrm{rot}\,\mathfrak{v}\,|. \tag{4}$$

Von diesem Tensor geht auch hier, da es sich um ein ebenes Problem handelt, nur die Komponente π_{yy}

$$\pi_{yy} = 4\,C^2\,x^2\,|\,\mathrm{rot}\,\mathfrak{v}\,| \tag{5}$$

in die Rechnung ein. Gleichung (5) sagt aus, daß der Prandtlsche Mischungsweg beim vorliegenden Problem nur von der Entfernung des Aufpunktes von der Vorderkante abhängt, und zwar linear mit dieser anwächst. Von der y-Koordinate ist l in erster Näherung unabhängig.

$$l = 2\,C\,x. \tag{6}$$

Dieses Ergebnis stimmt mit den Annahmen Prandtls über den Mischungsweg überein, die er seinen Untersuchungen zugrunde legte.

Mit Hilfe dieser Ergebnisse können nun die Differentialgleichungen des Problems hingeschrieben werden. Indem wir annehmen, daß der Druck im ganzen Gebiet konstant sei, so daß das Druckglied in Wegfall kommt, erhalten wir wie oben näherungsweise

$$u\frac{\partial u}{\partial x} + v\frac{\partial u}{\partial y} = \frac{1}{\varrho}\frac{\partial \tau}{\partial y} = \frac{\partial}{\partial y}\left(\pi_{yy}\frac{\partial u}{\partial y}\right) =$$

$$= \frac{\partial}{\partial y}\left(4\,C^2\,x^2\left|\frac{\partial u}{\partial y}\right|\frac{\partial u}{\partial y}\right) = 8\,C^2\,x^2\left|\frac{\partial u}{\partial y}\right|\frac{\partial^2 u}{\partial y^2} \qquad (7)$$

$$\frac{\partial u}{\partial x} + \frac{\partial v}{\partial y} = 0\,.$$

Durch Einführung der Stromfunktion $\psi = x \cdot F(\eta)$, wobei $F(\eta) = \int u(\eta)\,d\eta$ mit $\eta = \frac{y}{x}$ ist, entsteht hieraus die einfache Differentialgleichung

$$FF'' + 2\,C^2\,F''F''' = 0. \qquad (8)$$

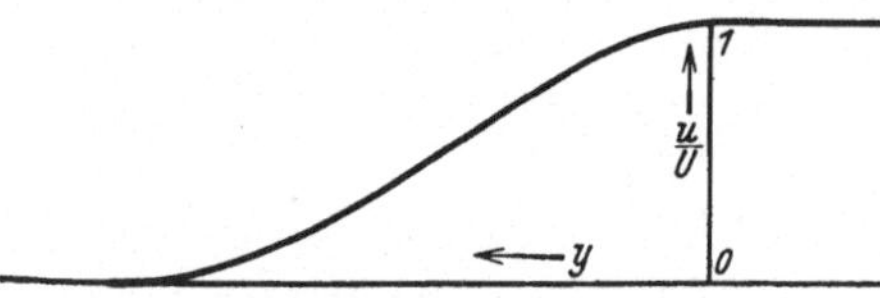

Abb. 36. Geschwindigkeitsverteilung an der Grenze eines Freistrahls.

Mit dieser Gleichung, welche Tollmien nach den Ansätzen von Prandtl erhielt, führte er die Untersuchung des angeschnittenen Problems und ähnlicher Fragen durch. Die Ergebnisse dieser Rechnungen stehen in guter Übereinstimmung mit dem Experiment. Wir bringen in Abb. 36 den Geschwindigkeitsverlauf an der Strahlgrenze nach dieser Theorie und in Abb. 37 den hieraus berechneten Verlauf des Staudrucks bei geeigneter Wahl der Konstanten C und damit zusammen den mit einem automatischen Druckschreiber aufgenommenen experimentellen Verlauf.

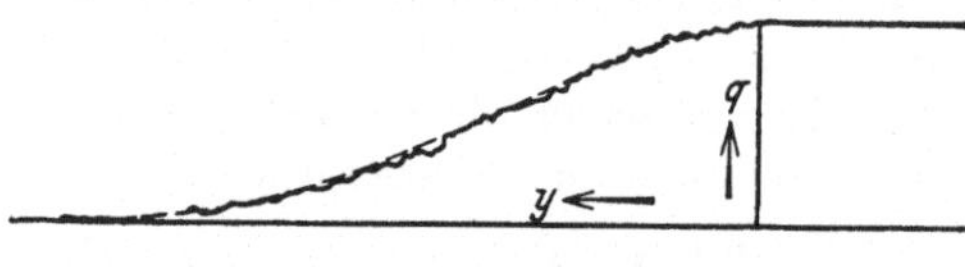

Abb. 37. Verlauf des Staudrucks an der Grenze eines Freistrahls.

Wir erwähnen noch den Zahlwert, der aus dieser empirischen Staudruckkurve nach Tollmien für den Proportionalitätsfaktor des Mischungswegs nach Gleichung (6) folgt. Tollmien erhält $l = 0{,}0174\,x$; so daß für unsere Konstante C der Wert $C = 0{,}0087$ folgt. Wir ersehen daraus, daß entsprechend unserer Vermutung am Ende von Abschn. 1 dieses Kapitels weit von Wänden entfernt tatsächlich die Größe C wesentlich kleiner ist als in der Nähe der Wand, wo wir im Kreisrohr den Mittelwert $C = 0{,}40$ erhielten.

Die Theorie des Turbulenztensors führt also auch bei diesem Beispiel, bei dem es sich um sog. freie Turbulenz handelt, zu Folgerungen, die mit der Erfahrung gut übereinstimmen. Es hat nach diesen Untersuchungen den Anschein, als ob zwischen Wandturbulenz und freier Turbulenz gar nicht so grundlegende Unterschiede bestehen, wie wiederholt vermutet worden ist.

4. Turbulenzentartung.

Zwei Erscheinungen sind es, durch deren Zusammenwirken der Turbulenztensor zustande kommt. Für beide, nämlich für die Streuungsgeschwindigkeiten, die von der augenblicklichen Verteilung der Wirbel in der Flüssigkeit abhängen und für die infinitesimalen Zusatzgeschwindigkeiten, die von den an der Wand dauernd neuentstehenden Wirbelelementen herrühren, wurde in Kap. V eine Theorie entwickelt. Während die Streuungsgeschwindigkeiten mehr lokal bedingt sind, handelt es sich bei den Zusatzgeschwindigkeiten um eine Wirkung aus mehr oder weniger großer Entfernung, also gewissermaßen um eine „Fernwirkung". Notwendig für das Auftreten der Zusatzgeschwindigkeiten ist, daß an Wänden, an denen die Flüssigkeit entlang strömt, Schubspannung übertragen wird.

Beide Effekte zusammen bestimmen die Verweilzeit des Strömungsvorgangs, die von Ort zu Ort verschieden ist und Auskunft darüber gibt, ob mehr oder weniger lange an der betrachteten Stelle die Folgerungen der klassischen Hydrodynamik, deren Gleichungen „im kleinen" gelten, mit der Wirklichkeit übereinstimmen. Nach den Ergebnissen von Kap. V ist die Verweilzeit proportional dem Quotienten der kinetischen Energie in den Streuungsgeschwindigkeiten und jener in den Zusatzgeschwindigkeiten. Je größer die Streuungsgeschwindigkeiten, um so länger, je größer die Zusatzgeschwindigkeiten, um so kürzer ist die Verweilzeit.

Es gibt hier zwei bemerkenswerte Grenzfälle, die durch verschwindende Streuungsgeschwindigkeiten und durch verschwindende Zusatzgeschwindigkeiten angezeigt werden. Im ersten Fall wird die Verweilzeit unbegrenzt kurz. Das hat zur Folge, daß der Turbulenztensor in Wegfall kommt und die Gleichungen des betreffenden Vorgangs sich auf diejenigen der klassischen Hydrodynamik reduzieren. Im zweiten Fall wird wegen der verschwindenden Zusatzgeschwindigkeiten die Verweilzeit unbegrenzt groß und dies hat zur Folge, daß der Vorgang in den uns interessierenden Beobachtungszeiten noch gar nicht Gegenstand der statistischen Hydrodynamik ist, sondern vielmehr Gegenstand der deterministischen Mechanik. Wir erhalten hiermit das bemerkenswerte Ergebnis, daß in der statistischen Hydrodynamik sowohl verschwindende wie unbegrenzt zunehmende Verweilzeiten zur klassischen Theorie zurückleiten.

Von dem zweiten der beiden Fälle soll hier die Rede sein. Er tritt ein, wenn Wände, an denen Schubspannung übertragen wird, sehr weit entfernt sind, wenn an den vorhandenen Wänden keine Flüssigkeit entlang strömt oder wenn Wände überhaupt fehlen. Es handelt sich also auf jeden Fall um sog. „freie Turbulenz", wenn überhaupt eine Turbulenzerscheinung vorliegt. Wir bringen hierzu zwei Gegenbeispiele: Ein einzelner Rauchring gehorcht ziemlich lange den Gesetzen einer idealen Flüssigkeit, bis er sich allmählich infolge der Zähigkeitswirkungen auflöst oder von Luftströmungen mitgenommen und zerstört wird. Bei diesem Vorgang tritt keine Turbulenz in Erscheinung, obwohl bei der

Erzeugung des Wirbels auf die bekannte Weise die Wände an der Öffnung des Gefäßes, aus dem der Rauchring hervortritt, beteiligt sind. Aber nachdem der Wirbel das Gefäß verlassen hat, wird an diesen Wänden keine Schubspannung mehr übertragen und daher besteht keine Ursache für das Zustandekommen der Zusatzgeschwindigkeiten.

Als Gegenbeispiel betrachten wir die Ausbreitung einer Sprungschicht der Geschwindigkeit. Zur Zeit $t = 0$ grenzen längs einer Ebene zwei Flüssigkeitsströme verschiedener Geschwindigkeit gemäß Abb. 38 aneinander. Eine Zwischenwand sei, wenn überhaupt, nur bis zu diesem Augenblick vorhanden. Im Laufe der Zeit vermischen sich die beiden Ströme, so daß später das in der Abbildung angedeutete Bild entsteht. Professor Prandtl, der dieses Beispiel in einem Brief an den Verfasser erwähnt, teilt dazu mit, daß bei freier Turbulenz die Breite der Vermischungszone proportional mit der Zeit anwächst. Diese Feststellung ist für die Beurteilung dieses Vorgangs mit Hilfe der Theorie entscheidend.

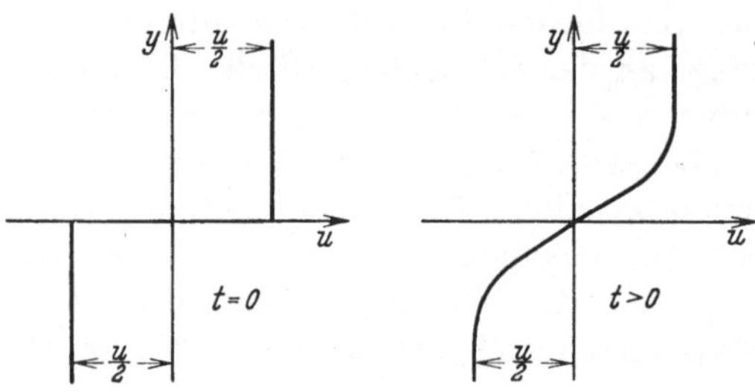

Abb. 38. Zeitliche Ausbreitung einer Sprungschicht der Geschwindigkeit.

Liegt keine Turbulenzerscheinung vor, sondern erfolgt die Auflösung der Sprungschicht infolge der Zähigkeit, so liefert die Navier-Stokessche Theorie für den Vorgang die Gleichung

$$\frac{\partial u}{\partial t} = v \frac{\partial^2 u}{\partial y^2}.$$

Die Lösung dieser Gleichung für die Randbedingungen $u = + \dfrac{U}{2}$ für $y = + \infty$ und $u = - \dfrac{U}{2}$ für $y = - \infty$ lautet

$$u(y) = \frac{U}{2\sqrt{\pi v t}} \int\limits_0^y e^{\frac{-y^2}{4 v t}} \, dy.$$

Aus dieser Beziehung folgt, daß die Breite der Sprungschicht proportional der Quadratwurzel aus der Zeit anwächst.

Dieses Gesetz ist gleichbedeutend mit dem Tatbestand, daß die statistische Streuungsgröße b eine Konstante (hier die kinematische Zähigkeit) ist. Diffusionsvorgänge, bei denen das von Prandtl mitgeteilte lineare Gesetz der Verbreiterung besteht, sind also beim Vorliegen einer Diffusionskonstanten nicht möglich. Vielmehr muß in diesem Falle die Austauschgröße b selbst proportional mit der Zeit anwachsen, denn mit $b = a t$ wird

$$u(y) = \frac{U}{2 t \sqrt{\pi a}} \int\limits_0^y e^{-\frac{y^2}{4 a t^2}} \, dy$$

oder

$$u(\eta) = \frac{U}{2\sqrt{\pi a}} \int\limits_0^{\eta t} e^{-\frac{\eta^2}{4a}} d\eta$$

mit

$$\eta = \frac{y}{t},$$

wie es diesem Gesetz entspricht.

Um die Bedeutung einer mit der Zeit linear anwachsenden Austauschgröße b zu verstehen, greifen wir auf die Untersuchungen von Kap. IV, Abschn. 3, zurück. Dort wurde festgestellt, daß b bei Bezugnahme auf kleine Zeitintervalle noch keine Konstante ist, sondern ausgehend vom Werte Null linear mit der Zeit anwächst, und daß erst, wenn die in Rechnung gesetzten Zeitintervalle groß im Vergleich zur Verweilzeit werden, b asymptotisch sich einem konstanten Werte nähert (vgl. Abb. 10). Der von Prandtl mitgeteilte Befund besagt also, daß die Verweilzeit beim vorliegenden Problem unendlich oder wenigstens sehr groß im Vergleich zur Beobachtungsdauer ist. Das ist auch nach den Annahmen der Fall, denn wenn keine Wände vorhanden sind, ist die Verweilzeit unendlich groß.

Das betrachtete Beispiel steht also durchaus mit den Überlegungen der Theorie der statistischen Hydrodynamik in Einklang. Seine Besonderheit ist die, daß von den beiden Erscheinungen, die im Mittelpunkt der statistischen Hydrodynamik stehen, hier nur die eine, nämlich die der Streuungsgeschwindigkeiten, vorliegt. Wenn hier auch die Bewegungsvorgänge infolge ihrer Unregelmäßigkeit dem Augenschein nach das gleiche Bild zeigen, wie die anderen turbulenten Strömungen, die wir betrachtet haben, so fehlt hier mit den Zusatzgeschwindigkeiten doch ein wesentlicher Tatbestand, der für das Zustandekommen des Turbulenztensors und der Turbulenzgesetze entscheidend ist. Wir führen für diese Erscheinung den Ausdruck „Turbulenzentartung" ein.

Turbulenzentartung ist durch unendliche Verweilzeit gekennzeichnet und daher gehören die betreffenden Erscheinungen eigentlich der klassischen Hydrodynamik an. Wegen ihrer Kompliziertheit sind sie aber nicht den in der deterministischen Mechanik sonst üblichen Methoden zugänglich, sondern vermutlich nur durch statistische Betrachtungsweisen zu erfassen. Solche liegen in der Theorie der Streuungsgeschwindigkeiten, die von den beiden Theorien der statistischen Hydrodynamik hier allein gegenständlich ist, vor. Um hier die Vorgänge rechnerisch zu verfolgen, sind an Stelle der fehlenden Zusatzgeschwindigkeiten andere physikalische Kenntnisse erforderlich, nämlich die Angabe der Verteilungen der Übergangswahrscheinlichkeiten und nicht allein deren erste Momente, Erwartungswert und Streuung, die für die statistische Hydrodynamik ausreichen. Aussagen dieser Art sind die Ergebnisse der Analyse turbulenter Strömungen, die für das Beispiel des offenen Gerinnes in Kap. V, Abschn. 2, mitgeteilt wurden. Nach jenen Messungen

Nikuradses ist zu vermuten, daß allgemein Gaußsche Geschwindigkeitsverteilungen für solche Rechnungen eine gute Grundlage darstellen
würden.

So zeigen die Erscheinungen, die wir als Turbulenzentartung bezeichnen, Eigenschaften, die häufig als das Wesen der Turbulenz
schlechthin betrachtet worden sind. Für sie gelten nämlich nicht nur
im kleinen die Navier-Stokesschen Gleichungen, aber die Bewegungsvorgänge weisen eine so große Kompliziertheit auf, daß es aussichtslos
ist, die Vorgänge im einzelnen zu untersuchen und man sich damit
begnügen muß, über die mittlere Bewegung Aussagen zu machen.

Doch hiervon unterscheiden sich wesentlich die Erscheinungen, die
den Gegenstand der statistischen Hydrodynamik darstellen. Sie zeigen
zwar auch dem Augenschein nach ein Bild turbulenter Unordnung, aber
bei ihnen sind durch die Vorgänge an den Wänden Kräfte am Werk,
die ordnend eingreifen und zur Folge haben, daß hinter aller Unordnung
universelle Gesetzmäßigkeiten zutage treten. Diese weittragenden
Naturgesetze aber kennzeichnen das Gebiet der turbulenten Strömungsvorgänge als ein Erscheinungsgebiet durchaus ausgeprägter Eigengesetzlichkeit, das von der Theorie der „statistischen Hydrodynamik"
beherrscht wird.

5. Explizite Berechnung der Verweilzeit für ein Beispiel einer turbulenten Strömung.

Wir beschließen unsere Untersuchungen über spezielle turbulente
Strömungen mit der expliziten Berechnung der Verweilzeit in einem
konkreten Fall. Diese Rechnung ist ein Nachtrag zu Kap. V, Abschn. 2,
wo eine von Nikuradse vermessene Strömung in einem Gerinne zur
Bestätigung unseres Hauptgesetzes für die Streuungsgeschwindigkeiten
diente. Nun soll uns diese in ihren Einzelheiten besonders genau untersuchte Strömung auch noch Aufschluß über die Größe und Ortsabhängig-
keit der Verweilzeit in einem bestimmten Falle geben.

Diese Rechnung beruht auf der fundamentalen Gleichung für den
Turbulenztensor

$$\pi_{yy} = \frac{1}{3}\, c^2 t^*, \tag{1}$$

in der c der Mittelwert der Streuungsgeschwindigkeiten und t^* die Verweilzeit ist. Oben wurde das zweite Moment der Wahrscheinlichkeitsverteilung für die x-Komponente der Streuungsgeschwindigkeiten
berechnet. Diese aus den Messungen ermittelte Größe s^2 hängt mit c
durch die Beziehung

$$s^2 = \frac{1}{3}\, c^2 \tag{2}$$

zusammen. Aus Gleichung (1) und (2) folgt für die Verweilzeit

$$t^* = \frac{\pi_{yy}}{s^2} \tag{3}$$

und dabei ist s^2 der Tabelle 2, S. 83, zu entnehmen.

Es ist nun noch die Komponente π_{yy} des Turbulenztensors für das vorliegende Problem zu berechnen. In Abschn. 1 dieses Kapitels erhielten wir für den Fall zweier unendlich ausgedehnter Wände im Abstand $2b$ die Beziehung

$$\pi_{yy} = C^2 \,|\, \text{rot}\,\mathfrak{v}\,|\, b^2 \frac{(1-\eta^2)^2}{2(1+\eta^2)} \ \text{mit}\ \eta = \frac{b-y}{b}.$$

Hier handelt es sich um die Strömung an der Oberfläche eines im Querschnitt rechteckigen, sehr tiefen Kanals, so daß jene Rechnung in der Weise abzuändern ist, daß an Stelle zweier allseitig unbegrenzter Ebenen zwei unendliche Halbebenen treten. Der Streuungstensor der Zusatzgeschwindigkeiten erhält dadurch den Faktor 1/4 und der Turbulenztensor den Faktor 4. Auf Grund dieser Überlegung erhalten wir für π_{yy} den Ausdruck

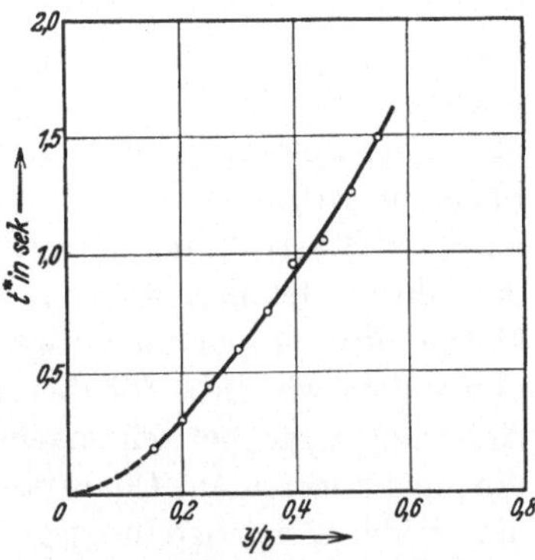

Abb. 39. Verlauf der Verweilzeit bei der Strömung in einem Gerinne.

$$\pi_{yy} = 4\,C^2 \,|\, \text{rot}\,\mathfrak{v}\,|\, b^2 \frac{(1-\eta^2)^2}{2(1+\eta^2)} \quad \text{mit} \quad \eta = \frac{b-y}{b}. \tag{4}$$

Damit ist alles für die Berechnung der Verweilzeit bereitgestellt. Wir rechnen mit dem Werte $C = 0{,}40$. Bei der in Frage stehenden Strömung ist die halbe Kanalbreite $b = 7{,}5$ cm. Der Wert für $|\,\text{rot}\,\mathfrak{v}\,| = \dfrac{d\,\bar{u}}{d\,y}$ ist der Tabelle 2, S. 83, zu entnehmen. Wir setzen zur Abkürzung

$$f(y) = 4\,C^2\,b^2 \frac{(1-\eta^2)^2}{2(1+\eta^2)} = 18{,}0 \frac{(1-\eta^2)^2}{1+\eta^2}$$

und erhalten hiermit die Verweilzeit nach der Formel

$$t^* = \frac{f(y)}{s^2} \cdot \frac{d\,\bar{u}}{d\,y}.$$

In der folgenden Tabelle sind die Daten der numerischen Rechnung zusammengestellt.

Tabelle 4.

y/b	y (cm)	$f(y)$ (cm²)	$\dfrac{d\,\bar{u}}{d\,y}\left(\dfrac{1}{\text{s}}\right)$	$s^2\left(\dfrac{\text{cm}^2}{\text{s}^2}\right)$	t^* (s)
0,15	1,125	0,80	0,139	0,579	0,19
0,20	1,500	1,42	0,115	0,524	0,31
0,25	1,875	2,19	0,096	0,467	0,45
0,30	2,250	3,14	0,083	0,422	0,62
0,35	2,625	4,20	0,072	0,397	0,76
0,40	3,000	5,41	0,064	0,360	0,96
0,45	3,375	6,70	0,059	0,371	1,07
0,50	3,750	8,21	0,056	0,358	1,28
0,55	4,125	9,50	0,053	0,337	1,49

Abb. 39 zeigt den Verlauf der Verweilzeit in Abhängigkeit vom Wandabstand. Die Verweilzeit ist von der Größenordnung von Sekunden und nimmt vom Werte Null an der Wand mit wachsender Entfernung von dieser rasch zu.

VIII. Über die Bedeutung der Verweilzeit für die physikalische Statistik.

Wir beschließen unsere Untersuchungen, indem wir nach der Besprechung spezieller hydrodynamischer Probleme in den letzten Kapiteln nochmals an die Überlegungen zur statistischen und deterministischen Mechanik anknüpfen und über die dort aufgerollten Fragen einen Überblick zu gewinnen suchen. Bei den Untersuchungen über die physikalische Statistik im zweiten Kapitel fehlte uns noch ein Einblick in das Zustandekommen von Streuungen der Übergangswahrscheinlichkeiten, die proportional mit der betrachteten Zeitspanne anwachsen, und indem wir diese für die mathematischen Entwicklungen notwendige Annahme hypothetisch machen mußten, sind diese Überlegungen noch von recht formalem Charakter. Nun hat inzwischen in Kap. IV und V das Problem der Streuungsgrößen b_{ik} in zwei wichtigen Fällen seine Aufklärung gefunden, nämlich bei den Erscheinungen am Maxwell-Boltzmannschen Gasmodell und bei den turbulenten Strömungsvorgängen und besonders im zweiten Fall scheint die Lösung geeignet zu sein, über die spezielle Fragestellung hinaus Aufschluß über dieses Kernproblem der physikalischen Statistik zu geben.

Im Mittelpunkt der Überlegungen, die diese Frage und damit gleichzeitig den Zusammenhang zwischen statistischer und deterministischer Mechanik aufklären, steht der Begriff der Verweilzeit. Sie entscheidet darüber, ob das allgemeine Formsystem der physikalischen Statistik, wenn man es mit physikalischem Inhalt füllt, zu einem echten Problem der statistischen Mechanik mit universellen Verteilungsgesetzen führt, oder ob es zu einer Fehlertheorie auf einer Grundlage zurückleitet, die formal mit dem System der klassischen Mechanik übereinstimmt.

Während die Verweilzeit in der kinetischen Gastheorie auf der Grundlage des Gasmodells unmittelbar anschauliche Bedeutung hat und ihr Zustandekommen dort keine begrifflichen Schwierigkeiten macht, liegen ihre Grundlagen bei den Turbulenzerscheinungen der statistischen Hydrodynamik ungleich tiefer und führen zur Erkenntnis, daß selbst unbegrenzt geringe Störungen des deterministischen Ablaufs, wenn sie nur dauernd und im wesentlichen ohne kausale Verknüpfung untereinander erfolgen, im Laufe der Zeit zur Zerrüttung des Determinismus und zum Auftreten einer endlichen Verweilzeit führen können.

Die endliche Verweilzeit gibt aber den Problemen der physikalischen Statistik das Gepräge. Sie ist eine für das betreffende Problem charakteristische Größe, die aussagt, daß man „im großen" den gleichen statistischen Zeitablauf des Geschehens beobachten würde, wenn nicht, wie es tatsächlich der Fall ist, der Determinismus allmählich aufgelöst würde, sondern wenn die Beschaffenheit des Systems so wäre, daß es sich vollkommen deterministisch für die Dauer der Verweilzeit und vollkommen undeterministisch jeweils nach Ablauf der Verweilzeit verhalten würde, wenn der Vorgang also gewissermaßen „gequantelt" wäre in der Weise, daß jedesmal im Augenblick der „Sekundenschläge" der Verweilzeit der deterministische Ablauf unterbrochen würde durch vollkommenes statistisches Neuauswürfeln der Merkmale in den Kollektivs der Übergangswahrscheinlichkeiten, worauf dann wieder der Prozeß für die Dauer der Verweilzeit deterministisch verlaufen würde.

Die Größe der Verweilzeit entscheidet nun über den deterministischen oder statistischen Charakter der zu beobachtenden Gesetzmäßigkeiten. Erstrecken sich die Beobachtungen auf Zeiträume, die klein sind im Vergleich zur Verweilzeit, dann erhält man mit abnehmender Beobachtungsdauer immer vollkommenere Abhängigkeit der Zustände von den Anfangsbedingungen und daher die Gesetze der klassischen Mechanik. Beziehen sich die Beobachtungen aber auf Zeiträume, die groß sind im Vergleich zur Verweilzeit, dann bietet das gleiche System Erscheinungen, die unabhängig von den speziellen Anfangsbedingungen sind, Erscheinungen von der Art der universellen Naturgesetze.

Im Falle der kinetischen Gastheorie hat die Dauer der Verweilzeit eine und dieselbe Größe an allen Stellen des Gases. Sie zeigt nur eine Abhängigkeit von Druck und Temperatur. Die Verweilzeit ist hier eine so außerordentlich kurze Zeitspanne von der Größenordnung 10^{-10} s, daß es ganz unmöglich ist, die in noch viel kürzeren Zeiträumen deterministisch verlaufenden Vorgänge zu beobachten, die sich im Gedankenexperiment am Gasmodell abspielen. Die auf dieser Grundlage aufbauende physikalische Statistik erscheint daher in ihren Folgerungen als so wohlbestimmt, also so wenig statistisch, daß man gewohnt ist, ihre Grundgleichungen, die Navier-Stokesschen Gleichungen der klassischen Mechanik zuzuordnen.

Ganz anders steht es nun in der statistischen Hydrodynamik bei den Turbulenzerscheinungen. Hier sind die Verweilzeiten vom Orte abhängige Größen. In Kap. VII, Abschn. 5, wurde die Verweilzeit einer speziellen turbulenten Strömung auf Grund des Beobachtungsmaterials ermittelt und dort ist aus Abb. 39 zu ersehen, wie die Verweilzeit von sehr kleinen Werten in der Nähe der Wand mit wachsendem Wandabstand anwächst. Dieser Anstieg wird wiederum gemindert oder vielleicht im besonderen Falle sogar überwogen durch ein Absinken der Verweilzeit proportional der Quadratwurzel aus der mittleren örtlichen Rotation. Beachtet man weiter, daß nach den Untersuchungen von Kap. V beim Turbulenztensor die Verweilzeit sogar für die verschiedenen Richtungen des Raumes verschieden ist, so ersieht man, daß die Frage nach deterministischem oder statistischem Charakter bei den Erscheinungen der Turbulenz sich nicht einheitlich beantworten läßt, indem die turbulente Strömung an der einen Stelle mehr dem einen Formsystem, an anderen Stellen mehr dem anderen Formsystem gehorcht.

Dieser Befund tritt jedoch erst deshalb in so verwirrender Weise in Erscheinung, weil die Verweilzeiten weiterhin hier im Gegensatz zur kinetischen Gastheorie vergleichbar mit der Reaktionszeit unserer Sinnesorgane sind, nämlich von der Größenordnung von Sekunden in recht weiten Grenzen. So bietet die turbulente Strömung der unmittelbaren Anschauung ein Bild der innigsten Durchdringung von Determinismus und Statistik, bei dem nicht nur in geringen Abständen voneinander, dem Auge mit einem Blick erfaßbar, Prozesse sich abspielen, die beide Struktureigenschaften in verschiedener Ausprägung aufweisen, sondern sogar an einer und derselben Stelle der Flüssigkeit die Bewegungsvorgänge in der einen Richtung mehr deterministisch, in der anderen mehr statistisch verlaufen.

- Eine Eigenschaft zeichnet aber die statistische Hydrodynamik vor anderen Gebieten der physikalischen Statistik noch in ganz besonderer Weise aus. Während z. B. in der kinetischen Gastheorie die Formgesetze der Erscheinungen im großen (klassische Hydrodynamik) und im kleinen (n-Körperproblem der Moleküle) ganz verschiedener Art sind, sind in der Hydrodynamik diese Formgesetze makroskopisch und mikroskopisch die gleichen. Ihr physikalischer Inhalt ist in beiden Fällen Impulsdiffusion bzw. Diffusion der Rotation im dreidimensionalen Raum. Dieser einzigartige Automorphismus hat zur Folge, daß nicht nur unendliche Verweilzeiten zu den Gesetzen der idealen Flüssigkeit auf dem Boden der klassischen Mechanik führen, sondern daß hier die Extreme sich berühren und auch verschwindende Verweilzeiten zu den Bewegungsgesetzen der idealen Flüssigkeit zurückführen. So ist es zu erklären, daß einerseits in der Nähe der Wände mit verschwindenden Verweilzeiten die Verhältnisse der klassischen Hydrodynamik sich ausbilden und daß dort die oft genannte „laminare Grenzschicht der turbulenten Strömung" entsteht, andererseits, daß weit von den Wänden entfernt sowohl die turbulente Strömung „im kleinen" wie auch die mittlere turbulente Strömung, d. h. die Grundströmung „im großen" den Gesetzen der idealen Flüssigkeit folgt.

Diese Einblicke in das von starker Eigengesetzlichkeit beherrschte Erscheinungsgebiet der Turbulenz ermutigen nun auch zu Ausblicken auf andere Gebiete der Physik und der Erscheinungswelt überhaupt. Leitgedanke ist, daß überall, wo viele gleichartige Erscheinungen sich zu einem Bilde zusammenschließen, das dem Menschengeist Anreiz zum Aufsuchen von Gesetzmäßigkeiten gibt, eine dem Problemkreis eigene Verweilzeit besteht, die ihre Ursache in Einflüssen störender Art aus tieferen, mikroskopischen Schichten der Erscheinungswelt hat, welche die an der Oberfläche der Erscheinungen sich zeigende Kausalität im Laufe der Zeit zerrütten. Wo immer die Beobachtungen sich auf Zeiten erstrecken, die klein sind im Vergleich zur zugehörigen Verweilzeit, zeigen die Erscheinungen Gesetzmäßigkeiten, die dem Formsystem der klassischen Mechanik entsprechen. Wenn aber die Beobachtungszeiten groß werden gegenüber der betreffenden Verweilzeit, dann tritt das Formsystem der statistischen Mechanik die Herrschaft an und es zeigen sich universelle Naturgesetze.

Die Frage ist nun die nach der Größenordnung der Verweilzeiten in den einzelnen Gebieten der Erscheinungswelt. Im Bereich der Turbulenz und der kinetischen Gastheorie wissen wir darüber bereits Bescheid. Das Gebiet, mit dem sich seit einigen Jahrzehnten die physikalische Forschung vorwiegend befaßt, liegt an mikroskopischer Feinheit noch weit jenseits des Maxwell-Boltzmannschen Gasmodells und zu den betreffenden Erscheinungen gehören daher ganz außerordentlich kurze Verweilzeiten. Dort im Gebiete der Vorgänge an Atomen und Elektronen erlebte die physikalische Statistik ihre großartige Ausgestaltung, die fast eins ist mit der modernen theoretischen Physik.

Diametral gegenüber steht dem Gebiete der Quantenstatistik das Gebiet der Astronomie. Dort hat die klassische Mechanik einst ihren Ausgang genommen und dort hat sie später zu Triumphen menschlichen Forschens geführt, zu Taten wie die Entdeckung des Neptun. Gilt auf diesem Gebiete die klassische Mechanik als unbestrittene Herrscherin, sei es in der alten Form der Newtonschen Mechanik, sei es in der modernen der Relativitätstheorie, so mußte es in höchstem Maße erstaunlich sein, daß als Erfahrungswissenschaft eine Stellarstatistik sich in der modernen Astronomie einbürgern und mannigfach bewähren konnte. Nach allem, was wir über Sterne wissen, ist die Verweilzeit im System der Gestirne ganz unvorstellbar groß, so daß jede menschliche Beobachtung des Zeitablaufs, selbst wenn sie sich über alle Zeiten des Menschengeschlechts erstrecken würde, nicht aus dem Geltungsbereich der klassischen Mechanik hinausführen und Übergangswahrscheinlichkeiten mit nicht verschwindenden Streuungen liefern kann. Trotzdem wird die Verweilzeit, obwohl Äonen von Jahren umfassend, nicht unendlich sein, denn Störungen aus elementaren Sphären, die zur Zerrüttung des Determinismus führen müssen, beobachten wir recht wohl. Daher müssen auch in der Welt der Gestirne Erscheinungen von der Art der statistischen, universellen Gesetze vorliegen, die die Grundlage einer Stellarstatistik abgeben.

Im Bereich zwischen diesen beiden Extremen, der Astronomie und der Atomphysik, liegen nun alle jene mannigfaltigen Erscheinungen, bei denen sich Kausalität und Statistik vermengen. Wir wissen, welche Wege der forschende Geist einschlagen kann, um dort in die Natur einzudringen. Es gibt die Wege der Analyse und der Synthese. Doch schon im Sprachgebrauch, der vom „Eindringen" in die Natur redet, kommt es zum Ausdruck, daß die klassische Methode der Forschung die Analyse ist. Indem man nun analysierend die Naturvorgänge in immer kleinere Zeitelemente (und auch Raumelemente) auflöst, kommt man immer mehr unter die Verweilzeit des betrachteten Systems herunter und die Gesetzmäßigkeiten müssen immer mehr die Struktur der klassischen Mechanik annehmen. Das war der Weg der Physik von Newton bis Maxwell, der klassischen Physik.

11*

Doch das tiefere Eindringen in die Naturerscheinungen führte dann auf physikalische Systeme mikroskopischerer Art mit immer kürzeren Verweilzeiten und daher kam man zu Erscheinungsgebieten mit universellen Naturgesetzen, kam zu Erfolgen mit Hilfe intuitiv eingeführter statistischer Ansätze und endlich zu einer Krise der klassischen Mechanik, in der vielleicht gerade die Ergebnisse der Turbulenzforschung klärend wirken können. Das besondere am Erscheinungsgebiet der statistischen Hydrodynamik ist es ja, daß hier vor unseren Augen Statistik und Determinismus sich vermengen und durchsetzen, und daß dabei die Verweilzeiten Größen aufweisen, die unseren Sinnesorganen zugänglich sind. Wenn irgendwo in der Natur, so kann an den Turbulenzerscheinungen das Zusammenwirken von deterministischer und statistischer Mechanik studiert werden, denn es dürfte kein Gebiet der Physik geben, bei dem die Verweilzeiten noch größer sind, wenn man von den astronomischen Systemen absieht, die wiederum der menschlichen Beobachtung keinen statistischen Ablauf mehr darbieten.

Zwar ist die Erscheinungswelt erfüllt von einer Mannigfaltigkeit von Vorgängen, die Verweilzeiten von Minuten aufwärts bis zu Jahren und Jahrhunderten aufweisen. Jedoch gehören diese Erscheinungen mit Verweilzeiten, die unserem Leben vergleichbar sind, für uns Menschen nicht mehr der Physik an, die als exakte Wissenschaft in diesen Komplex mannigfaltigster Art nur analysierend eingreifen kann, sondern dem Geschehen, das unser Leben ausfüllt, der Geschichte. Doch auch noch über die Physik hinaus müssen die Struktureigenschaften des Formsystems der physikalischen Statistik ausgeprägt sein, denn mannigfach sind die Erscheinungen, die den Abstrakta jenes Formsystems, nämlich Wahrscheinlichkeiten, Erwartungswerten und statistischen Streuungen isomorph sind. Daher das Erfülltsein statistischer, geradezu universeller Gesetze im Bereich der Lebensvorgänge und Kulturerscheinungen, denen nach einem Ausspruch Schrödingers der Staatsmann und der Organisator ähnlich gegenüberstehen wie der Physiker seinen Experimenten, der die statistischen Naturgesetze der Übergangswahrscheinlichkeiten nicht in der Hand hat, der aber die Nebenbedingungen ändert, um den Zeitablauf des Geschehens in die gewünschte Bahn zu lenken.

Hiermit schließt sich der Kreis der Erscheinungen, die uns im großen und im kleinen umgeben und zusammengefaßt werden vom Formsystem der physikalischen Statistik, die der modernen Physik ihre Entwicklung verdankt, die aber auch zur klassischen Physik nicht unbedingt in Widerspruch steht, sondern vielmehr, sobald deren optimistische Zuspitzung im Prinzip des Determinismus durch eine skeptischere Auffassung ersetzt wird, die klassische Mechanik in sich aufnimmt, um durch diese Synthese die „Krise der Mechanik" zu lösen.

Anhang I.
Das Turbulenzproblem als Problem der klassischen und der statistischen Mechanik.

Das Programm der vorliegenden Forschungen wurde vom Verfasser am 1. Februar 1933 im Kolloquium für angewandte Mathematik und Mechanik zu Göttingen (Leitung Professor Prandtl) in einem Vortrag entwickelt. Hierbei wurde das Turbulenzproblem als Problem der statistischen Mechanik dargestellt und die Grundgedanken für eine statistische Untersuchung mitgeteilt. Obwohl die formale Darstellung, die sich in diesem Vortrag noch eng an v. Mises anschließt, inzwischen eine andere geworden ist und auch grundsätzlich inzwischen Weiterführungen geschehen sind, dürfte dieser Vortrag auch jetzt noch als Einführung in die Problemstellung unter dem Gesichtswinkel der Hydrodynamik geeignet sein.

Auf dem 3. internationalen Kongreß für angewandte Mechanik im Jahre 1930 zu Stockholm stellte Professor Oseen in seinem großen Referat über das Turbulenzproblem fest, daß es bisher nicht möglich gewesen sei, dem Worte „Turbulenz" eine bestimmte, faßbare Bedeutung zu geben. Er erinnerte daran, daß bei Osborne Reynolds dieses Wort noch nicht vorkommt, sondern daß bei ihm die Rede ist von „direct motion" und „sinuous motion". Reynolds' Auffassung sei demnach 1883 zur Zeit seiner grundlegenden Abhandlung die gewesen, daß der Unterschied zwischen den beiden Bewegungsarten einer Flüssigkeit, die wir heute laminar und turbulent nennen, darin bestehe, daß im einen Fall die Bewegung geradlinig, im anderen Fall mehr oder weniger in Windungen vor sich gehe. Tatsächlich sei auch heute noch dies der erste Gedanke, wenn man sich an das Phänomen der Turbulenz erinnert.

Nun zeigte Oseen im weiteren Verlauf seiner Ausführungen eine exakte, partikuläre Lösung der Navier-Stokesschen Differentialgleichungen, und zwar für eine ebene Strömung, bei der sich die Flüssigkeit in sehr gewundener, aber stationärer Weise einem Loche nähert. Er schlug für diese Lösung infolge ihrer gewundenen Gestalt die Bezeichnung „turbulent" vor, teilte aber dazu mit, daß er bei den Fachleuten wie den Herren Burgers, Noether u. a. keine Zustimmung gefunden habe. Es müsse also nach dem Gefühl dieser Herren in dem Begriffe „turbulent" noch etwas anderes stecken als „sinuousity".

Man kann nun, wie Oseen weiter ausführte, versuchen, aus der Reynoldsschen Theorie der turbulenten Flüssigkeitsbewegung eine Definition der Turbulenz zu holen. Das Kennzeichen wäre dann dieses, daß die wirkliche mikroskopische Bewegung unseren Messungen und Beobachtungen aus irgendwelchem Grunde unzugänglich ist. Diese beziehen sich hierbei vielmehr auf eine mittlere (makroskopische) Bewegung, welche den hydrodynamischen Differentialgleichungen nicht genügt, indem dauernd Energie von der makroskopischen zur mikroskopischen Bewegung übergeht, und daher der Energieverbrauch größer ist als ihn die Navier-Stokesschen Gleichungen für die makroskopische Bewegung ergeben würden.

Diesen Vorschlag für eine Definition der Turbulenz wandte nun Oseen auf seine spezielle Lösung an. Zu diesem Zwecke nahm er an, daß man experimentell nur den Ausfluß pro Zeiteinheit durch das in der Mitte befindliche Loch und eine mittlere Bewegung und Druckverteilung feststellen könne. Er erhält durch Mittelbildung auf Kreisen, welche zum Loche konzentrisch liegen, konstante Drucke und Geschwindigkeiten, so daß es sich bei der mittleren makroskopischen Bewegung um eine einfache, geradlinige Einströmung handelt, die bekanntlich den hydrodynamischen Differentialgleichungen genügt, allerdings mit einer ganz anderen Druckverteilung. Die Druckdifferenz zwischen zwei in verschiedener Entfernung vom Loch befindlichen Punkten ist nämlich bei der makroskopischen Bewegung stets größer als es die Navier-Stokesschen Gleichungen vorschreiben infolge des Energieverbrauchs für die

Abb. 40. Oseens „turbulente“ Strömung. (Partikuläre Lösung der Navier-Stokesschen Gleichungen.)

mikroskopische Bewegung. Daraus schließt Oseen, daß in der Tat nach der ins Auge gefaßten Definition die betrachtete exakte Lösung eine turbulente Bewegung darstellen müsse, und daß also, wenn man sich mit dieser Feststellung nicht zufrieden geben wolle, damit zum Ausdruck komme, daß in der Turbulenz noch etwas anderes stecken müsse.

Es ist das Ziel des heutigen Vortrags, darzulegen, daß in der Tat in der Erscheinung der Turbulenz noch etwas wesentlich anderes steckt als die genannten Feststellungen. Hören wir jedoch erst noch die weiteren Schlüsse Oseens! Er führte anschließend aus, daß nach der Auffassung Burgers, die dieser ihm mitgeteilt habe, für die Anerkennung der speziellen Lösung als turbulente Strömung ihr stationärer Charakter im Wege stehe. Darauf teilte er mit, daß man leicht auch nichtstationäre, exakte Lösungen herleiten könne, daß er aber doch nicht glaube, daß man diese dann als „turbulent“ gelten lassen würde. So kommt er schließlich zur Auffassung, daß man in jeder Bewegung, die man exakt berechnen könne, so viele Gesetzmäßigkeiten erkennen würde, daß man sie dann nicht mehr als turbulent bezeichnen würde, und daß daher die Idee der Turbulenz gerade die Unerforschbarkeit einer Strömung ausdrücke. So schlägt er denn folgende Definition vor: „Turbulent ist eine Flüssigkeitsbewegung, die so kompliziert ist, daß man von einer genauen Kenntnis derselben absieht und sich mit der Beschreibung einer mittleren Bewegung begnügt."

Oseen betrachtet nach dieser Definition den Begriff der Turbulenz als etwas relatives und die Grenze zwischen laminar und turbulent als fließend je nach den praktischen Bedürfnissen und dem Stand der Forschung. Er meint dann noch, daß die theoretische Hydrodynamik wohl nicht leicht irgendwann die Unerforschbarkeit der mikroskopischen Bewegung zugeben werde.

Wir wollen nun nach Kenntnisnahme dieser Gedankengänge, deren letzte Folgerung kaum als recht befriedigend betrachtet werden kann, die Diskussion über die Oseensche spezielle Lösung zunächst verlassen und erst am Ende des Vortrages darauf wieder zurückkommen, wenn wir einige neue Gesichtspunkte zum Turbulenzproblem gewonnen haben werden. Wir wollen noch einmal ohne alle theoretischen Erwägungen uns an das Phänomen der Turbulenz erinnern und stellen fest: Jede Beobachtung einer turbulenten Strömung lehrt das Vorhandensein von Rotation in der Flüssigkeit, und zwar sowohl in kontinuierlicher Verteilung als in Gestalt diskreter Wirbel und in dauernd wechselnder Anordnung.

Nun aber bitte ich Sie darum, das Turbulenzproblem und alles, was darüber gedacht worden ist, einmal vorläufig zu vergessen und sich einzustellen auf die Mechanik flüssiger Massen im alten Sinn der klassischen Hydrodynamik. Denn ich möchte hier mit aller Bestimmtheit meiner Auffassung dahin Ausdruck geben, daß beim Turbulenzproblem die Grundlage der Eulerschen bzw. der Navier-Stokesschen Differentialgleichungen, die die Dynamik der Flüssigkeit „im kleinen" beschreiben, unter keinen Umständen verlassen werden darf. Wir kommen dem Turbulenzproblem nicht näher, indem wir etwa die Flüssigkeit oder das Gas wieder im Sinne der kinematischen Gastheorie zum Maxwell-Boltzmannschen Gasmodell entarten lassen. Gewiß sind die hydrodynamischen Gleichungen durch Mittelbildungen über genügend große Bereiche an Systemen dieser Art entstanden, aber diese Mittelbildung wird nur dann anfechtbar, wenn entweder die Strömungsgeschwindigkeit vergleichbar mit der Geschwindigkeit der Moleküle wird (Gasdynamik), oder wenn die Systemabmessungen von der Größenordnung der freien Weglänge werden (Hochvakuum). Beide Vorkommnisse haben durchaus nichts mit dem Kriterium zu tun, das den Einsatz der Turbulenz anzeigt, nämlich dem Überschreiten einer „kritischen" Reynoldsschen Zahl. Wir müssen daher allen Gedankengängen skeptisch gegenüberstehen, bei denen das Turbulenzproblem mit Hilfe der Methoden der kinetischen Gastheorie behandelt werden soll, obwohl Ansätze dieser Art sehr vielversprechend aussehen und halten fest: Die Gundlage der Turbulenztheorie sind die Navier-Stokesschen Gleichungen für die Flüssigkeit „im kleinen".

Das Turbulenzproblem als Problem der klassischen Mechanik.

Die Navier-Stokesschen Differentialgleichungen darf ich hier als bekannt voraussetzen. Sie lauten in Vektorschreibweise:

$$\varrho\left[\frac{\partial u}{\partial t} + (u\,\nabla)\,u\right] = -\operatorname{grad} p - \mu\operatorname{rot}\operatorname{rot} u\,.$$

Zu ihnen tritt noch die Kontinuitätsgleichung:

$$\operatorname{div} u = 0\,.$$

Diese Gleichung kann durch Ausübung des Operators „Rotation" von den Druckgliedern befreit werden und es entsteht die sog. „Wirbeltransportgleichung".

Es ist grundsätzlich gleichgültig, ob wir bei den folgenden Überlegungen an das allgemeine räumliche Problem denken, oder uns auf die Betrachtung des ebenen Falls beschränken. Wenn wir es tun, so geschieht es nur hier beim Vortrag wegen der einfacheren Schreibweise. In diesem Falle stehen die Achsen der Wirbel sämtlich senkrecht zur Strömungsebene und daher erhalten wir an Stelle von drei Gleichungen die einzige bekannte Wirbeltransportgleichung:

$$\frac{\partial Z}{\partial t} + u\,\frac{\partial Z}{\partial x} + v\,\frac{\partial Z}{\partial y} = v\triangle Z\,.$$

Weiter beschränken wir uns zunächst auf ideale, reibungsfreie Flüssigkeiten, indem wir mit gutem Grund vermuten, daß in diesem Falle die Turbulenz theoretisch in besonders reiner Form als „ideale Turbulenz" in Erscheinung treten muß, falls überhaupt die Lösung des Turbulenzproblems gelingen wird. Daher heißt die Grundgleichung für unsere Überlegungen

$$\frac{\partial Z}{\partial t} + u\,\frac{\partial Z}{\partial x} + v\,\frac{\partial Z}{\partial y} = 0\,.$$

Es sei daran erinnert, daß im vorliegenden ebenen Fall diese Gleichung durch Einführung der Stromfunktion $\psi(x, y)$ in folgender Gestalt geschrieben werden kann:

$$\frac{\partial Z}{\partial t} + \frac{\partial\psi}{\partial y}\,\frac{\partial Z}{\partial x} - \frac{\partial\psi}{\partial x}\,\frac{\partial Z}{\partial y} = 0\,.$$

Ist nun in einem bestimmten Augenblick die Verteilung der Rotation in der Flüssigkeit, etwa durch eine Momentaufnahme, bekannt, so läuft die Berechnung des Strömungsbildes hinaus auf die Lösung einer Poissonschen Gleichung

$$\triangle\psi = Z(x, y)$$

und nach den Sätzen der Potentialtheorie lautet diese Lösung

$$u = -\frac{1}{2\pi}\int\frac{Z}{r}\,\frac{\partial r}{\partial y}\,dx\,dy\,;\quad v = +\frac{1}{2\pi}\int\frac{Z}{r}\,\frac{\partial r}{\partial x}\,dx\,dy\,,$$

wobei die Integration über die ganze Ebene zu erstrecken ist.

Wir müssen beachten, daß wir $Z(x, y)$ uns in vollster Allgemeinheit vorgegeben denken müssen, wenn überhaupt Hoffnung bestehen soll, das Turbulenzproblem zu erfassen, denn bei der turbulenten Strömung zeigt sich ja dauernd Rotation in denkbar allgemeinster Verteilung. $Z(x, y)$ ist nur beschränkt durch die Randbedingungen. Es sei nur der Gang der hierher gehörigen interessanten Untersuchungen angedeutet. $Z(x, y)$, die Funktion „Rotation" liegt uns gegeben vor in dem (zylindrischen) Bereich des Raumes, der von Flüssigkeit erfüllt ist. Soll die Randbedingung erfüllt werden, die fordert, daß keine Flüssigkeit durch die Wand hindurchtritt, so wird ein Verfahren verlangt, diese Funktion Rotation jenseits der Wand in geeigneter Weise fortzusetzen. Wir wollen diesen Fortsetzungsprozeß kurz als „Spiegelung" bezeichnen, da er im einfachsten Fall einer ebenen Wand in der Tat auf eine gewöhnliche Spiegelung hinausläuft.

Ist uns die Funktion Rotation in einem bestimmten Zeitpunkte gegeben, dann ist sie es auch für den ganzen weiteren Zeitablauf, d. h. wir kennen $Z(x, y, t)$. Es ist nämlich

$$\frac{\partial Z}{\partial t}_{t=t_0} = - u\frac{\partial Z}{\partial x} - v\frac{\partial Z}{\partial y} = \frac{1}{2\pi}\int \frac{Z}{r} \cdot \frac{\partial(Z, r)}{\partial(x, y)}\, dx\, dy$$

und mit dem gleichen Algorithmus erhält man alle Ableitungen

$$\frac{\partial^n Z}{\partial t^n}_{t=t_0}$$

und damit nach Taylor die Funktion $Z(x, y, t)$.

Wir ersehen übrigens aus der letzten Gleichung, wann eine Strömung der betrachteten Art stationär ist. Dazu ist notwendig, daß einer der folgenden Fälle vorliegt:

$$Z = 0 : \text{Potentialströmung}$$

oder

$$\frac{\partial(Z, r)}{\partial(x, y)} = 0 : \text{Rotationssymmetrie.}$$

Dieser letztere Fall läßt sich nur verwirklichen durch einen Einzelwirbel in der unendlichen Flüssigkeit oder in der Achse eines Kreiszylinders, dann durch eine Strömung im Raum zwischen zwei konzentrischen Kreiszylindern und als Grenzfall hiervon zwischen zwei ebenen parallelen Platten.

Die Strömungen der von uns zu betrachtenden Art sind jedoch viel allgemeiner. Sie sind überhaupt viel allgemeiner als alle Strömungen, die bisher in der Hydrodynamik behandelt worden sind und wohl jemals behandelt werden können. Wir erkennen hier eine deutliche Kluft zwischen den Absichten des mathematisch geschulten Forschers und den Möglichkeiten, die die Natur besitzt, und diese Kluft ist letzten Endes der Grund dafür, daß das Turbulenzproblem bis heute nicht gelöst ist.

Die mathematische Betrachtungsweise in der Hydrodynamik
ist geschult an der Lehre von den partiellen Differentialgleichungen.
Man findet ein solches System von Gleichungen in der Eulerschen
Theorie vor. Nach dem üblichen Vorgang der Forschung fragt man
nach der Existenz und Eindeutigkeit regulärer Lösungen und deren
Abhängigkeit von den Randbedingungen. Diese Fragestellungen konnten
bisher nur durch die Potentialströmung sinnvoll beantwortet werden.

Das Naturgeschehen aber verläuft in ganz anderen Bahnen. Die
Natur beschränkt sich nicht darauf, die mathematisch sinnvolle und
elegante Potentialströmung allein herzustellen, sondern jede turbulente
Strömung lehrt in jedem Augenblick das Vorkommen von Rotation in
mannigfaltiger und wechselnder Anordnung. Die Tatsache, daß auch
diskrete Wirbel vorkommen können, klärt den Physiker darüber auf,
daß die Natur bei Flüssigkeiten keinen Wert auf die Stetigkeit höherer
Ableitungen der beobachtbaren Größen legt, indem bereits die Rotation
unstetig sein kann.

In dieser Hinsicht steht die Hydrodynamik in großem Gegensatz
zur Festigkeitslehre, wo recht hohe Ableitungen noch stetig sein müssen
aus Gründen des Zusammenhaltens des Materials, was wiederum zur
Folge hat, daß dort die mathematische Theorie Triumphe feiern konnte.
Diese Tatsache liegt aber bereits in der einfachsten und natürlichsten
Vorstellung von einer Flüssigkeit im Gegensatz zum starren oder elasti-
schen Körper begründet. Wir müssen also bei unseren Betrachtungen
Rotation in allgemeinster Verteilung zulassen und dabei in Kauf nehmen,
daß es mit der eindeutigen Lösbarkeit der Differentialgleichungen zu
Ende ist, denn es gibt unerhört hohe Mannigfaltigkeiten von
Lösungen der hydrodynamischen Gleichungen, die alle Rand-
und Zusatzbedingungen erfüllen und daher allen Forderungen
der klassischen Hydrodynamik genügen. Unter ihnen kann
mit den Hilfsmitteln der klassischen Mechanik keine Auswahl
getroffen werden.

Dies ist es, was die klassische Hydrodynamik zum Turbulenzproblem zu sagen hat.

Das Turbulenzproblem als Problem der statistischen Mechanik.

Mit der Feststellung dieses Befundes wären wir am Ende unseres
Könnens und das Turbulenzproblem wäre in der Tat hoffnungslos,
wenn nicht die statistische Mechanik Hilfsmittel bereitstellen würde,
um gerade in Fällen wie dem hier vorliegenden noch weiter zu forschen.
Wir wissen, daß die Lösung unserer Strömungsaufgaben in hohem Maße
unbestimmt ist; wir wissen aber auch, und zwar aus der Erfahrung, daß
bei aller Unordnung der Bewegung eine bestimmte Verteilung der

Rotation sich näherungsweise überwiegend häufig einstellt. Diese Verteilung hängt ab von den Besonderheiten der Apparatur (Wandrauhigkeit u. dgl.), des Experiments (Erschütterungen) und wohl von der mehr oder weniger großen Erhaltungstendenz jener einzelnen partikulären Lösungen der Differentialgleichungen. So kommt man dazu, nach einer wahrscheinlichsten Verteilung der Rotation im Flüssigkeitsbereich zu fragen oder besser, nach der Wahrscheinlichkeit jeder einzelnen möglichen Verteilung der Rotation und nach dem daraus folgenden Erwartungswert der Rotation. Vor allem möchte man auch wissen, wie jener Erwartungswert von den Abmessungen des Strömungsbereichs und von den Versuchsbedingungen abhängt.

Das Turbulenzproblem führt so zu Fragestellungen, die für die statistische Mechanik charakteristisch sind. Wir zeigen nun, daß es möglich ist, entweder die Behandlung des Problems in einer spezialisierenden und approximativen Weise zu versuchen, oder aber seine Lösung in einer totalen Weise anzustreben, wobei allerdings die Ergebnisse vermutlich zunächst in weniger handlicher Form erscheinen werden und bis zur vollkommenen Beherrschung des Problems noch ein weiter Weg vor uns liegt.

Lösungsversuche der ersten Art stellen eine Reihe Arbeiten der Herren Prandtl, v. Kármán, Taylor u. a. dar. Die in diesen Arbeiten entwickelten Theorien haben die Bedeutung von Näherungen und sind wesentlich verschieden von den statistischen Theorien v. Kármáns und Burgers. Zu dieser Gruppe von Arbeiten gehören die Prandtlschen Rechnungen, in denen der Mischungsweg vorkommt, die Berechnung von turbulenten Ausbreitungsvorgängen, die Tollmien im Anschluß an Prandtl ausführte und die ausgezeichnete Übereinstimmung mit dem Experiment ergaben, eine Verallgemeinerung des Prandtlschen Ansatzes durch Prof. Betz, die die Kármánschen Ergebnisse seiner bekannten Ähnlichkeitsbetrachtung auf phänomenologischer Grundlage nochmals liefert, sowie Ansätze von Taylor, die bemerkenswerte Unterschiede zu den Prandtlschen Entwicklungen aufweisen.

Allen diesen Theorien, die zu mannigfaltigen Erfolgen führten, ist eine gewisse Anschaulichkeit und Einfachheit eigen, die in der rein phänomenologischen Behandlung des Turbulenzproblems ihre Ursache hat. Außerdem ist bemerkenswert die Kürze der Gedankengänge, aber auch die Schwierigkeit, hinter diesen Theorien, die nur Näherungen sein wollen, die Vorgänge in ihrer Allgemeinheit zu erkennen. Dies zeigt sich am klarsten in dem Umstand, daß in jeder dieser Theorien Parameter und Funktionen unbestimmt bleiben und es bisher nie gelungen ist, einen Weg auch nur anzugeben, diese „universellen" Konstanten oder Funktionen zu berechnen. Dieser Mangel hat wiederum zur angenehmen Folge, daß diese Theorien in Gestalt halbempirischer

Methoden bei der Sichtung des experimentellen Materials eine außerordentliche Fruchtbarkeit entfalten konnten und dies um so mehr, je unkomplizierter sie waren. Beherrschend ist hier die Prandtlsche Theorie des Mischungsweges und ich brauche nur an die Bedeutung des Mischungswegansatzes in der bisherigen Turbulenzforschung zu erinnern.

Der andere anzustrebende Weg, das Turbulenzproblem total zu behandeln, stellt den Theoretiker vor eine viel größere und lohnendere Aufgabe, die, wenn überhaupt, nur mit den Hilfsmitteln der statistischen Mechanik angefaßt werden kann. Es ist eine statistische Theorie von vollkommener Allgemeinheit aufzubauen, die geeignete Bestimmungsstücke für spätere Spezialisierungen explizit enthält. Der Zeitpunkt der Spezialisierung auf das besondere Problem aber wird hinausgeschoben, bis die Erkenntnisse allgemeinerer Natur gewonnen sind.

Ich will nun versuchen, Ihnen den allgemeinen Aufbau einer solchen Theorie zu entwerfen. Als Merkmal im Sinne der Statistik soll die räumliche Vektorfunktion Rotation dienen, also jede nur denkbare Momentaufnahme der Strömung. Der zugehörige Merkmalraum ist daher ein unendlichdimensionaler, ein Hilbertscher Funktionenraum, dessen einzelne Punkte unsere Merkmalpunkte der Statistik darstellen. In diesem Hilbertschen Phasenraum wird durch die Rand- und Nebenbedingungen, also durch die Festlegung eines speziellen Problems ein Unterraum oder eine Hyperfläche bestimmt, auf die die Phasenpunkte beschränkt sind, die aber selbst noch unendlichdimensional ist. Wir bezeichnen sie mit dem Buchstaben $\mathfrak{H}$ und den Phasenpunkt mit χ. Die entscheidende Frage ist nun die nach der Wahrscheinlichkeitsdichte $W(\chi)$ auf dieser Hyperfläche.

Damit diese Wahrscheinlichkeit eindeutig wird, müssen wir noch eine Festsetzung treffen in bezug auf die Zeit und das tun wir in der Weise, daß wir alle Beobachtungen, die gleich lange nach dem Beginn des Experiments $(t = 0)$, also zur Zeit t gemacht werden können, zu einem Kollektiv zusammenfassen, in dem die Wahrscheinlichkeit $W_t(\chi)$ oder $W_n(\chi)$ herrscht, wenn n die Anzahl der bis dahin verflossenen Zeiteinheiten bedeuten soll. Die Wahrscheinlichkeit $W_0(\chi)$ zu Beginn des Experiments sei uns gegeben. Da wir sie noch experimentell weitgehend beeinflussen können, indem wir mit einiger Vorsicht fast mit Sicherheit die Versuche mit Potentialströmung beginnen lassen können, nehmen wir an, $W_0(\chi)$ sei so beschaffen, daß dem Phasenpunkt „Potentialströmung" und seiner nächsten Umgebung im Phasenraum überwiegende Wahrscheinlichkeit zukommt. Wie ist aber dann $W_n(\chi)$ für größere n, also längere Zeit nach Beginn der Versuche beschaffen?

Zur Beantwortung dieser Frage brauchen wir nach dem Vorgang von v. Mises noch eine zweite Art von Kollektivs mit Wahrscheinlichkeiten, nämlich die Kollektivs der in der Zeiteinheit von jedem einzelnen

Phasenpunkte aus möglichen Übergänge und die zugehörigen Übergangswahrscheinlichkeiten $V(\mathfrak{x}, \mathfrak{y})$. Mit deren Hilfe gelingt der Schluß von $W_n(\mathfrak{x})$ auf $W_{n+1}(\mathfrak{x})$, denn es ist nach den Regeln der Wahrscheinlichkeitsrechnung:

$$W_1(\mathfrak{x}) = \int V(\mathfrak{x}, \mathfrak{y})\, W_0(\mathfrak{y})\, d\mathfrak{y} \quad \ldots \quad W_{n+1}(\mathfrak{x}) = \int V(\mathfrak{x}, \mathfrak{y})\, W_n(\mathfrak{y})\, d\mathfrak{y}.$$

Entscheidend für den weiteren Aufbau der Theorie sind nun zwei Eigenschaften der Matrix der Übergangswahrscheinlichkeiten, die man erhält, wenn man den Phasenraum durch irgendwelche Zellenaufteilung in einen Raum mit endlich vielen Merkmalen verwandelt, wie ihn v. Mises seiner Rechnung zugrunde legt.

Die erste Eigenschaft ist die, ob die Matrix nach dem folgenden Schema in zwei oder mehr Faktoren zerfällt oder nicht. Zerfällt sie, so kann nur in den zugehörigen Teilbereichen des Phasenraums, und zwar in jedem getrennt für sich Statistik getrieben werden. Dieser Zerfall liegt bei unseren hydrodynamischen Problemen dann vor, wenn ein Übergang zwischen Teilen des Phasenraums unmöglich ist, und das ist z. B. der Fall, wenn die einzelnen Teile ganz verschiedene Versuchsanordnungen etwa an verschiedenen Orten bedeuten. Die Folgerung, daß dann die Schlüsse in jedem Teilraum getrennt zu machen sind, ist trivial.

Die zweite entscheidende Eigenschaft ist die, ob die Spur der Matrix verschwindet oder nicht. Verschwinden der Spur ist gleichbedeutend mit der Aussage, daß es gar keinen Phasenpunkt gibt, zu dem eine endliche Bleibenswahrscheinlichkeit gehört. Dies trifft offenbar in der Hydrodynamik nicht zu, denn wir kennen stationäre Lösungen, bei denen das System nach den Aussagen der klassischen Hydrodynamik dauernd im gleichen Phasenpunkt verbleibt und daher sicher auch bei unseren statistischen Betrachtungen für beliebig kleine Zeit eine hinreichend große, endliche Bleibenswahrscheinlichkeit besteht.

Unter diesen beiden Voraussetzungen gelingt es aber, eine äußerst wichtige Folgerung zu ziehen, nämlich die, daß mit wachsendem n $W_n(\mathfrak{x})$ gegen eine Funktion $W(\mathfrak{x})$ konvergiert, die unabhängig von $W_0(\mathfrak{x})$ ist. Mit dieser Funktion $W(\mathfrak{x})$ ist dann auch der Erwartungswert

$$\mathfrak{x}_E = \int W(\mathfrak{x})\, \mathfrak{x}\, d\mathfrak{x}$$

eindeutig und universell festgelegt und mit ihm das zugehörige Strömungsbild. Weiter ist die Streuung um diesen Erwartungswert um so geringer, je länger die Zeiten sind, über die man die Beobachtungen mittelt und der Erwartungswert ist nach den Sätzen der Wahrscheinlichkeitsrechnung identisch mit dem Wert, der bei unbegrenzter Zeit zur Mittelbildung entsteht. Daher ist das aus dem Erwartungswert gefolgerte Strömungsbild das mittlere Geschwindigkeitsprofil.

Experimentell muß sich dieser Befund so äußern:

1. Längere Zeit nach dem Einleiten des Versuchs erhalten wir für jede nach den Gleichungen der klassischen Hydrodynamik mögliche Strömung eine bestimmte Wahrscheinlichkeit, die ein universelles Funktional jener Lösung ist.

2. Aus dieser Wahrscheinlichkeit resultiert ein Erwartungswert der Rotation, der ein Vektorfeld darstellt und einer bestimmten, ausgezeichneten Strömung entspricht. Diese mittlere Strömung hat dabei selbst im allgemeinen die Wahrscheinlichkeit Null, so daß dauernd Schwankungen um sie eintreten müssen.

3. Beobachtet man jedoch lange genug und mittelt über lange Zeiten, so streuen die Meßpunkte immer weniger um diese mittlere Strömung, die eindeutig bestimmt ist und universellen Charakter besitzt im Einklang mit der Erfahrung.

Wir kehren nun zurück zu Oseens Betrachtungen über das Wesen der Turbulenz, über die ich zu Beginn des Vortrags referierte. Seine stationäre Lösung stellt einen einzigen und einzelnen Phasenpunkt in unserem Phasenraum dar. Wir erkannten aber das Wesen der Turbulenz im Zusammenwirken aller Phasenpunkte auf Grund von Übergangswahrscheinlichkeiten und dieser Befund erst führte zu statistischen Aussagen von der Art der Turbulenzgesetze. Daher können wir nie von Turbulenz reden, wenn wir nur einen einzigen Phasenpunkt und nicht den ganzen Phasenraum ins Auge fassen, und daher können wir auch nie einer einzelnen, partikulären Lösung der Navier-Stokesschen Gleichungen die Eigenschaft zusprechen, eine turbulente Strömung darzustellen. Das Wesen der turbulenten Strömung besteht nicht in „sinuousity" in Gegensatz zur „direkt motion", besteht nicht in der mehr oder weniger großen Kompliziertheit der Strömung, sondern im Wechselspiel einer großen Mannigfaltigkeit, vom Standpunkt der klassischen Mechanik aus gleichberechtigter Strömungsvorgänge.

Man kann sich diesen Unterschied zwischen statistischer und deterministischer Fragestellung am Beispiel des Würfelspiels verdeutlichen. Die Bezeichnung einer partikulären Lösung als „turbulent" würde der Verwechslung entsprechen zwischen dem Vorgang des einzelnen Wurfs und dem Würfelspiel, das dahinter steht mit allen seinen Spielregeln. Jeder einzelne Wurf kann grundsätzlich bei genauer Kenntnis der Gestalt und Trägheitsmomente des Würfels und bei Beobachtung der Anfangsbedingungen, d. h. der Art, wie der Spieler ihn zur Hand nimmt, beschrieben werden, und man kann auf Grund der klassischen Mechanik aus diesen Bestimmungsstücken die Flugbahn berechnen und vielleicht auch die resultierende Augenzahl des Wurfes. Aber wer auch alle Würfe, die während des Spiels geschehen, in dieser Weise beschrieben hätte, hätte trotzdem noch keine Ahnung von dem Spiel, das hier gespielt wird.

Daher können wir uns der Fragestellung Oseens nach dem turbulenten Charakter einer partikulären Lösung der klassischen Differentialgleichung ebensowenig anschließen wie seiner als Antwort gegebenen relativen Definition der Turbulenz. Turbulenz ist nicht ein Verlegenheitswort für unser Unwissen von den genauen Strömungsvorgängen, sondern ein wohlbegrenztes Gebiet der Erscheinungswelt, von dem wir hoffen, daß man es auch theoretisch durchdringen lernt, wenn man es erst klar ins Auge fassen kann. Dem zu dienen war der Zweck dieses Vortrages.

Anhang II.
Literaturhinweise.

Das folgende kleine Literaturverzeichnis erstrebt keine Vollständigkeit, sondern führt nur für die einzelnen Kapitel diejenigen Arbeiten an, die von unmittelbarem Einfluß auf die Untersuchungen gewesen sind oder zu weiterem Eindringen in die angeschnittenen Fragen sich besonders eignen.

Zur allgemeinen Einführung in den Ideenkreis dieser Abhandlung sei auf die folgenden Schriften von v. Mises hingewiesen:

v. Mises: Wahrscheinlichkeit, Statistik und Wahrheit. Wien 1928.
— Über die gegenwärtige Krise der Mechanik. Z. angew. Math. Mech. Bd. 1 (1921) S. 425; Naturwiss. Bd. 10 (1922) S. 25.
— Über kausale und statistische Gesetzmäßigkeit in der Physik. Naturwiss. Bd. 18 (1930) S. 145.
— Über das naturwissenschaftliche Weltbild der Gegenwart. Naturwiss. Bd. 18 (1930) S. 885.

In diesen Veröffentlichungen ist in konsequenter Weise der Standpunkt ausgeführt, daß eine zureichende Theorie der physikalischen Erscheinungen ohne Verwendung wahrscheinlichkeitstheoretischer Grundbegriffe nicht möglich ist.

Spezielle Hinweise:

Kap. I.

v. Mises: Wahrscheinlichkeitsrechnung und ihre Anwendung in der Statistik und theoretischen Physik. Leipzig und Wien 1931. (Dort insbesondere der I. Abschnitt, § 1—3.)

Kap. II.

v. Mises: Wahrscheinlichkeitsrechnung. IV. Abschnitt, § 16.
Kolmogoroff: Die analytischen Methoden in der Wahrscheinlichkeitsrechnung. Math. Ann. Bd. 104 (1931) S. 415.
H. Gebelein: Die Bedingungen, unter denen statistische Prozesse zu universellen Verteilungsgesetzen führen. Z. angew. Math. Mech. Bd. 13 (1933) S. 430.
— Über die Grundlagen und analytischen Methoden der statistischen Mechanik. Ann. Physik 5. Folge Bd. 19 (1934) S. 534.

Kap. V, 2. Abschnitt.

Die Unterlagen zur experimentellen Bestätigung des 1/4-Potenzgesetzes der Streuungsgeschwindigkeiten sind niedergelegt bei
J. Nikuradse: Untersuchungen über die Geschwindigkeitsverteilung in turbulenten Strömungen. VDI-Forsch.-Heft 281 (1926).

Kap. VI.

Zur Orientierung über den Stand der Forschung in bezug auf die Probleme von Kap. VI und Kap. VII verweisen wir auf

W. Tollmien: Turbulente Strömungen. Handbuch der Experimentalphysik IV. Bd. 1, S. 309. Leipzig 1931.

Die experimentellen Unterlagen des Kap. VI finden sich im wesentlichen bei

J. Nikuradse: Gesetzmäßigkeiten der turbulenten Strömung in glatten Rohren. VDI-Forsch.-Heft 356 (1932).

— Strömungsgesetze in rauhen Rohren. VDI-Forsch.-Heft 361 (1933).

2. Abschnitt.

Über den Prandtlschen Mischungswegansatz siehe

L. Prandtl: Bericht über Untersuchungen zur ausgebildeten Turbulenz. Z. angew. Math. Mech. Bd. 5 (1925) S. 136.

— Über die ausgebildete Turbulenz. Verh. 2. internat. Kongr. angew. Mech. S. 62. Zürich 1926.

3. Abschnitt.

Über Prandtl-Kármánsche Wandturbulenz vergleiche

L. Prandtl u. A. Betz: Ergebnisse der Aerodynamischen Versuchsanstalt zu Göttingen, 4. Lief. München und Berlin 1932. Zur turbulenten Strömung in Rohren und längs Platten S. 18.

Th. v. Kármán: Mechanische Ähnlichkeit und Turbulenz. Gött. Nachr. math.-phys. Klasse 1930 S. 58.

5. Abschnitt.

Über die Ableitung des Widerstandsgesetzes vgl. z. B. auch

L. Prandtl u. A. Betz: Ergebnisse der Aerodynamischen Versuchsanstalt zu Göttingen, 3. Lief. (1927). Über den Reibungswiderstand strömender Luft, S. 1.

6. Abschnitt.

Über die nur kurz gestreifte Frage der Entstehung der Turbulenz besteht ein sehr ausgedehntes Schrifttum. Wir verweisen auf den zusammenfassenden Bericht von

F. Noether: Das Turbulenzproblem. Z. angew. Math. Mech. Bd. 1 (1921) S. 125.

sowie auf folgende neuere Arbeiten der Prandtlschen Schule:

L. Prandtl: Bemerkungen über die Entstehung der Turbulenz. Z. angew. Math. Mech. Bd. 1 (1921) S. 431.

O. Tietjens: Beiträge zur Entstehung der Turbulenz. Diss. Göttingen, gekürzt in Z. angew. Math. Mech. Bd. 5 (1925) S. 200; vgl. auch Verh. III. internat. Kongr. techn. Mech. Stockholm 1930 S. 105.

W. Tollmien: Über die Entstehung der Turbulenz. 1. Mitteilung, Gött. Nachr. Math.-Phys. Klasse 1929 S. 21.

H. Schlichting: Über die Entstehung der Turbulenz in einem rotierenden Zylinder. Gött. Nachr. Math.-Phys. Klasse 1932 S. 160.

L. Prandtl: Über die Entstehung der Turbulenz. Z. angew. Math. Mech. Bd. 11 (1931) S. 407 (Referat in Bad Elster).

Kap. VII. 1. Abschnitt.

Die experimentellen Unterlagen finden sich bei

J. Nikuradse: Untersuchungen über die Strömungen des Wassers in konvergenten und divergenten Kanälen. VDI-Forsch.-Heft 289 (1929).

2. Abschnitt.

Über die Grundgedanken der Grenzschichttheorie siehe

L. Prandtl: Über Flüssigkeitsbewegungen bei sehr kleiner Reibung. Verh. III. internat. Math.-Kongr., Heidelberg 1904. — Wiederabgedruckt in den „Vier Abhandlungen zur Hydrodynamik und Aerodynamik" von L. Prandtl u. A. Betz. Berlin 1927.

Über die speziellen Eigenschaften der turbulenten Grenzschichten siehe

E. Gruschwitz: Die turbulente Reibungsschicht in ebener Strömung bei Druckabfall und Druckanstieg. Ing.-Arch. Bd. 2 (1931) S. 321.

3. Abschnitt.

Vgl. den Artikel von W. Tollmien über turbulente Strömungen im Handbuch der Experimentalphysik Bd. IV/1 S. 317.

Anhang I.

Siehe

C. W. Oseen: Das Turbulenzproblem. Verh. 3. internat. Kongr. techn. Mech. Bd. 1, S. 3. Stockholm 1930.

Dort wird auch über die auf S. 171 erwähnten statistischen Turbulenztheorien von v. Kármán und Burgers referiert. Über die auf S. 171 besprochenen halbempirischen Ansätze vgl. auch

A. Betz: Die v. Kármánsche Ähnlichkeitsüberlegung für turbulente Vorgänge in physikalischer Auffassung. Z. angew. Math. Mech. Bd. 11 (1931) S. 397.

G. J. Taylor: The transport of vorticity and heat through fluids in turbulent motion. Proc. Roy. Soc., Lond. Bd. 135 (1932) S. 685.

Der Entwurf einer statistischen Turbulenztheorie auf S. 172 schließt sich an an die Ausführungen bei v. Mises: Wahrscheinlichkeitsrechnung § 16.

Hydro- und Aeromechanik nach Vorlesungen von **L. Prandtl.**
Von Dr. phil. **O. Tietjens,** Mitarbeiter am Forschungs-Institut der Westinghouse Electric and Manufacturing Co., Pittsburgh, Pa., USA. Mit einem Geleitwort von Professor Dr. **L. Prandtl,** Direktor des Kaiser Wilhelm-Institutes für Strömungsforschung in Göttingen.

Erster Band: **Gleichgewicht und reibungslose Bewegung.** Mit 178 Textabbildungen. VIII, 238 Seiten. 1929. Gebunden RM 15.—*

Zweiter Band: **Bewegung reibender Flüssigkeiten und technische Anwendungen.** Mit 237 Textabbildungen und 28 Tafeln. VIII, 299 Seiten. 1931. Gebunden RM 23.—

Aerodynamic Theory. A General Review of Progress. Under a Grant of the Guggenheim Fund for the Promotion of Aeronautics. In six volumes. Edited by **William Frederick Durand,** Editor-in-Chief.

Volume I: **Mathematical Aids.** Fluid Mechanics, Part I. By **W. F. Durand.** — Fluid Mechanics, Part II. By **Max M. Munk.** — Historical Sketch. By **R. Giacomelli** and **E. Pistolesi.** With 151 Figures. XV, 398 Pages. 1934. Gebunden RM 20.—

Volume II: **General Aerodynamic Theory—Perfect Fluids.** — By **Th. von Kármán** and **J. M. Burgers.** With 113 Figures and 4 Plates. XV, 367 Pages. 1935. Gebunden RM 20.—

In Vorbereitung befinden sich:

Volume III: **The Theory of Single Burbling. — The Mechanics of Viscous Fluids, of Compressible Fluids. — Experimental Methods — Wind Tunnels.**

Volume IV: **Applied Airfoil Theory. — Airplane Body (Non-Lifting System) Drag and Influence on Lifting System. — Airplane Propellers. — Influence of the Propeller on other Parts of the Airplane Structure.**

Volume V: **Dynamics of the Airplane. — Airplane Performance.**

Volume VI: **Airplane as a Whole. — General View of Mutual Interactions Among Constituent Systems. — Aerodynamics of Airships. — Performance of Airships. — Hydrodynamics of Boats and Floats. — Aerodynamics of Cooling.**

Angewandte Hydromechanik. Von Prof. Dr.-Ing. **Walther Kaufmann,** München.

Erster Band: **Einführung in die Lehre vom Gleichgewicht und von der Bewegung der Flüssigkeiten.** Mit 146 Textabbildungen. VIII, 232 Seiten. 1931. RM 12.50; gebunden RM 14.—*

Zweiter Band: **Ausgewählte Kapitel aus der technischen Strömungslehre.** Mit 210 Textabbildungen. VII, 293 Seiten. 1934. RM 16.50; gebunden RM 18.—

Hydromechanische Probleme des Schiffsantriebs.
Veröffentlichung der Vorträge und Erörterungen der Konferenz über hydromechanische Probleme des Schiffsantriebs am 18. und 19. Mai 1932 in Hamburg. Herausgegeben unter Mitarbeit der Konferenzteilnehmer von Dr.-Ing. **G. Kempf** und Dr.-Ing. **E. Foerster.** Mit rund 300 Abbildungen, Diagrammen und Tabellen. XVI, 447 Seiten. 1932. Gebunden RM 19.—

Von der Bewegung des Wassers und den dabei auftretenden Kräften. Grundlagen zu einer praktischen Hydrodynamik für Bauingenieure. Nach Arbeiten von Staatsrat Prof. Dr.-Ing. e. h. **Alexander Koch,** Darmstadt, herausgegeben von Dr.-Ing. e. h. **Max Carstanjen.** Nebst einer Auswahl von Versuchen Kochs im Wasserbau-Laboratorium der Darmstädter Technischen Hochschule, zusammengestellt unter Mitwirkung von Studienrat Dipl.-Ing. **L. Hainz.** Mit 331 Abbildungen im Text und auf 2 Tafeln sowie einem Bildnis. XII, 228 Seiten. 1926. Gebunden RM 28.50*

* Auf die Preise der vor dem 1. Juli 1931 erschienenen Bücher wird ein Notnachlaß von 10% gewährt.

Physikalische Hydrodynamik. Mit Anwendung auf die dynamische Meteorologie. Von Prof. **V. Bjerknes,** Oslo, Prof. **J. Bjerknes,** Bergen, Prof. **H. Solberg,** Oslo, und **T. Bergeron,** wissenschaftlicher Berater im norwegischen Wetterdienst. Mit 151 Abbildungen. XVIII, 797 Seiten. 1933.

RM 66.—; gebunden RM 69.—

Mathematische Strömungslehre. Von Privatdozent Dr. **Wilhelm Müller,** Hannover. Mit 137 Textabbildungen. IX, 239 Seiten. 1928.

RM 18.—; gebunden RM 19.50*

Vier Abhandlungen zur Hydrodynamik und Aerodynamik (Flüssigkeit mit kleiner Reibung; Tragflügeltheorie, I. und II. Mitteilung; Schraubenpropeller mit geringstem Energieverlust). Von **L. Prandtl** und **A. Betz.** Neudruck aus den Verhandlungen des III. Internationalen Mathematiker-Kongresses zu Heidelberg und aus den Nachrichten der Gesellschaft der Wissenschaften zu Göttingen. Mit einer Literaturübersicht als Anhang. IV, 100 Seiten. 1927. RM 4.—*

Vorträge aus dem Gebiete der Aerodynamik und verwandten Gebieten (Aachen 1929). Herausgegeben von **A. Gilles, L. Hopf, Th. v. Kármán.** Mit 137 Abbildungen im Text. IV, 221 Seiten. 1930.

RM 18.50; gebunden RM 20.—*

Vorträge aus dem Gebiete der Hydro- und Aerodynamik (Innsbruck 1922). Herausgegeben von Prof. **Th. v. Kármán,** Aachen, und Prof. **T. Levi-Civita,** Rom. Mit 98 Abbildungen im Text. IV, 251 Seiten. 1924. Unveränderter Neudruck 1930. RM 18.—*

Aerodynamik. Von Prof. Dr. **R. Fuchs,** Berlin, Prof. Dr. **L. Hopf,** Aachen, und Dr. **Fr. Seewald,** Berlin-Adlershof. Zweite, völlig neubearbeitete und ergänzte Auflage der „Aerodynamik" von R. Fuchs und L. Hopf. In drei Bänden.

Erster Band: **Mechanik des Flugzeugs.** Von **L. Hopf** unter teilweiser Mitwirkung von **S. del Proposto.** Mit 268 Textabbildungen. VIII, 339 Seiten. 1934.

Gebunden RM 30.—

Abhandlungen aus dem Aerodynamischen Institut an der Technischen Hochschule Aachen. Herausgegeben von Prof. Dr. **C. Wieselsberger.**

Heft 12: **Windkanalversuche an einem Zeppelin-Luftschiff-Modell.** Von Dr.-Ing. **Wolfgang Klemperer.** Auszug aus der Dr.-Ing.-Arbeit des Verfassers: „Die Luftkräfte am Luftschiff nach dem Modellversuch, Aachen 1924." Mit 108 Textabbildungen. 56 Seiten. 1932. RM 13.50

Heft 13: **Beitrag zur gegenseitigen Beeinflussung von Flügel und Luftschraube.** Von **C. Wieselsberger.** Mit 6 Abbildungen im Text. — **Wärmeabgabe und Widerstand von Kühlerelementen.** Von **H. Lorenz.** Mit 40 Abbildungen im Text. 41 Seiten. 1933. RM 6.—

Heft 14: **Die Wärmeübertragung von Kühlrippen an strömende Luft.** Von **Hans Doetsch.** Mit 29 Abbildungen. — **Die aerodynamische Waage des Aachener Windkanales.** Von **C. Wieselsberger.** Mit 2 Abbildungen. — **Eigenspannungen bei Lichtbogen- und Gasschmelzschweißung.** Von **Franz Bollenrath.** Mit 32 Abbildungen. 54 Seiten. 1934. RM 6.75

* Abzüglich 10% Notnachlaß.